ISO 9004:2018

(JIS Q 9004:2018)

解説と活用ガイド

ISO 9001 から ISO 9004 へ,
そして TQM へ

編集委員長　中條　武志

日本規格協会

編集委員名簿

委員長　中條　武志　中央大学教授
　　　　　　　　　　品質マネジメントシステム規格国内委員会委員長
　　　　　　　　　　ISO 9004 対応 WG 主査

委　員　安藤　之裕　合資会社安藤技術士事務所
　　　　　　　　　　品質マネジメントシステム規格国内委員会委員
　　　　　　　　　　ISO 9004 対応 WG 委員

　　　　斉藤　　忠　岡谷電機産業株式会社
　　　　　　　　　　ISO 9004 対応 WG 委員

　　　　福丸　典芳　有限会社福丸マネジメントテクノ
　　　　　　　　　　品質マネジメントシステム規格国内委員会委員
　　　　　　　　　　ISO 9004 対応 WG 委員

　　　　光藤　義郎　文化学園大学特任教授
　　　　　　　　　　ISO 9004 対応 WG 委員

　　　　棟近　雅彦　早稲田大学教授
　　　　　　　　　　品質マネジメントシステム規格国内委員会副委員長
　　　　　　　　　　ISO 9004 対応 WG 委員

　　　　山田　　秀　慶應義塾大学教授
　　　　　　　　　　品質マネジメントシステム規格国内委員会副委員長
　　　　　　　　　　ISO 9004 対応 WG 委員

（五十音順・敬称略，所属は発刊時）

著作権について

　本書に収録した JIS は，著作権により保護されています．本書の一部又は全部について，当会の許可なく複写・複製することを禁じます．
　JIS の著作権に関するお問い合わせは，日本規格協会グループ　販売サービスチーム（Tel：03-4231-8550）にて承ります．

まえがき

ISO 9004 の改訂版 "Quality management — Quality of an organization — Guidance to achieve sustained success Quality management" が 2018 年 4 月に発行され，同年 12 月には対応する JIS Q 9004 の改訂版 "品質マネジメント－組織の品質－持続的成功を達成するための指針" が発行された．今回の主な改訂点は，顧客の製品・サービスに対するニーズという範囲を超え，社会を含めた密接に関係する利害関係者のニーズを満たすことが持続的成功に欠かせない要素であることを明確にしたこと，方針管理，標準化と日常管理，小集団改善活動，新製品・新サービス開発管理とプロセス保証，人材育成など，TQM（総合的品質マネジメント）のアプローチがより明確になったことの二つであろう．

他方，ISO 9001 に基づく品質マネジメントシステム認証を取得している組織の実態を見ると，形骸化からなかなか抜け出せず，認証を取得していながら，品質不祥事を起こしている組織も少なくない．品質は製品・サービスの話である，仕組みを作って運用すればよい，一部の専門家に任せておけばよいといった誤った認識が，組織の経営層や管理職，認証機関の審査員に根強く残っており，これが適切な品質マネジメントの実践を阻害しているように思われる．ISO 9001 の要求事項はあくまでも最低限のものであり，それを満たすことは当然として，自組織の置かれた経営環境を踏まえた経営目標・戦略を明確にし，その達成に向けて改善・革新と維持向上を全員で実践していくという品質マネジメントの本来の姿に向けて，組織や社会を動かしていく必要がある．

本書は，ISO 9004 の改訂を担当した ISO/TC 176/SC 2/WG 25 のエキスパート又はその国内対応 WG の委員として改訂の審議に深く関わるとともに，TQM をより多くの人に正しく理解してもらおうという思いで日本品質管理学会規格（JSQC 規格）の作成・検討を長年推進してきた 7 人が集まって，ISO

9004 に記されている推奨事項の意図を説明するとともに，TQM の視点から具体的な実践に向けたヒントを示すことを狙いとしたものである．ISO 9001 に基づく品質マネジメントシステムの構築・運用を行っているものの，十分成果が得られていないと感じている方々に読んでいただき，ISO 9001 の枠から一歩踏み出し，ISO 9004 へ，さらには TQM へと進んでいただくことを期待したものである．

　第 1 章では，ISO 9004 の改訂の狙いと審議に関わる経緯を説明する．また，第 2 章では，ISO 9004 の序文及び箇条 4 を基に，ISO 9004 に関わる重要な概念及び規格の全体的な構造を示す．その上で，第 3 章では，箇条ごとに主な推奨事項を取り上げて，その意図・意味，実践に向けたヒントを示す．最後の第 4 章では，品質マネジメントの実践を考える上で役に立つと思われる TQM の方法論について，JSQC 規格を基に解説する．

　内容については，執筆者全員で検討を行っているが，原稿の作成は下記の分担で行った．

　　　中條武志　　第 1 章，第 2 章，第 3 章箇条 11，第 4 章 4.1 節，4.4 節

　　　安藤之裕　　第 3 章箇条 5〜7，4.3 節

　　　棟近雅彦　　第 3 章箇条 8

　　　斉藤　忠　　第 3 章箇条 9

　　　福丸典芳　　第 3 章箇条 10

　　　山田　秀　　第 4 章 4.2 節

　　　光藤義郎　　第 4 章 4.5 節

　なお，第 3 章においては，読者の利便性を考え，JIS Q 9004:2018 の該当する細分箇条の全文を引用している．また，第 4 章においては，対応する JSQC 規格及び JIS から，図表及び本文を含め，大幅な引用を行っている．さらに，第 1 章及び第 3 章においては，本書の前身に当たる，品質マネジメントシステム規格国内委員会監修，飯塚悦功・住本守・國分恵夏・福丸典芳・安藤之裕・平林良人著（2011）：『ISO 9004:2009（JIS Q 9004:2010）解説と活用ガイド—持続的成功のための品質アプローチ』（日本規格協会）から適宜引

用させていただいた．本書の狙いにご賛同いただき，このような引用を認めて
いただいた各位に対して心より感謝申し上げる次第である．

　最後に，日本規格協会の諸氏には，本書の規格から編集まで大変お世話に
なった．この場を借りて厚くお礼申し上げたい．

　読者の皆様が，ISO 9004:2018 の"こころ"を語り，TQM への思いをま
とめた本書から多くの気づきを得て，変化の時代にふさわしい品質マネジメン
トの実践に役立てていただければ幸いである．

2019 年 6 月

筆者を代表して　中條　武志

目　　次

まえがき……………………………………………………………………… 3

第1章　ISO 9004 の 2018 年改訂

1.1　ISO 9004：2018 の発行………………………………………………… 12

1.2　改訂の経緯………………………………………………………………… 14

1.3　2018 年版の主な改訂内容……………………………………………… 30

1.4　2018 年改訂に関わる審議……………………………………………… 33

第2章　ISO 9004 の適用範囲, 重要概念, モデル及び自己評価ツール

2.1　ISO 9004 の標題が示すもの…………………………………………… 50

2.2　ISO 9004：2018 の適用範囲…………………………………………… 51

2.3　ISO 9004：2018 の重要概念…………………………………………… 52

2.4　ISO 9004 の品質マネジメントモデル………………………………… 58

2.5　ISO 9004：2018 の自己評価ツール…………………………………… 61

第3章　ISO 9004 の解説

箇条5　組織の状況…………………………………………………………… 66

　　5.1　一般………………………………………………………………… 66

　　5.2　密接に関連する利害関係者……………………………………… 71

　　5.3　外部及び内部の課題……………………………………………… 77

箇条6　組織のアイデンティティ ………………………………………… 83

	6.1	一般	83
	6.2	使命，ビジョン，価値観及び文化	87
箇条7		リーダーシップ	97
	7.1	一般	97
	7.2	方針及び戦略	102
	7.3	目標	107
	7.4	コミュニケーション	111
箇条8		プロセスのマネジメント	117
	8.1	一般	117
	8.2	プロセスの決定	121
	8.3	プロセスの責任及び権限	126
	8.4	プロセスのマネジメント	129
箇条9		資源のマネジメント	137
	9.1	一般	137
	9.2	人々	140
	9.3	組織の知識	150
	9.4	技術	153
	9.5	インフラストラクチャ及び作業環境	155
	9.6	外部から提供される資源	161
	9.7	天然資源	163
箇条10		組織のパフォーマンスの分析及び評価	167
	10.1	一般	167
	10.2	パフォーマンス指標	169
	10.3	パフォーマンス分析	175
	10.4	パフォーマンス評価	178
	10.5	内部監査	188
	10.6	自己評価	193
	10.7	レビュー	197

箇条 11　改善，学習及び革新………………………………………………200

　　　11.1　一般………………………………………………………………201

　　　11.2　改善………………………………………………………………205

　　　11.3　学習………………………………………………………………211

　　　11.4　革新………………………………………………………………216

第 4 章 ISO 9004 から TQM へ

4.1　TQM とその構造………………………………………………………224

4.2　品質保証と顧客価値創造………………………………………………232

　　　4.2.1　基本的な考え方………………………………………………232

　　　4.2.2　新製品・新サービス開発管理………………………………236

　　　4.2.3　生産・提供のプロセス保証…………………………………250

4.3　方針管理と日常管理……………………………………………………258

　　　4.3.1　TQM における日常管理と方針管理の役割・位置づけ……258

　　　4.3.2　日常管理の要点………………………………………………261

　　　4.3.3　方針管理の要点………………………………………………270

　　　4.3.4　日常管理・方針管理の推進…………………………………282

4.4　小集団改善活動と改善の手順・手法…………………………………285

　　　4.4.1　基本的な考え方………………………………………………285

　　　4.4.2　小集団改善活動の四つの形態………………………………292

　　　4.4.3　小集団改善活動の推進………………………………………293

　　　4.4.4　推進におけるトップマネジメント及び管理者の役割……303

　　　4.4.5　改善の手順と手法……………………………………………305

4.5　品質管理教育と人材育成………………………………………………313

　　　4.5.1　品質管理教育の基本…………………………………………313

　　　4.5.2　品質管理教育の運営のプロセス及び組織体制……………320

　　　4.5.3　品質管理教育の計画…………………………………………322

4.5.4 研修プログラムの運営……………………………………………… 326

4.5.5 品質管理教育の評価・改善…………………………………………… 330

4.5.6 TQM 推進段階別・部門別・地域別の品質管理教育……………… 334

索　引……………………………………………………………………………… 339

第1章

ISO 9004 の 2018 年改訂

本章では，ISO 9004 の 1987 年の発行から 2018 年の改訂までの経緯を振り返ることで，ISO 9004 が目指しているものが何かを示す．また，2018 年改訂の主な改訂点を解説するとともに，審議過程における主な議論を紹介する．

1.1 ISO 9004:2018 の発行

2018 年 4 月，ISO（International Organization for Standardization： 国際標準化機構）から，2009 年の改訂以降の品質マネジメントに関する実践法の変化，及び 2015 年の ISO 9001 の改訂を考慮に入れ，組織の持続的成功を支援することを目的とする改訂版 ISO 9004:2018 が発行された．また，これに伴い，2018 年 12 月には，ISO 9004:2018 をその技術的内容を変えることなく翻訳し，JIS（Japanese Industrial Standard：日本工業規格[*1]）の様式に関わる規定に従って作成された JIS Q 9004:2018 が発行された．

ISO 9000 ファミリー規格は，1987 年 3 月に ISO によって発行された品質マネジメント及び品質保証のための一連の国際規格である．発行以来 100 か国以上で国家規格として採用されているが，その中でも ISO 9001 は，現在多くの国において運用されている品質マネジメントシステム認証制度（QMS 認証制度）における基準文書として用いられており，社会的に大きな影響力をもっている．品質マネジメントシステムに対する"要求事項（requirements）"のひな形を与えており，この規格を指定するだけで個別に要求事項を作成する必要がないようになっている．顧客にとっても提供者にとっても製品・サービスの取引のたびごとに特殊な品質マネジメントシステム要求事項を用意するのは大変である．取引における不要な煩雑さを標準化によって解消することを狙ったのが ISO 9001 といえる．当然、個々の取引においてこの規格を無視した取決めを要求することは，国際的な通商の障壁とみなされる．ただし，契約の形態や製品・サービスの種類に応じた要求事項の追加は認められている．原子力発電所を造る企業と簡単なおもちゃを作る企業について同じ品質マネジメントを求めるのは現実的ではないので，これは合理的といえる．

他方，組織は，市場型及び契約型のいずれの場合においても，自らの競争力を強め，顧客・社会から求められる製品・サービスを経済的に作り出すために，

[*1] 工業標準化法の一部改正により 2019 年 7 月から，"日本産業規格"に名称が変更される．

それぞれの経営環境に合った品質マネジメントを実践することが必要になる．ISO 9004 は，もともと米国の国家規格 ANSI/ASQ Z1-15 を基に作成されたが，時代とともに次第に内容が拡張され，現在では，顧客・株主・従業員・パートナ・社会のニーズ・期待や自組織の現状・能力を考慮した独自の戦略をもって品質マネジメントを実践し，自己評価や学習・改善・革新を繰り返しながら組織の持続的な成功を達成する上での手引きをまとめたものとなっている．その性格上，各々の組織が要求事項の範囲を超えた取組みを目指そうとする場合に従った方が好ましい "推奨事項（guidance）" として記述されており，これを参考にして各組織が自分の事情に合った独自の品質マネジメントを確立することが期待されている．その意味において，国際的にコンセンサスが得られた品質マネジメントの "参考書" として捉えるべきであり，日本で一般にいわれる規格のように厳密な形で使用すべきではない．これは先に述べた ISO 9001 が品質マネジメントシステム要求事項の標準化を目的としていた点と大きく違っている．

　ISO 9001 と ISO 9004 の活用を考えるに当たっては，マネジメントを行う上での難しさを認識しておく必要がある．顧客・社会のニーズを効果的・効率的に満たすためには，その場その場で対応するだけでは十分でなく，プロセスやシステムを構築し，それに従って業務を行うのがよい．これによって，業務に関する過去のノウハウを活用することができるようになる．他方，これらのプロセスやシステムを運用するのは人間であり，構築しさえすればそのとおり実施されるものではない．また，プロセスやシステムを構築するといっても業務に関する完全なノウハウをもっている場合は少ない．さらに，個々の組織が置かれている外部・内部の状況はそれぞれ異なっており，また，常に変化しているため，他の組織の真似をしていればよい，構築したものをそのまま維持すればよいというものではない．このため，組織には，プロセスやシステムに基づいて業務を行うことを基本にしながら，人間の不完全さと組織の状況の相違・変化を考慮した，プロセスやシステムの見直し・改善を継続的に行うことが求められる．このような難しさがあるなか，ISO 9001 は顧客・社会のニー

ズを満たすことと直接関係の深いプロセスやシステムに対する最小限の要求事項を定めており，ISO 9004 は，プロセスやシステムをより有効なものにするための取組みに対する推奨事項を与えている．当然，前者について詳細すぎる要求を定めたり，後者について一律のやり方を押しつけたりすることは，個々の組織の取組みの自由度を損ない，効果的・効率的なマネジメントの実現を阻害するものとなる．

したがって，ISO 9001 と ISO 9004 を適切に活用するためには，上で述べたマネジメントを行う上での難しさやそのような中で ISO 9001 や ISO 9004 が果たそうとしている役割を理解した上で，

- ISO 9001 に沿ったプロセスやシステムを構築することはマネジメントの基盤を構築する上では大切であるが，それだけ一定の成果を保証したり，十分な成果を得られたりするものではない
- ISO 9004 は人間の不完全さと組織の状況の相違・変化を踏まえた取組みを進める上で参考になるが，この取り組みはそれぞれの組織の状況に応じて常に進化を図るべきもので，その努力を怠れば急速に陳腐化する

というそれぞれのもつ限界を認識しておく必要がある．このような ISO 9001 と ISO 9004 の役割の違いや限界についての理解は，ISO 9000 ファミリー規格の発行以来，多くの専門家・実務家による議論を通して明らかになってきたことであるが，今回の ISO 9004 の改訂はそのことがさらに強く意識されたものになっている．

1.2 改訂の経緯

ISO 9004 は，初版が 1987 年 3 月に発行されて以来，1994 年，2000 年，2009 年及び 2018 年と 4 度にわたり改訂が行われてきた．また，規格番号や規格のタイトルもその位置付けや内容を反映して変化してきた（表 1.1 参照）．ここでは，ISO 9004 の基本的性質をよく知るために，同時に進行していた ISO 9001 との関係を適宜紹介しながら，その発行・改訂の歴史を振り返りたい．

1.2 改訂の経緯 15

表 1.1 ISO 9004 の改訂の経緯

年	概要	規格
1987 年	ISO 発行	**ISO 9004：1987** （Quality management and quality system elements – Guidelines）
1991 年	JIS 制定	**JIS Z 9904：1991** （品質管理及び品質システムの要素－指針）
1994 年	ISO 改訂及び JIS 改正	**ISO 9004-1：1994** （Quality management and quality system elements – Part1：Guidelines） **JIS Z 9904：1994** （品質管理及び品質システムの要素－指針）
2000 年	ISO 改訂及び JIS 改正	**ISO 9004：2000** （Quality management system – Guidelines for performance improvement） **JIS Q 9004：2000** （品質マネジメントシステム－パフォーマンス改善の指針）
2009 年	ISO 改訂	**ISO 9004：2009** （Managing for the sustained success of an organization – A quality management approach）
2010 年	JIS 改正 （ISO 2009 年 改訂対応版）	**JIS Q 9004：2010** （組織の持続的成功のための運営管理－品質マネジメントアプローチ）
2018 年	ISO 改訂及び JIS 改正	**ISO 9004：2018** （Quality management – Quality of an organization – Guidance to achieve sustained success） **JIS Q 9004：2018** （品質マネジメント－組織の品質－持続的成功を達成するための指針）

（1）1987 年発行（供給者のための品質マネジメント規格の誕生）

ISO 9000 ファミリー規格が 1987 年に発行されるに至ったゆえんは，1970年代後半の欧米諸国（例：英国，米国，フランス，ドイツ，カナダ）における品質マネジメントシステム規格の相次ぐ制定にある．似てはいるが内容の異なる規格を各国が独自に制定することは，国際的な通商の障害になるため，これらの国家規格を統合して品質保証の国際規格を開発する動きが起こり，1980年，ISO において，品質保証の分野における標準化を活動範囲とする専門委員会（TC）として ISO/TC 176（品質管理と品質保証）が設置された．続いて，

ISO/TC 176 内に三つの作業グループ（WG）が立ち上がった（後に，WG 1 は SC 1，WG 2 及び WG 3 は SC 2 の傘下に置かれることになる）．

- WG 1：Quality Assurance Terminology（品質保証用語），幹事国：フランス
- WG 2：Generic Quality Assurance System Elements（品質保証システムの一般事項），幹事国：米国
- WG 3：Specifications for Quality Assurance Systems（品質保証システムの仕様），幹事国：英国

上記のように WG 2 と WG 3 という業務内容が似ている二つの WG が作られたのは，その必要性からというよりも，参加国において制定されていた規格の基本的性質が異なっていたことによる．国際規格の制定においては，どこの国にもない規格がいきなり検討されることはめずらしく，通常は既存の国家的な規格をもち寄って，それらを調整しながら国際規格に作り上げていくという過程がとられる．品質保証の規格としては，欧米諸国において多数の規格が制定されていたので，新たに発行する国際規格のベースドキュメントとして，米国の ANSI/ASQC Z1-15 と英国の BS 5750 を用いることになり，それぞれ WG 2 と WG 3 で検討することになった．

これら二つの規格には，内容は似ているものの，次のような形式的な違いがあった．

- BS 5750 は requirement（要求事項）で，ANSI/ASQC Z1-15 は guideline（指針）
- BS 5750 は多水準（multi-level）規格で，ANSI/ASQC Z1-15 は一水準

ISO として，よく似た二つの規格を発行することは混乱を招くおそれがあるため，ISO 9001 ～ 9003（現 ISO 9001 に相当）は "購入者" のための "品質保証" の規格であるのに対し，ISO 9004 は "供給者" のための "品質マネジメント" の規格として位置付けることになった．

結果として，1987 年に発行された ISO 9001 ～ 9003（現在の ISO 9001 に相当）は，二者間契約において購入者が供給者（現在の ISO 9000 ファミリー

規格での"組織"に相当）に対して要求する必要最低限の品質保証システム要求事項となった（第三者認証に使うことは意図していないことが明記されていた）．一方，ISO 9001～9003と同時に発行されたISO 9004は，品質マネジメントシステム（QMS）を構築していく上での基本となる要素を記述し，組織内部で品質マネジメントを実施する際の"推奨事項"を示したものであった．"要求事項"を定めたISO 9001～9003とは文書の性格が異なり，その内容については一律に強制するものではなく，それぞれの組織が適切に取捨選択・応用して活用すべきものとして位置付けられた．このようなISO 9001～9003とISO 9004の関係は，今日のISO 9001とISO 9004の関係にも通じている．

(2) 1994年改訂（必要最小限の改訂，サービス業への配慮）

ISOでは，5年ごとに規格の見直しを行うことになっている．このルールに従って，1987年版が発行された3年後の1990年の時点で，ISO/TC 176では，次期規格改訂の方針を次のように定めた．

- 第1次，第2次の2段階で行う．
- 第1次改訂は1992年とし，必要最小限の改訂にとどめる．
- 第2次改訂は1996年とし，規格に対するニーズを十分に調査し抜本的な改訂を目指す．

その上で，この方針に従って第1次改訂の検討が始まり，予定より2年ほど遅れて1994年7月に改訂版が発行された．

ISO 9001～9003の1994年改訂版の大きな変更点は，適用範囲を二者間契約に限定せず，第三者機関による評価の基準に用いてもよいことを明記したことである．これは，第三者機関による認証制度の基準文書に使われているという既成事実に対応する処置であった．

他方，ISO 9004の1994年版改訂は，"必要最小限の改訂にとどめる"という基本方針を受け，

- 規格の構成（目次構成）を変えない．
- 編集上の変更を主とする．

18 第1章 ISO 9004 の 2018 年改訂

- 技術上の変更は，用語規格の改訂内容への整合，及び製造業だけでなくサービス業にも適用可能にするための小さなものにとどめる．

ことに留意しながら作業が進められた．2018 年版にも通じる主な改訂内容は，次のとおりである．

- ISO 9004 の目的と適用範囲が，顧客の満足を得るために内部で総合的・効果的な QMS を構築し実施するための指針であることを明確にした．さらに，認証制度の広がりに応じて，ISO 9004 が ISO 9001 の参考規格と位置付けられていたことに対し，この規格が，契約・規制・認証に用いられることを意図してはいないことを明記した．
- この規格を適用する主体者を "組織（organization）" とした．1987 年版では "会社（company）" としていた．
- 非製造業への適用拡大を容易にするために，"製品（product）" が "サービス（service）" を含むことを明記した．

ISO 9004-1:1994 の適用範囲には，この規格が品質マネジメント及び QMS 要素についての指針を与えるもので，顧客の満足を目指して総合的，効果的な QMS を構築し実施する際に用いるのに適していると述べられている．また，この規格が契約において，又は規制や認証に用いられることを意図はしていない，すなわち ISO 9001 の手引として用いてほしくはないと明言され，さらに，この規格の適用に当たっては，市場，製品，工程，顧客ニーズなど，組織が置かれている実体に即して要素を選択すべきであるといっている．この点も，現在の ISO 9004 に通じる．

ISO 9004-1:1994 は様々な分野で利用されることを意図して作られたものであったが，作成に携わったメンバーの関係もあって，実際には，組立産業を対象とした規格であった面が否めない．したがって，他の産業で用いる場合には，用語，製品のライフサイクル，品質マネジメント実施上の重点の違いが問題となり，読み替えが必要となった（この点については，2000 年版において解決が図られることになる）．

なお，ISO 9001 〜 ISO 9003:1994 及び ISO 9004-1:1994 の使用に関する

手引が別途あり，そこには，"経営者動機型"と"利害関係者動機型"という二つの視点からの規格選択方法が示されていた．"利害関係者動機型"とは，供給者が顧客又は他の利害関係者の要求に応じるために QMS を実施するものである．この場合，ISO 9001 ～ 9003：1994 のいずれかに従って QMS を整備する．"経営者動機型"とは，供給者自身の経営者が，品質マネジメントの必要性を感じ，そのための活動を始めることをいう．この場合は，ISO 9004-1：1994 を用いる．後者の方法で構築した QMS は，ISO 9001 ～ 9003：1994 で提示する QMS モデルよりも主体性，目的意識の強さから総合的になることが理解できよう．

(3) 2000 年改訂（ISO 9001 との関係の明確化，コンシステントペア，あらゆる業種への適用容易化）

1994 年版の改訂作業が進む中，1993 年には，ISO/TC 176 の総会で次のような，第 2 次改訂の基本方針が発表された．

- QA（Quality Assurance：品質保証）を規定する ISO 9001 と，QM（Quality Management：品質マネジメント）を規定する ISO 9004 との規格の章構成を同じにする．
- 全ての業種，全ての規模の企業に適用可能なものとする．

ただし，これだけでは第 2 次改訂を具体的に進めることはできない．そもそも ISO 9001 と ISO 9004 の規格の性格をどうするのか，変えるのか，変えないのか．特に ISO 9001 に比べて，それほど普及していない ISO 9004 をどのような規格にするのかを明らかにする必要があった．このため，まずは"規格の仕様書"を作成するという方法を採用することが合意された．

その後，QA-QM タスクフォース（QA：品質保証，QM：品質マネジメントの概念，関係等を明確にし，将来の ISO 9000 ファミリー規格の構成について検討するためのタスクグループ）が発足し，特に ISO 9001 と ISO 9004 の関係，すなわち，ISO 9001 で要求事項を定めようとする品質保証とは何か，ISO 9004 でモデルを示そうとする品質マネジメントとは何か，この両者はどのような関係にあるのかが議論された．タスクフォースの 1995 年の報告書で

表 1.2 ISO 9001 と ISO 9004 の役割と関係（案）

	ISO 9001	ISO 9004
主要目的 （なぜ使うのか）	実証による，製品が要求事項に適合していることの信頼感の付与	持続的な顧客満足に焦点を当てることによる全ての関係者の利益
範　囲 （どのような活動が含まれるのか）	要求事項への適合に関する全ての活動	持続的な顧客満足に影響する全ての活動
内　容 （規格に何が含まれるのか）	品質保証のための QMS の有効性を実証するための必要最小限の要求事項	持続的顧客満足のための QMS の概念，原理，実施のガイド

は，表 1.2 に示す ISO 9001 と ISO 9004 の役割と関係（案）が示された.

　この報告書を受けて，翌 1996 年のテルアビブでの TC 176 総会時までに，2000 年における ISO 9000 ファミリー規格の方針が定められた. このうち，ISO 9001 と ISO 9004 については，次のとおりである.

- ISO 9001：QMS の要求事項（実証の結果として確立された要求事項への製品の適合に関する信頼感を付与する）
- ISO 9004：QMS の手引（継続的な顧客満足に焦点を当てることによって全ての利害関係者に便益を与える）

さらに，両者の違いを鮮明にすべく，ISO 9001 と ISO 9004 の相違を示す表 1.3 も提示された. これらの表からもわかるとおり，QA は QM に比べ，QMS の成熟度の点でも，QMS においてカバーするプロセスの範囲においてもずっ

表 1.3 ISO 9001 と ISO 9004 の相違

ISO 9001	ISO 9004
QA（品質保証） 製品品質 effectiveness（効果） 最小の要求事項	QM（品質マネジメント） ビジネスパフォーマンス efficiency（効率） 包括的指針

と狭いことがわかる．例えば，品質方針についていえば，"QM はすべてをカバーするが，QA では意図した製品及びそれに関連するプロセスをカバーすればよい"という具合である．

しかし最終的に改訂された規格を見ると，2000 年版の ISO 9001 からは，QA という言葉が消え，"QA + α"の規格となるに至った．これは，環境マネジメントシステムに対する要求事項を定めた ISO 14001 との両立性向上を図った結果であり，また，1994 年版のシステムモデルより進んだモデルを求めたからこそ実現した適用範囲の拡大でもあった．この適用範囲の拡大によって，ISO 9004 との関係が若干単純ではなくなったように感じられるかもしれないので，ISO 9001 のことではあるが，少し補足しておきたい．

"+ α"とは何か．キーワードとなるのは，ISO 9001:2000 の適用範囲に示されている"顧客満足"と"継続的改善"の二つである．結論をいえば，いずれもそう大仰なことを要求しているわけではなく，やはり ISO 9001 の中心は"QA"，すなわち，合意された要求事項に適合する製品を提供する能力を備えていることを実証することによる信頼感の付与であったといえる．

例えば，"顧客満足"と聞くと，日本では，お客様のニーズを顧客満足調査などあらゆる手段を講じて完全に把握し，それらニーズを満たす製品を設計・生産・実現・提供するために組織の総力を挙げて取り組む活動というイメージを思い浮かべてしまうことが多い．だが，ISO の定義によれば，満足とは，"顧客要求事項を満たしている"ことであり，決して"最大限に満足させる"ことではない（2015 年の ISO 9001 の改訂により，"要求事項"が"期待"に置き直されたが，期待を超えてニーズを満たすことを求めているわけではない）．

また，"継続的改善"とはいっても，QMS の有効性の改善を要求しているにすぎない．"製品"ではなく"QMS"の，"効率"ではなく"効果"の改善である．効果とか，有効性とかいうと，これまた大変なことだと思われてしまいそうだが，ここでいう有効性とは，システムを運用して得られた"結果"についてであり，しかも，結果を得るための"効率"を含んでいない点が重要である．要は，効率は無視してよいので，システムを運用して得られる活動の結

果が改善されるようにせよといっているに過ぎないのである.

このように見てくると, 確かに, 1994年版までの意味での品質保証の概念を超えるものかもしれないが, それほどレベルが上がったわけでもないことが理解できよう. 一方, 2000年版のISO 9004は, 顧客満足, 利害関係者の利益を通して, 組織のパフォーマンスの有効性及び効率の双方を継続的に改善することを狙いとする, ISO 9001を超えるQMSモデルを提示しており, 両者の間には明確な適用範囲の違いがあることがわかる.

2000年版のISO 9004は, ISO 9004のより一層の普及のために, ISO 9001とISO 9004を同時に使う, あるいはISO 9004をISO 9001よりも優れたQMSモデルとしてより一層明確に位置付ける必要があった. このため, コンシステントペア (無矛盾対, 統一的規格対, 首尾一貫した規格対) という概念が生み出され, これを踏まえた上で, ISO 9001との相違を強く意識して改訂作業が進められた. 2000年版ISO 9004における主な改訂事項は, 次のとおりである.

- 全ての利害関係者の便益を含むように, 適用範囲を変更した.
- 八つの品質マネジメントの原則を具現化する一つのQMSモデルであることを明確に位置付けた.
- 製品, プロセス, システムのいずれについても, 有効性及び効率の両面での継続的改善を推奨し, その結果として, 組織のパフォーマンス向上を目指した.
- 資源として, 人, インフラストラクチャ, 作業環境, 情報, 供給者及びパートナーシップ, 天然資源, 並びに財務資源の七つの領域を取り上げた.
- 組織の卓越の程度について, 自己評価を行うための方法を示した.

構造については, 既述のように, もともとISO 9001は英国規格BS 5750, ISO 9004は米国規格ANSI/ASQC Z1-15をベースに規格開発がそれぞれのグループで進められたため, かなり異なっていて使いにくかった. 規格の性格の相違があるからといって構造が異ならなければならない理由もないため, 最終的にISO 9001と整合のとれた構造とすることになった.

（4）2009 年改訂（変化への対応）

　品質向上に寄与する QMS とするためには，B to B の取引きにおける狭い意味での顧客満足（購入者要求事項への適合）に限定するのでは不十分であり，組織自らが，主体的に，自身の目的や体力に総合的に鑑みて QMS を構築・運用することが必要である．しかし，ISO 9001 をベースにした場合，認証基準であることや，もともと B to B の二者間取引における購入者から供給者に対する要求事項という性質上，適用組織にとっては受身的な取組みとなりがちである．このため，ISO 9004 は，1987 年の発行以降，ISO 9001 との整合性を考慮しながらも，品質向上に寄与し，組織が自主的に自らの事業基盤を強化するための QMS モデルという立場で，時代のニーズに適合した品質マネジメントのあり方を示めそうとしてきた．ただし，ISO 9001 との整合性に拘り過ぎた結果，ISO 9001 の枠を踏み越えるモデルを示すことが必ずしもできていなかった．

　ISO 9004 の 2009 年の改訂では，前年の 2008 年に行われた ISO 9001 の改訂が要求事項の意図を明確にすることを主眼とする小幅な改正に留まったのに対し，現代の成熟経済社会のように変化の激しい状況においても，組織が，品質マネジメントアプローチでもって，事業運営における持続的な成功を達成することを手助けするための指針となることを目指して，適用範囲を含めた大幅な改訂が行われた．

　まず 2003 年 12 月から，ISO 9001，ISO 9004 などの規格の開発を担当している ISO/TC176/SC 2 において，ISO 9004 の定期見直しと ISO 9004 に関するオンラインユーザ調査が行われた．また，この調査結果を受け，ISO 9004 を，ISO 9001 に基づく QMS を構築・実施してきた組織が，顧客及びその他の利害関係者のニーズ及び期待を満たすことによって，その事業活動を持続させ，優位性を保持し続ける，すなわち "持続的成功（sustained success）を達成し，維持するための指針とすることになった．ここでいう持続的成功とは，環境又は社会的責任（SR）の分野における持続可能性（sustainability）とは異なり，組織が，どのような環境下でもその事業を存続させることができ

ている状態であり，2015年に改訂されたISO 9000では"長期にわたる成功（目標の達成）"と定義されている．なお，改訂作業においては，日本の国家規格であるJIS Q 9005:2005（質マネジメントシステム―持続可能な成長の指針）及びJIS Q 9006:2005（質マネジメントシステム―自己評価の指針）がベースとなる文書として参考にされた．

適用範囲及び目的については，トップマネジメントに対して品質経営の重要性を訴求する好機であるとして，ISO/TC 176の作業範囲を超え，マネジメントの質に関するものとすべきという意見や，他のマネジメントシステムとの統合の指針を含むべきという意見もあれば，ISO 9001の実施ガイドに徹したほうがよいのではないかという意見もあった．議論の結果，次のような原則で対応することで収拾が図られた．

- ISO/TC 176の作業範囲を遵守し，品質を中心に据えた持続的成功のためのマネジメントの指針を与えるものとする．
- 主要な規格利用者は，ISO 9001のQMSを既に構築・運用しており，そのQMSを更に広く，深く，進化させたい組織とする．
- そのため，顧客要求事項だけでなく，全ての該当する利害関係者のニーズ及び期待を扱う．また，QMSの有効性だけでなく，組織のパフォーマンスに影響する全ての活動，プロセス並びにシステムにわたって，有効性及び効率を扱うようにする．
- ISO 9001の実施ガイド，ビジネスエクセレンスモデル，TQMなどへの適用のための国際的な基本指針にはしない．
- 箇条構成は変更しても，内容においては，ISO 9001との整合性を確保する（ISO 9001からの移行が容易に行えるようにする）．

持続的成功を達成するためのモデルについては，八つの品質マネジメントの原則からの展開を示そうとしたもの，ISO 9001又はビジネスエクセレンスモデルとの関係から説明しようとしたもの，内部・外部環境から説明しようとしたもの，利害関係者並びに各々のニーズ及び期待，それをサポートする規格を示したものなどが検討された．最終的には，ISO 9004は，品質マネジメント

1.2 改訂の経緯

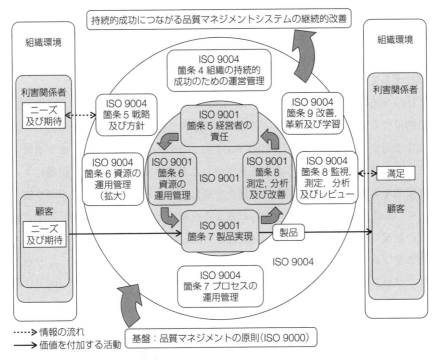

図 1.1 ISO 9004:2009 の QMS 拡大モデル
出典：ISO 9004:2009, 図 1

原則をベースにした QMS モデルとして位置付けられることが合意され，ISO 9001 と ISO 9004 の両方の要素を取り入れた QMS 拡大モデルとすることになった（**図 1.1** 参照）．また，このモデルに従い，最初の箇条で，持続的成功とは何か，持続的成功を実現するために何を行わなければならないかをまとめた上で，その内容を引き続く五つの箇条で説明する構造とすることになった．

自己評価については，内部監査との違いが議論となった．本来，内部監査は QMS の有効性及び効率の監視・測定のための手段であり，組織内部の活動に焦点が絞られている．一方，自己評価は，QMS の有効性及び効率を，組織を取り巻く外部環境の中で，事業の成果を含め総合的に評価し，改善及び革新の

必要性及び獲得すべき組織の能力を明確にするツールである．このため，自己評価を独立した箇条にする提案もあったが，最終的には，測定手段の一つとして内部監査と自己評価が併記されることになった．

(5) そして 2018 年改訂へ（組織の品質）

ISO 9004 の 2009 年の改訂では，ISO 9001 との整合性よりも，組織が自主的に自らの事業基盤を強化するための QMS モデルを示すことを重視し，大幅な改訂が行われた．他方，ISO 9001 の 2015 年改訂では，ますます複雑で厳しく動的になる組織の事業環境を反映した要求事項にすること，組織による効果的な実施や効果的な適合性評価を容易にすること，そして要求事項を満たしている組織への信頼感を与えられるような規格とすることを目指し，①"組織の状況（context of an organization）"に応じた品質マネジメントシステム，②事業プロセスへの統合，③品質に関連するパフォーマンスの評価，④プロセスアプローチの採用の促進，⑤リスク及び機会（risks and opportunities）への取組み，⑥一層の顧客重視，⑦組織の知識（organization's knowledge）の明確化，⑧ヒューマンエラーへの取組み，⑨文書類及び責任・権限に対する一層の柔軟性，⑩サービス分野への配慮，などに焦点を当てた大幅な改訂が行われた．このような中，ISO 9004 の 2018 年の改訂では，2009 年で踏み出した方向性が維持され，更にはっきりした形となった．

2018 年の改訂作業は，2014 年に実施された定期見直し及び 2015 年に実施された ISO 9004 改訂に関する新規作業項目提案の投票の結果を受けて行われたものである．改訂作業を担当したのは，ISO/TC 176/SC 2/WG 25（ISO 9004 改訂）である．コンビーナはイスラエルの Isaac Sheps 氏とカナダの Pierre L'Esperance 氏が共同でつとめ，世界各国から約 90 名の専門家が参加して行われた．2015 年 11 月に開催された香港会議において規格の設計仕様書及び構造が決定された．また，これを基に作成された作業原案についての議論が 2016 年 5 月のイスパタ会議で行われ，委員会原案が出来上がった．その後，2016 年 11 月のロッテルダム会議を経て国際規格案が，2017 年 9 月のバリ会議を経て最終国際規格案が作成され，2018 年 4 月に ISO 9004：2018 と

して発行された.

今回の ISO 9004 の改訂の主な目的は次の 3 点にある.

- 2015 年に改訂された ISO 9000, 特に品質マネジメントの 7 原則との整合性を保つ.

- 組織が, ISO 9001 の要求事項を超えて, 顧客及びその他の利害関係者のニーズ及び期待を満たす能力に重点を置くことによって, 複雑で, 過酷な, 刻々と変化する環境の中で持続的成功を達成するための, マネジメントの指針を提供する.

- トップマネジメント及び全ての階層の管理者が果たす役割の重要性を踏まえ, 品質専門家だけでなく, これらの人が理解し活用できるよう配慮する. また, 図及び表を用いることで, よりわかりやすい指針とする.

品質マネジメントの原則については, 2015 年の ISO 9000 の改訂により, 従来の 8 原則 (顧客満足, リーダーシップ, 人々の参画, プロセスアプローチ, マネジメントへのシステムアプローチ, 継続的改善, 意思決定への事実に基づくアプローチ, 供給者との互恵関係) が, 7 原則 (顧客重視, リーダーシップ, 人々の積極的参加, プロセスアプローチ, 改善, 客観的事実に基づく意思決定, 関係性管理) となった. 主な改訂点は, "プロセスアプローチ" と "マネジメントへのシステムアプローチ" とを "プロセスアプローチ" にまとめたことによる数の減少と, "関係性管理" である. 後者については, 従来の "供給者との互恵関係" が供給者に焦点を当てていたのに対し, 供給者に限定せず, 全ての利害関係者との良好な関係の管理に軸足を移した. これを受けて, ISO 9004 の 2018 年改訂版では, 製品・サービスの顧客を含めた全ての利害関係者のニーズ及び期待を満たすことが組織の持続的成功にとって重要であるということを, 2009 年改訂版よりも更に踏み込んだ形で明確にすることを狙った.

また, 2009 年改訂版と同様, ニーズ及び期待を満たすことのできる "組織の能力" に重点を置いた. その上で, このような能力を獲得する上では, 適用範囲を品質マネジメントシステム (QMS) に限定するのは適切でないと考え, より広い "マネジメントの指針" を示すことを目指した. このことと, 先の品

質マネジメント原則の変更への対応が相まって，"組織の品質（quality of an organization）"という新しい用語を用いることになった．

　品質の専門家だけでなく，トップマネジメント及び全ての階層の管理者が理解し活用できることを目指した点も大きい．結果として，より組織の事業目的の達成やそのための戦略的な取組みと関連する記述が強化され，反面，規範的（prescriptive）な記述は削除された．

（6）2018年改訂の先にあるもの

　このような改訂の狙いを，品質マネジメントの実践や研究に永年取り組んできた組織や専門家の視点から見ると，デミング賞，マルコムボルドリッジ国家品質賞，ヨーロッパ品質賞などの品質賞を受賞している組織において典型的に実践されている内容，すなわち総合的品質マネジメント（TQM：Total Quality Management）に次第に向かっているように思われる．

　品質賞とは，組織における製品・サービスの品質に関わる活動・成果を評価し，その優れた面を表彰することで，当該組織における活動の一層の促進と，品質に関わる活動の社会的普及を狙いとする，独自の枠組み・規則をもつ制度である．品質賞の効用は，組織の優れた面を評価し伸ばすこと，組織における活動の統合化・総合化を促進し，新しい方法論が生み出される手助けをすることである．それぞれの組織の状況は異なっており，自組織なりのユニークな品質マネジメントを工夫し，世界に一つしかないものを作り上げることが大切となるが，これを促進するのが品質賞といえる．

　品質賞の中で最もこの特徴が現れているのがデミング賞である．デミング賞は，TQMを実施して著しい効果を上げている組織に対して授与される年度賞である．自律的な経営を行っている組織であれば，公・私企業，業種，規模の大小，国内・海外を問わず，応募できる．応募した組織についてデミング賞実施賞審査委員会が審査を行い，その結果に基づいてデミング賞委員会が受賞者を決定する．各年度に賞を授与する組織数に制限は設けられていないので，審査の結果，合格点に達していると認められた組織全てにデミング賞が授与される．デミング賞を受賞した組織がさらなる高みを目指して挑戦できるデミング

大賞（旧の日本品質管理賞）も設けられている。

デミング賞・デミング大賞を受賞できる組織は，次の三つの条件を満たしている組織である．

A）経営理念，業種，業態，規模及び経営環境に応じて明確な経営の意思のもとに，積極的な顧客指向の，さらには組織の社会的責任を踏まえた経営目標・戦略が策定されていること．また，その策定において，首脳部がリーダーシップを発揮していること．

B）A）の経営目標・戦略の実現に向けて TQM が適切に活用され，実施されていること．

C）B）の結果として，A）の経営目標・戦略について効果を上げるとともに，将来の発展に必要な組織能力が獲得できていること．

また，評価基準は，この3条件に対応し，

Ⅰ．積極的な顧客指向の経営目標・戦略の策定

Ⅱ．首脳部の役割とその発揮

Ⅲ．経営目標・戦略の実現に向けた TQM の適切な活用・実施

Ⅳ．TQM の活用・実施を通して経営目標・戦略について得られた効果

Ⅴ．特徴ある活動と組織能力の獲得

の五つから構成されている（ⅠとⅡが条件Aに，ⅣとⅤが条件Cに対応する）．

デミング賞・デミング大賞への挑戦の中から，国際競争力をもった数多くの組織が生まれてきたし，管理項目一覧表，QC 工程表，工程能力調査，方針管理，機能別管理，品質保証体系図，品質機能展開など，現在の TQM において活用されている数多くの新しい方法論が生み出されてきた．

事業とは顧客・社会のニーズと自組織のシーズを結び付けて顧客・社会にとっての価値を創造することである．しかし，ニーズやシーズが大きく変化するため，変化に対応して，仕事のやり方を変えていくことのできる能力が組織に備わっていないと，持続的な成功を収めることが難しい．TQM は，ニーズとシーズを結び付けて価値創造を行うことを経営の基本としながら，組織がその存在意義をもち続けるためには，変化に対応する・変化を生み出せる組織能

力を獲得することが重要との認識のもと，そのための方法論を体系化したものである．このように考えれば，QA（品質保証）のための最小限の要求事項を定めた ISO 9001 と並行的に議論され，そのような中で組織が自主的に自らの事業基盤を強化することを目指すようになってきた ISO 9004 が，次第に TQM に近づいていくことは自然な流れであろう．

1.3 2018 年版の主な改訂内容

ISO 9004 の 2018 年版における主な改訂点は，次のとおりである．

a) 序文では，2009 年版と同様，ISO 9001 との関係が説明されているが，変化する環境の中で持続的成功を達成する組織の能力について信頼を与えることを主眼としていることがより明確にされている．また，2009 年版においては，ISO 9001 で定められている品質マネジメントシステム（QMS）の拡大モデルであり，QMS の継続的改善を目指すものであることを示す図（図 1.1 参照）が示されていたが，2018 年版では品質マネジメントシステムの範囲を超えるものであることが明記され，独自の構造を示す図（図 2.4 参照）に置き直されている．さらに，同じ意図で，規格の名称の"品質マネジメントシステム"が"品質マネジメント"に置き換えられている．

b) 上記の二つの図を比較した場合のもう一つの相違は，"組織の状況"並びに"方針，戦略及び目標"とは別に"組織のアイデンティティ"を明示的に設けていること，さらには，"プロセスのマネジメント"，"資源のマネジメント"，"組織のパフォーマンスの分析及び評価"，並びに"改善，学習及び革新"が"方針，戦略及び目標"と密接な関連をもちながら一体となって実施されるのがよいことを明確にしたことである．

c) モデルを示す図の変更に伴って，規格の構造も**表 1.4** に示すように改訂された．箇条 5 の"組織の状況"を加えたことは，ISO 9001 の改訂と対応しているように見えるが，箇条 5〜7 を通して，経営環境が大きく変わるなか，利害関係者のニーズを満たすことのできる能力の獲得に向けた，

1.3 2018年版の主な改訂内容 31

表 1.4 ISO 9004 の 2009 年版と 2018 年版の構造の違い

ISO 9004:2009	ISO 9004:2018
序 文	序 文
1. 適用範囲	1. 適用範囲
2. 引用規格	2. 引用規格
3. 用語及び定義	3. 用語及び定義
4. 組織の持続的成功のための運用管理	4. 組織の品質及び持続的成功
5. 戦略及び方針	5. 組織の状況
6. 資源の運用管理	6. 組織のアイデンティティ
7. プロセスの運用管理	7. リーダーシップ
8. 監視,測定,分析及びレビュー	8. プロセスのマネジメント
9. 改善,革新及び学習	9. 資源のマネジメント
附属書A 自己評価ツール	10. 組織のパフォーマンスの分析及び評価
附属書B 品質マネジメントの原則	11. 改善,学習及び革新
附属書C ISO 9004:2009 と ISO 9001:2008 との対比	附属書A 自己評価ツール

組織としての方針・戦略・目標を明らかにする上での推奨事項を示している.箇条8~11については,若干順序や用語が変わっているものの,ほぼ対応している.ただし,その内容については,以下のi)~l)で説明するように大幅に拡充されている.

d) 箇条3(用語及び定義)においては,ISO 9000:2015 との整合性を保つため,旧規格の用語及び定義を全て削除し,ISO 9000:2015 を引用規格とした.これは,ISO 9001:2015 と同じ対応である.

e) 箇条4(組織の品質及び持続的成功)においては,持続的成功のためには,製品及びサービスに対する顧客のニーズ及び期待だけでなく,利害関係者のニーズ及び期待を満たすことが重要であることを,"組織の品質 (quality of an organization)"という用語を用いてより明確にした.この言葉は規格の名称の中でも使われている.また,箇条4には,利害関係者のニーズ及び期待を考慮することの効用も追記されている.

f) 新たに設けられた箇条5（組織の状況）は，2009年版の4.3（組織環境）及び4.4（利害関係者，ニーズ及び期待）に記されていたものに対応する．利害関係者についての解説的な部分を削除する一方，内部及び外部の課題についての具体的な項目を明確にしている．全体として見ると，"監視する"などの受け身的な記述が消え，積極的に組織の状況を把握し，それに基づいて組織を変えていくという考え方が強くなっている．

g) 新たに設けられた箇条6（組織のアイデンティ）では，使命，ビジョン，価値観及び文化が組織を運営する基本となることを明確にしている．

h) 箇条7（リーダーシップ）は，トップマネジメントが行うことを明確にするという立場で書き直されている．手順の説明が削除され，何をなすべきか簡潔に示されている．

i) 箇条8（プロセスのマネジメント）については，8.4（プロセスのマネジメント）が新たに設けられ，①全体をシステムとして捉えプロセス間のすり合わせ・連携を強化する活動，②より高いパフォーマンスを目指して方針，戦略及び目標に基づいてプロセスを継続的に改善する活動，③達成されたパフォーマンスのレベルを維持する活動についての推奨事項が示されている．これと箇条7の改訂内容が一緒になって，組織の状況を踏まえた方針，戦略及び目標に従ってプロセスを計画的に改善し，その結果を標準化していくという考え方がより明確になった．

j) 箇条9（資源のマネジメント）については，チーム改善活動が明記されるなど，9.2（人々）の内容が強化される一方，財務資源のマネジメントなど，品質マネジメントの視点から重要性が低いと思われる項目は削除されたり，簡略化されたりした．また，9.3（組織の知識）では，知識の獲得だけでなく，獲得した知識のマネジメントが強調されている．さらに，9.6（外部から提供される資源）では，外部提供者及びパートナの評価及び選定についての記述が削除され，外部提供者及びパートナとの関係性のマネジメント，それを通して外部提供者及びパートナの能力を向上することが強調されている．また，9.7（天然資源）についても，戦略的に取り

組む重要性が強調されている.

k) 箇条10（組織のパフォーマンスの分析及び評価）については，旧規格では，パフォーマンス指標，内部監査，ベンチマーキング，自己評価などの方法の説明が中心であったのに対し，パフォーマンスの分析及び評価についての具体的な推奨事項が示されている.

l) 箇条11（改善，学習及び革新）については，学習と革新の順番が入れ替わった．また，改善についてはほとんど変更がないものの，学習については組織としての学習に関する記述が増え，個人の学習に関する記述が減った．結果として，改善や革新の結果を基に組織の知識を増加させることが学習と捉えていることが明確になった．さらに，革新については，パフォーマンス評価の結果や戦略的方向性に基づいて革新への取組みを計画し優先順位を付けること，革新の結果をレビューし組織の知識を増加させることなどが追記された.

m) 附属書Aは，組織が実施している品質マネジメントの成熟度を5段階で自己評価するためのツールという立場は変わっていないものの，具体的な内容は本文に合わせて改訂されている.

n) 2009年版の附属書B（品質マネジメントの原則）はISO 9000との重複・不整合を避けるために，附属書C（ISO 9004とISO 9001との対比表）はISO 9001との箇条ごとの対比を行うことは適切でないという意見が強かったため，削除された.

1.4 2018年改訂に関わる審議

少し細かくなるが，ISO 9004の2018年改訂版の審議中に特に問題となり，規格の内容・本質を理解する上で役立つと思われる事項を，示しておく.

(1) 位置付け・基本的性質

a) 2009年版と同様に"持続的成功"のための指針であることは当初から合意が得られていた．しかし，広く普及しているISO 9001と関連付けた

い人も多く，① ISO 9001 の説明，② ISO 9001 の要求事項に対応するための指針，③品質マネジメントアプローチの提示のいずれなのかが議論となった．ISO 9001 の説明は ISO/TS 9002 が既に存在すること，ISO 9004 は ISO 9001 の指針ではないことを確認し，同じ原則に基づく，不整合のない，独立した規格として位置付けることになった．

b) 2009 年版の標題に示されている，ベースとなるべき"品質マネジメントアプローチ（quality management approach）"の意味するものは何かが議論となり，"品質（quality）"は他の経営要素（納期，コストなど）と同列に並ぶものではないこと，"組織の品質"は"製品及びサービスの品質"より広い概念であること，品質マネジメントアプローチは品質マネジメントシステムの構築・運営に限定されるものでなく，品質マネジメントの原則に基づくより広いアプローチであることを確認した．その上で，具体的な内容については，ISO 9001 の改訂に当たって行われた将来コンセプトについての検討結果及び品質賞などのビジネスエクセレンスモデルを考慮して検討が行われた．

c) 品質の意味が限定されるため，"顧客（customer）"という用語を使用しない方がよいという意見があり，原則として"利害関係者（interested party）"を統一的に用いることになった．

d) どの程度具体的な指針を作るのかが議論になった．何を行うかのみを示すものから具体的な推奨事項を示すものまであり得る，具体的な推奨事項を示すのがよいが，ページ数としては本文 20 ～ 30 ページ程度にすることになった．また，誰が利用するのかが議論となり，上位管理者が主な対象ということで認識が一致し，規範的なものにならないようにすることになった．

e) 利便性を考えて基礎となっている品質マネジメントの原則を附属書として含めるべきという意見があったが，ISO 9000 と重複するため，規格には含めず，ISO 9000 や TC176 のウェブサイトを参照してもらうことになった．

f)　ISO 9004:2009 からの変更点を附属書として示すのがよいという意見があったが，2009 年版と 2018 年版では考え方が大きく異なり，対比を示すのは適切でないということになった．

g)　主語を統一的に"マネジメントシステム"にするという意見があったが，責任の主体を明確にする必要があるということで，組織，トップマネジメント，管理者などを適宜使い分けることになった．また，関連して，"管理者（managers）"という用語の曖昧さが問題となり，削除したり，階層の限定を付けたり，組織に置き換えたりした．

h)　題目のない細分箇条に全て題目をつけるべきだという提案があった．ISO のルールとしてどのビュレットかを明確に識別するためには，一つの細分箇条の中に a）や l）などの識別番号が同じビュレットが複数含まれないようにすることが必要だが，全ての細分箇条に題目を付けると題目が多くなりすぎるということで，そのままとすることになった．

(2) 規格の構造

a)　規格の構造については，参加者から重要と考えるキーワードを収集し，類似性に基づいてグループ分けした上で，グループごとに題目，含めるべき項目を議論し，決定した．

b)　構造を Annex SL の HLS に合わせるべきという意見があったが，マネジメントシステムより広いマネジメントに対する指針であり，HLS にこだわるのは適切でないということで不採用となった．また，2009 年版と同様に ISO 9001 と ISO 9004 の対応表を付けるという意見もあったが，同様の理由で不採用となった．

(3) 規格の名称

a)　旧規格の名称を含め，多くの候補を基に検討を行った．"品質（quality）"という単語を含めるかどうかどうかで議論になり，品質という言葉を入れないと TC 176 の範囲を超えると受け取られる危険がある，範囲が限定さ

れるため名称に敢えて品質という言葉を入れる必要はない．"組織の品質
(quality of an organization)"という新しい言葉を使えば品質担当管理者
の新しい仕事であることが明確になるなどの意見が出され，最終的な妥協
案として，"Quality management – Quality of an organization – Guidance
to achieve sustained success"にすることになった．

b)　なお，先頭の"品質マネジメント（Quality management)"は他の規
格との整合性を考慮して最後に追加されたものである．ただし，ISO
9000やISO 9001との整合のため，品質マネジメントに更に"システム
（system)"を追加するというISO中央事務局からの提案については，マ
ネジメントシステムよりも広い範囲を扱っているということで不採用と
なった．

c)　上記に対応して，箇条4に，"持続的成功"を説明している節とは別に，
"組織の品質"という節を設け，その意味を説明することになった．

（4）序文

a)　当初，持続的成功に影響を与える要因の変遷を示した図を含めていたが，
分野によって異なるなどの意見があり，削除し，文章を用いて説明するこ
とになった．なお，当該の文章そのものを削除してはという意見もあった
が，経営環境の変化への対応というISO 9004の出発点が不明確になると
いう強い反対があり，そのままとなった．

b)　ISO 9004:2018のモデルを示した図1（図2.4参照）については多く
の議論が行われた．主な議論は，①使命，ビジョン，価値観及び文化の関
係，②方針，戦略及び目標の関係，③プロセスのマネジメント（箇条8），
資源のマネジメント（箇条9），組織のパフォーマンスの分析及び評価（箇
条10），並びに改善，学習及び革新（箇条11）の関係などである．この
うち，③については，プロセスのマネジメント及び資源のマネジメントの
結果を受けて，評価及び改善が行われるという意見と，分析及び評価，並
びに改善，学習及び革新も方針，戦略及び目標に基づいてプロセス及び資

源のマネジメントと並行的に実践されるべきという意見がぶつかった結果，現在の形となった．また，組織の状況（箇条5）については，一つのブロックにまとめる案もあったが，2009年版と同様にインプットになる部分とアウトプットになる部分を両サイドに記した上で，同一の要素であることを明確にするよう，両者をつなぐ現在の形となった．さらに，ISO 9001のように図の中にPDCAサイクルを明示する提案もあったが，PDCAサイクルには様々なレベルがあるにもかかわらず特定のPDCAサイクルのみを示すのは誤解を招くということになり，不採用になった．

c)　持続的成功を達成する能力を説明した文章の中の“全階層の管理者”という表現が問題となり，“リーダー的な役割の人”に置き換えるなどの提案が行われた．しかし，不要に絞ったり，広げたりするのは適切でないということになり，そのままとなった．同じ理由で，管理者に加えてスタッフ（staffs）を含めるという意見も不採択になった．

d)　"The ability to meet relevant needs and expectations of customers and the other relevant interested parties" の“満たす（meet）”という表現が問題となり，understand, address, consider などの提案があったが，目的を示すべきということになり，そのままとなった．

e)　全ての利害関係者の，全てのニーズ及び期待に“in a balanced way”（2009年版の表現）に応えるのは現実的でないという意見があり，“変化，長期ビジョン，リスク及び機会を考慮して重要度を付ける”などが候補として挙がったが，最終的には，持続的成功を達成するためには組織にとって relevant な 利害関係者の，relevant なニーズ及び期待に応える必要があるとし，“relevant” という考え方で表現することになった．

f)　結果として“relevant”という言葉が何度も出現することが問題となった．序文ではそのまま使用し，箇条4以降では relevant を省略すること，何が relevant かを決めるのは組織によることを明記することになった．また，customers and other interested parties についても同様の扱いとし，以降 customers を省略し，interested parties だけにすることになった．

(5) 適用範囲（箇条1）

a) 適用範囲については，品質マネジメントの原則（quality management principles）に限定するのか，品質マネジメントの原則を超えたものにするのかが議論になり，"This guidance is consistent with the quality management principles given in ISO 9000:2015." を追加することになった．

b) 自己評価ツールについて，"成熟度（maturity）"という旧規格の表現が問題となり，全ての組織が同一のマネジメントを目指すのがよいという誤解を与えるという意見を踏まえて，"この規格の概念を採用した程度をレビューするための自己評価ツール（a self-assessment tool to review the extent to which the organization has adopted the concepts in this document）"に修正した．なお，附属書Aでは，そのまま成熟度という用語を使用している．

(6) 用語及び定義（箇条3）

a) 用語及び定義については，利用者の利便性を考え，定義を箇条3にまとめて示すべきという意見もあったが，ISO 9000との整合を重視し，旧版に定義されていた"組織環境（organization's environment）"を含め全ての定義を削除することになった．これに付随して，規格中の"組織環境"を全て"組織の状況（context of organization）"に置き換えた．

(7) 組織の品質及び持続的成功（箇条4）

a) 箇条4の構造については，何回かの修正を経て，現在の二つの細分箇条に落ち着いた．4.1では"組織の品質"の概念について例を含めて示し，4.2ではどうすれば組織の品質が向上し，持続的成功が達成できるかを示すことになった．

b) 利害関係者のニーズと関連する規格を示した図2（図2.2参照）については，列挙されている規格に抜けているものがあるとのコメントがあり，

例であることが明確になる題目にした．また，利害関係者として規制機関を加えるという提案があったが，他と同列でないという意見があり加えないことになった．また，quality of work life に説明を付けたり，追加を行う提案があったが，内容は多くの人にとって明らかである，quality of work life に全て含まれるということで不採用になった．

c)　4.2 に書かれている，"長期的にニーズ及び期待を満たすことによって組織の品質を向上し，持続的成功を達成できる"という文章に，短期的及び中期的を加える提案があったが，長期的に満たすことが重要ということで不採用となった．ただし，短期及び中期の目標が長期的な戦略を支援すべきであるという文章を追加した．

d)　トップマネジメントが行うべきこと（項目 a～h）については，詳細化する案，具体的な方法を示す案などが出されたが，箇条 5 以降で記述している内容と重複するという反対があり，箇条 5 以降と整合するように整理することになった．ただし，項目 c（リスク及び機会の明確化）及び項目 d（方針，戦略及び目標の明確化）については，ともに箇条 7（リーダーシップ）に関連するものの意味が異なるということで別々のままになっている．なお，"トップマネジメント"を"組織"に置き換えるという意見もあったが，直接行わなくても主導すべきという強い意見があり，不採用となった．

e)　項目 b について，使命，ビジョン，価値観及び文化に対する動詞が問題となり，"使命，ビジョン及び価値観を明確にし，実行し，伝達し，一貫した文化を推進する"という表現に落ち着いた．

(8) 組織の状況（箇条 5）

a)　外部及び内部の課題については，業種や組織によって変わるので，細目を明示しない方がよいのではないかという意見があったが，もう少し具体的な指針が必要ということになり，表現を工夫した．

b)　箇条間の関連性を明確にするために，箇条 5 の外部及び内部の課題の

40   第1章　ISO 9004 の 2018 年改訂

見直しに関する記述に，箇条7を参照する記述“処置をとるべきあらゆる結果について考慮しながら（7.2 参照）”を追記した．また，同様の理由により，箇条7，8，10，11などに，他の箇条を参照する記述を追加した．

(9) 組織のアイデンティティ（箇条6）

a) アイデンティティ（identity）は経営の前提であり，これを踏まえて，方針及び戦略を設定することで合意した．また，アイデンティティの議論では，使命，ビジョン及び価値観のほか，目的をどうするかが問題となったが，使命に含めることになった．他方，文化を4番目の要素として明記することになった．さらに，使命及びビジョンの定義はISO 9000と整合させることにした．

b) 上記の認識に従って，組織の状況，アイデンティティ（使命，ビジョン，価値観及び文化），並びに方針，戦略及び目標の構造を示す概念図を示すことになった（図2.4 参照）．また，箇条の構造及び順番をこれに沿って変更することになった．なお，文化の位置付けについては，使命，ビジョン及び価値観を取り囲む形にする提案，使命，ビジョン及び価値観の共通のコアとして示す提案などがあったが，合意が得られず，並列で示すことになった．

(10) リーダーシップ（箇条7）

a) 当初，“リーダーシップ及び計画”並びに“方針，戦略及び目標”の二つの箇条を設ける予定であったが，両者は密接な関連があるということで一つにまとめ，題目を“リーダーシップ”にすることになった．また，内容としては，トップマネジメントが行うべきことという視点でまとめることになった．

b) 方針と戦略との関係については，ISO 9000の定義に従えば方針は従業員が守るべき普遍的な言明であり，戦略及び目標の上位あるいは独立にあるものという意見と，ISO 9001の要求事項に従えば戦略→方針→目標と

いう関係にあるという意見がぶつかった．結局決着がつかず，方針と戦略の関係はそれぞれの組織に任せることとし，順番は付けないとし，同じ細分箇条にまとめることになった（ただし，記述の順番としては方針が先になっている）．なお，方針及び戦略を基に目標を組織の階層に従って展開するという点については合意が得られ，目標を別の細分箇条（7.3）にするとともに，方針及び戦略についての推奨事項として，"全ての短期的及び中期的目標を一貫性のあるものにするのが望ましい（7.3参照）"を追記した．

c) 7.2に示されている競争的要因及びそれに取り組む場合に考慮し得るアクションの例については，当初，箇条書きで列記していたが，わかりにくいということで表にすることになった．

d) 7.3の題目は，当初，"目標及び展開"となっていたが，図1（図2.4参照）と整合させるのがよいという提案があり，"目標"に変更された．ただし，内容としては展開を含んでいる．また，方針管理などを参考に展開に関するより詳細な推奨事項を示す意見もあったが，トップマネジメントが行うべきことを簡潔にまとめるのがよいという意見が大勢を占め，"目標を展開する場合，トップマネジメントは，組織の様々な部門と階層との間でのすり合わせのための議論を奨励することが望ましい"という文章のみを追加するに留まった．

(11) プロセスのマネジメント（箇条8）

a) 記載されている推奨事項を理解するためには，プロセスの概念を正しく把握しておくことが必要という意見があり，8.2（プロセスの決定）の最初に，ISO 9001の図を引用し，プロセスの概念を説明することになった．なお，プロセスではなくシステムの図に置き換えるという提案もあったが，複雑になりすぎるという反対があり，採用されなかった．プロセスの決定に当たって配慮すべき事項のリストは，ISO 9001の4.4と整合するようにした上で，幾つかの追加を行うことになった．

b) 8.4（プロセスのマネジメント）については，①プロセス間のすり合わせ／連携のマネジメント，②より高いパフォーマンスの達成，及び③達成されたレベルの維持の三つを含めることになった．当初は，細分箇条に題目を付けることを検討していたが，わかりやすい短い題目を付けることが難しく，きちんと書こうとすると本文と同じになってしまうということで，番号のみが振られている．8.4.1 及び 8.4.2 が①に，8.4.3 が②に，8.4.4 及び 8.4.5 が③に対応する．

c) 8.4.1 の c) の実現能力及びパフォーマンスの評価については，当初，アウトプットの統計的な分布を評価することが明記されていたが，繰り返しのあるプロセスに限定されるなどの意見があり，現在の形となった．また，8.4.1 の d) についても，当初，望ましくない事象の未然防止についての具体的な推奨事項が記されていたが，表現を簡素化した．

d) 8.4.3 には，当初，"方針による管理（management by policy）"という表現が含まれていたが，審議過程で削除された．また，当初，改善と革新とが併記されていたが，革新をプロセスのマネジメントに含めることに反対する意見もあったため，改善に限定することになった．反面，従業員が改善活動に積極的に関わることが重要という意見があり，対応する推奨事項を追記した．

e) 8.4.4 については，当初，SOP（Standardized Operation Procedure）という用語を用いていたが，より一般的な "手順（procedures）" という用語に置き換えた．なお，"文書化した情報（documented information）" に置き換えるという提案もあったが，ISO 9000 の手順の定義 "specified way to carry out an activity or a process" に沿った使い方である，文書化した情報とするとかえって限定しすぎる，文書化した情報は記録も含むなどの反対があり，そのままとなった．また，当初，"監督者（supervisor）" という用語が使われていたが，より一般的な "管理者（managers）" という用語に置き換えた．同様に，8.4.5 では，当初，"管理項目（control point）" 及び "異常（abnormality）" という用語が使われていたが，よ

り一般的な"パフォーマンス指標(performance indicator)"及び"逸脱(deviation)"という用語に置き換えた.

(12) 資源のマネジメント(箇条9)

a) 細分箇条の構造を簡素化することになり,これに伴って,人々の細分箇条をなくす提案,技術を組織の知識又はインフラストラクチャ及び作業環境に含める提案などがあったが,重要性を考慮し,そのままにすることになった.ただし,関連する項目が近くに並ぶように順番を入れ替えた.他方,財務資源についてはわざわざ取り上げて説明する必要はない,品質賞では財務パフォーマンスを見ているのであって財務資源のマネジメントを要求しているわけではないなどの理由で削除することになった.

b) 9.2(人々)には,当初,トップマネジメントが行うべきことが記されていたが,これについては,箇条7(リーダーシップ)にまとめることになった.また,9.3(組織の知識)には,学習(learning)に関するものが含まれていたが,箇条11(改善,学習及び革新)に統合することになった.他方,9.2では積極的参加(engagement)を促進するものとして,チーム改善活動を明記することになった.また,9.3では知的財産のマネジメントを明記することになった.

c) 9.6(外部から提供される資源)については,有効な互恵関係を築くための推奨事項を追加するのがよいという意見があり,追記した.また,これらの資源のマネジメントにおいて考慮すべきものとして,事業継続及びサプライチェーンの側面,並びに環境,持続性及び社会的責任の側面を追加することになった.

d) 9.7(天然資源)については,天然資源の管理だけに特化して推奨事項を示すのは適切でないという意見があり,最初に,組織は社会の中における責任を認識し,取り組む必要があるという旨の段落を追加し,天然資源の管理はその中の重要な一つであることが明確になるようにした.

（13）組織のパフォーマンスの分析及び評価（箇条 10）

a) 10.2（パフォーマンス指標）については，よく知らない人にとって流れ
がわかりにくいということで，パフォーマンス指標を活用する基本的なス
テップを示す図を追加することになった．

b) 10.3（パフォーマンス分析）と 10.4（パフォーマンス評価）は，当初，
逆の順番になっていたが，ISO 9001 の語順に合わせたいという強い意見
があり，順番を入れ替えた．10.4 では 10.2 で設定・計測したパフォーマ
ン指標の評価について述べており，10.3 は評価結果に基づいて課題を明
確にすることを述べているため，実施の手順としては 10.2 → 10.4 → 10.3
となる．

c) 10.3（パフォーマンス分析）とそれに基づく決定は誰が行うのかを明確
にするのがよいという意見があったが，8.3（プロセスの責任及び権限）
でまとめて扱うのがよいということで不採用となった．

d) 10.4（パフォーマンス評価）においては，利害関係者のニーズ及び期待
の視点からの評価（10.4.1），目標から見た評価及び改善の長期的な傾向
から見た評価（10.4.2），ベンチマークとの比較による評価（10.4.3）が
示されているが，目標から見た評価については目標の過達（目標を大きく
超えて達成した場合）も得られた結果を維持するために検討する必要があ
ることを明記した．また，改善の度合いが不十分な場合のあり得る原因と
して，方針・戦略・目標の展開に加えて，人々の力量及び積極的参画を明
記した．なお，ベンチマーキングに関する細分箇条（10.4.3 ～ 10.4.6）を
2009 年版と同様に独立させる案，別の場所（箇条 8 又は 10.1 の後など）
に移動する案などがあったが，評価のための一連の活動の中でのベンチ
マーキングの主な役割が曖昧になるという意見があり，そのままとなった．

e) 10.5（内部監査）については，ISO 19011 などをベースにより有効な
活用（優れた実践の特定及び改善の機会など）についての記述を追加する
ことになった．

f) 10.6（自己評価）について，それぞれの組織が独自のものをつくるべき

だという意見があったが，推奨事項としては記述しないことになった．ただし，個々の要素の評価を独立に見るのはよくないこと，組織の使命，ビジョン及び価値観に与える影響を考えるのがよいことを明確にした．

（14）改善，学習及び革新（箇条11）

a) 当初，革新を改善及び学習と別の箇条にするという意見もあったが，旧規格と同様，一緒の箇条にまとめることになった．

b) 11.2（改善）において，当初，構造化されたアプローチの例としてPDCAサイクルが示されていたが，より具体的な手順（改善の手順など）を示すべきだという意見と，特定の手順を示すのはよくないという意見がぶつかり，最終的にPDCAサイクルという用語自体も削除することになった．

c) 11.4（革新）において，革新の契機となる変化として，技術，プロセス及びシステムに加えて，ビジネスモデルを明記した．なお，革新を行う場合のより具体的な推奨事項を示した方がよいという意見があったが，合意が得られず，そのままとなった．

（15）自己評価ツール（附属書A）

a) 附属書Aとして自己評価ツールを含めることは当初から合意ができていたが，その内容をどうするのかについては様々な議論が行われた．候補として，①ISO 9004に基づくもの，②ISO 9004とビジネスエクセレンスモデルを組み合わせたもの，③それぞれの組織が自分で独自のものをつくれるようなもの，の三つを考えた上で検討を行い，誰が使うのか，組織及び上位管理者にとって役に立つのか，ISO 9004の拡販につながるのかなどについて議論が行われた．最終的に，規格の内容を自分の組織に適用する上でのチェックリストとして活用できるという理由で，2009年版と同じ①の立場をとることになった．ただし，どのように適用するのがよいのか，誰が活用するのがよいのかなどについての解説を明記することに

なった.

b) 品質賞ではそれぞれの組織においてその業種・業態・規模に応じたマネジメントが実践されているかを評価しているのであり，"成熟度（maturity）"を評価しているわけではないという意見があったが，附属書で示しているのは一般的な自己評価ではなく，一つの例であるということで不採用になった.

c) 評価項目については，基本的に細分箇条ごとに作成することになったが，"一般"に対応する項目のない箇条もある．また，一つの細分箇条を複数の評価項目に分けているものある.

d) レベル 1 ～ 5 については，評価項目間でなるべく統一を図ることになった．レベル 1 は "非公式又はその場限り" で行われている状態，レベル 2 は部分的に行われている状態，レベル 3 は一通り行われているが効果が出ていない状態，レベル 5 は他社からベンチマークとみなされている状態などである．これに関連して，レベル 1 ～ 5 の表現に CMMI（Capability Maturity Model Integration）の表現を使ってはどうかという提案もあったが，誤解が生じるおそれがあるということで不採用になった.

e) 各評価項目・各レベルの表現に当たっては，本文に記されている指針を一般的な発展の順番に沿ってレベル 3 ～ 5 に割り振るようにした．また，活動だけでなく結果にも重点をおいた表現にすることになった（ただし，結果について記されているものは全体に少ない）．なお，否定的な表現を避ける（主にレベル 2）という提案もあったが，レベルの相違がわかりにくくなるということで採用されなかった.

f) ISO 規格は用紙を横向きに使用できないために行数が多くなり読みにくいということが問題となり，レベルを縦に並べる，箇条書きにして確認する項目を明確にする，コピーをとって使用できるようにチェック欄・コメント欄を作るなどが議論され，2009 年版の様式から変更することになった.

1.4 2018年改訂に関わる審議 47

参考文献

1) JIS Q 9004:2018, 品質マネジメント－組織の品質－持続的成功を達成するための指針
2) 飯塚悦功ほか（2011）:『ISO 9004:2009 解説と活用ガイド－持続的成功のための品質アプローチ』, 日本規格協会

第2章

ISO 9004 の適用範囲，重要概念，モデル及び自己評価ツール

本章では，標題，序文，適用範囲，付属書 A（自己評価ツール）などを基に，ISO 9004 のバックボーンになっている考え方を解説する．

50 第2章 ISO 9004 の適用範囲, 重要概念, モデル及び自己評価ツール

2.1 ISO 9004 の標題が示すもの

ISO 9004:2018 の標題は, Quality management ― Quality of an organization ― Guidance to achieve sustained success (品質マネジメント－組織の品質－持続的成功を達成するための指針) である. ISO 9000 ファミリー規格の中で対をなす ISO 9001:2015 の標題は, Quality management systems ― Requirements (品質マネジメントシステム－要求事項) であり, 非常に明快であるのに比べると, 曖昧な部分が多い. ただし, よく見ると, この標題には, 品質マネジメント, 組織の品質, 持続的成功の三つのキーワードが含まれており, これらを結び付けるための指針であることが感じ取れるであろう.

この三つのキーワードの関係をどう捉えているのかは, 序文など, 規格の中身を読み進めることでわかる. まず, 組織の品質＝組織が顧客・社会のニーズを満たす度合いと考えるのなら, これが, 組織が事業で成功する上での基本である. 次に, 組織の置かれている経営環境が時々刻々で様々に変化する中でこれを達成し続けることのできる能力を組織が獲得できるかどうかが持続的成功の分かれ目であり, そのための有効な方法が品質マネジメントである. そして, その方法についての指針を示しているのがこの規格である.

本章においては, この標題に端的に表現されていること, すなわち, "組織の品質" を向上させることが事業の基本であり, その上で現代のような成熟社会においては "持続的成功" という視点が重要であり, そのためには "品質マネジメント" の実践が有効であるという, ISO 9004:2018 のバックボーンになっている考え方を理解したい. また, 組織の品質と持続的成功を目指して品質マネジメントを実践する際のモデルとして提示されているものが, どのようなものなのかを鳥瞰したい. それが, ISO 9004 の各箇条で示される指針の意図を的確に理解し, 活用するための早道であろう.

2.2 ISO 9004：2018 の適用範囲

ISO 9004：2018 の箇条 1（適用範囲）には，

> この規格は，組織が持続的成功を達成する能力を高めるための指針を提供している．この規格は，ISO 9000：2015 に示されている品質マネジメントの原則と整合している．この規格は，組織がこの規格の概念を採用した程度をレビューするための自己評価ツールを提供している．この規格は，組織の規模，業種及び形態並びに活動を問わず，あらゆる組織に適用可能である．

と記されている．

最初 2 文は，ISO 9004 に示される指針に従えば持続的成功を達成する上で必要となる"能力"の向上が支援される，そして，その能力の向上のベースになるのが"品質マネジメントの原則"である，といっている．原則とは，行動の基本となる考え方であり，事業において持続的成功の達成を目指す組織において，組織に所属する一人ひとりが品質マネジメントの原則，すなわち，顧客重視，リーダーシップ，人々の積極的参加，プロセスアプローチ，改善，客観的事実に基づく意思決定，関係性管理に則って行動することによって，組織全体の能力の向上を目指すことを手助けする規格が，この ISO 9004 であるということになる．

3 番目の文は，それぞれの組織の置かれている状況が異なるため，組織の能力を向上するためには，自分自身で組織の状況を評価し，必要な取組みを行っていくことが大切であり，そのために役立つ自己評価ツールがこの ISO 9004 には含まれているといっている．それぞれの組織の置かれている状況は異なるという考え方は，組織のマネジメントを考える場合，重要である．組織の状況が同じであれば，同じことを行えばよいが，状況が異なれば同じことを行っても期待した効果が得られない場合が生じることになる．したがって，個々の状況に応じて，また，状況の変化に応じて何を行うべきかを考え，工夫することが求められることになる．ここでいう自己評価ツールは，基準への適合を評価

52 第2章 ISO 9004 の適用範囲, 重要概念, モデル及び自己評価ツール

する監査とは異なり, 各々の組織がその置かれている状況を的確に把握し, その内容に応じて必要な独自の工夫を行っているかどうかを評価するためのものである.

4番目の文は, ISO 9004 は, 全ての組織が適用できる品質マネジメントのモデル, すなわち組織の規模, 業種, 形態, 活動内容によらず, どのような組織であっても適用可能なモデルであるといっている. この意味を, ただ大風呂敷を広げただけ, 工夫すればいつでもどこでも誰でも適用できるはずというメッセージに過ぎないなどと安易に受け止めない方がよい. ISO 9004 に限らず, 組織の事業を考えるときには, まず顧客やその他の利害関係者, そのニーズと期待, それをどのようにして満たすのかを明らかにし, そのためのマネジメントとして, どのようなモデルをどのように適用するか考察するのがよい. ISO 9004:2018 は, 組織による利害関係者への価値提供一般に適用できる指針である. だから, どのような組織にも適用可能であると記されている. 考えてみれば, あらゆる組織は何らかの目的をもって設立される. その目的を "顧客や利害関係者" への "価値提供" と表現し, その価値が組織の活動を媒介として提供されると理解できれば, 品質マネジメントのモデルは, それが広く深かろうが, あるいは狭く浅かろうが, あらゆる組織に適用できることになる.

2.3 ISO 9004:2018 の重要概念

(1) 組織の品質

ISO 9004:2018 の 4.1 では, "組織の品質とは, 持続的成功を達成するために, 組織固有の特性がその顧客及びその他の利害関係者のニーズ及び期待を満たす程度である. 何が持続的成功の達成に関連しているのかの決定は, その組織に任されている." と記されている.

この記述を検討するに当たっては, ISO 9000:2015 に記載されている "品質" の定義が "対象に本来備わっている特性の集まりが, 要求事項を満たす程度" であり, "要求事項" の定義が "明示されている, 通常暗黙のうちに了解されている又は義務として要求されている, ニーズ又は期待" であることが考慮さ

2.3 ISO 9004:2018 の重要概念

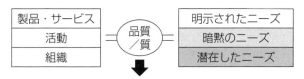

図 2.1 組織の品質

れた．組織が顧客・社会に提供する価値は，主に製品・サービスを通して行われるが，組織の存在意義はこれだけではない．従業員を雇用し，働きがいのある仕事を提供すること，供給者・パートナがその製品・サービスの提供を通して利益を獲得する機会を提供すること，社会が将来必要となる新たな技術を開発すること，得られた利益を基に株主に対する利益の還元を行ったり，社会責任を果たすための取組みを行ったりすることも組織の存在意義を高めるものである．したがって，持続的成功を達成するには，組織は，提供している製品及びサービスの品質やその顧客のニーズ及び期待という範囲を超えることが望ましく，顧客だけにとどまらず利害関係者の満足及び全体的な経験を向上させる意図をもって，それらのニーズ及び期待を予測し，満たすことに重点を置くことが重要となる．このような考え方に基づいて生み出されたのが"組織の品質"という用語である（図 2.1 参照）．

なお，品質と要求事項の定義を単純に組み合わせると，"対象に本来備わっている特性の集まりが，明示されている，通常暗黙のうちに了解されている又は義務として要求されている，ニーズ又は期待を満たす程度"となる．この定義は，適合した製品及びサービスを提供し，顧客満足を向上するという組織の能力に信頼を与えるために，製品及びサービスの品質に重点を置く ISO 9001 の場合にはよいが，組織の持続的成功を達成する能力についての信頼を与えることに重点を置く ISO 9004 では，限定し過ぎになる．このため，"明示されている，通常暗黙のうちに了解されている又は義務として要求されている"という修飾語を省き，顧客やその他の利害関係者自身も認識していないような潜

54　第2章　ISO 9004の適用範囲,重要概念,モデル及び自己評価ツール

図2.2　利害関係者並びにその期待及びニーズの例
出典：JIS Q 9004：2018, 図2

在的なニーズも含めることになった．

　利害関係者並びにその期待及びニーズには様々なものがあり得る（図2.2参照）．このため，組織の品質を向上させる場合，あらゆる利害関係者の，あらゆるニーズ及び期待を満たすのは，効果的でもなければ効率的でもない．このため, relevantな（密接に関連する）利害関係者の, relevantな（関連する）ニーズ及び期待に焦点を絞るのがよい．ただし，どのようなものが持続的成功から見てrelevantなのかは，時代とともに，また，組織，業種，文化及び国家によって大きく異なり得る．このため，組織自身が"顧客重視"及び"関係性管理"の原則に特別な注意を払いながら検討し，決定すべきものであり，その良否によって持続的成功の成否が左右されることになる．また，個々の利害関係者のニーズ及び期待は異なり，その他の利害関係者のニーズ及び期待と一致する又は対立する可能性がある．したがって，組織はそのrelevantなニーズ及び期待に取り組む場合には，それら利害関係者の相互関係を考慮し，よい関係が生み出されるようにすることが望ましい．

　利害関係者のニーズ及び期待を考慮することで，組織は，様々な考え方をもつ人がいる中で，最も重要な目標・側面への注力が容易になり，責任及び関係の対立を排除でき，活動における連携や一貫性を生み出し，実践を最適化することができる．また，コミュニケーションが改善され，知識を共有すること，訓練，学習及び個々人の能力開発が容易になる．結果として，組織の目標を効果的及び効率的に達成することができるようになり，ブランド又は評判に対するリスク及び機会をマネジメントすることができるようになる．

2.3 ISO 9004:2018 の重要概念　　55

(2) 持続的成功

ISO 9004 は，組織が，複雑で，過酷な，刻々と変化する環境の中で，持続的成功を達成するための手引を提供している．ここでいう "成功" とは，目標の達成であり，例えば，財務的には好業績であり，その基盤としての製品・サービスを通した顧客への価値提供において顧客の高い評価を受け続けることであり，さらには組織の使命やビジョンの達成に向けて計画に沿って一歩一歩着実に近づいていることである．

このような組織の成功に影響を及ぼす要因は，時代と共に，出現し，進展し，増大又は消滅してきた．例えば，物が不足していた時代には，生産性や効率が重要であったが，それが克服されると，品質や迅速性などが求められ，最近では，これらに加えて，社会的責任，環境要因及び文化的要因が重要となってきている．したがって，こうした変化へ対応できるかどうかが，長期的な成功のために重要となる．

変化への対応が着目されるようになってきた理由は，成熟社会になるにつれて質的な変化が速くなるためである．かつて日本も大いに謳歌した経済高度成長期は，量的な成長は著しいものの質的な変化は思いのほかゆったりとしたものであった．これに対して，成熟社会では，量的な変化がほとんどないにもかかわらず，質的な変化が激しい．顧客及びその他の密接に関係する利害関係者のニーズ及び期待を満たし，価値を提供し続けることが事業の基本であることに変わりがないが，ニーズ及び期待が激しく変化し，そのニーズ及び期待を満たすシーズにも絶えず変化があるため，これらに対応できるかどうかが事業上の重要な課題になってきたわけである．

変化に対応できるかどうかは，組織の能力，すなわち，組織で働く一人ひとりの能力及びそれらの人たちの間の連携力で決まる．このため，組織は，顧客及びその他の密接に関係する利害関係者のニーズ及び期待の変化，シーズの変化を把握し，どのような形でそれらのニーズ及び期待とシーズを結び付けて価値を生み出していくかという，ありたい姿を描くとともに，その達成に必要な組織の能力を特定し，現状の能力と対比して不足している部分を明らかにし，

その向上を図ることが求められる．そのような持続的成功に向けた組織の取組みのベースとなるのが，ISO 9000:2015 に記載されている品質マネジメントの原則である．これらの原則は，一括して適用した場合に，組織の価値観及び戦略のための統一的な基礎を提供することができる．

ただし，品質マネジメントの原則の実践を組織の中に浸透させていくためには，トップマネジメントが，顧客及びその他の密接に関連する利害関係者のニーズ及び期待を満たすことを事業の基本に据え，そのために必要な組織の能力の向上に重点を置くことが大切である．その上で，組織の能力に重大な影響を与える品質マネジメントの側面を特定し，その強化を図ることが必要である（図 2.3 参照）．また，このようなトップマネジメントのリーダーシップによる取組みは，全階層の管理者が組織の進展する状況について学び理解し，関わることによって，全従業員の積極的な参画を引き出すことによって促進される．表 2.1 に，最近のデミング賞・デミング大賞受賞組織に見られる，経営環境の変化と，それに伴って向上が求められる組織能力，組織能力の向上を目指して取り組んでいる品質マネジメントの強化点の例を示す．

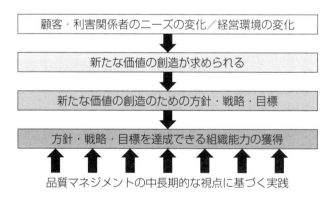

図 2.3　変化に対応した新たな価値創造と
品質マネジメントの実践による組織能力の向上

2.3 ISO 9004：2018 の重要概念

表2.1 変化と求められる組織能力と品質マネジメントの強化点（例）

変　化	求められる組織能力	品質マネジメントの強化点
事業環境が大きく，絶え間なく変化する．	• 変化の中で長期的に目指す姿を定める能力 • 変化に対応した機動的な経営と組織能力の獲得を同時に実現できる能力	• 組織の状況を踏まえ，顧客及び利害関係者のニーズを満たすことを中心に据えた方針・戦略・目標を定める． • 品質マネジメントを有効なツールと位置付け，推進計画を明確にし，中長期的な視点で推進 • 方針・戦略・目標の展開・集約による課題・問題の共有と確実な取組みを強化する．
社会が成熟するにつれ，新たな価値の創造が求められる．	• 潜在ニーズを発見する能力 • 必要な技術を明確にし，計画的に開発する能力 • ニーズとシーズを結び付け価値を創造する力	• 顧客の声を集め，潜在的なニーズを把握し，新製品・新サービスの開発に積極的に取り組む． • 技術開発ロードマップ等を策定し，従来の枠組みを打ち破る新技術の開発へ計画的に取り組む． • 顧客価値創造に向けた組織・部門間の密接な連携を図る．
安全・安心への関心が高まり，高度な品質保証が求められる．	• トラブルを予測し，未然防止する能力 • 標準に従って業務を安定的・継続的に行う能力	• ノウハウの活用の失敗が増えていることを認識し，安全・安心な社会の実現に向け，一段上を目指したプロセス/システムの実現に取り組む． • 従業員を巻き込んだ，起こり得るトラブルの洗い出しと未然防止活動，異常や変化点に対する日常管理の徹底を図る．
従来と異なった部門・職種で改善を実践することが求められる．	• 様々な職場における問題・課題の発見能力 • 複数の異なる知識・能力をもつ人が連携し，問題・課題を解決する能力	• 顧客満足度，自工程完結，TPS，TPM，ロス・ばらつき，自然災害リスクなどの新たな視点を加えることで既存のプロセス/システムの問題・課題を顕在化 • 複数の異なる形態の小集団改善活動を組み合わせることで，全員の参画を引き出し，問題・課題に応じた柔軟な改善活動と自己実現を実現
IoT等の情報技術が進み，新事業や生産性革新が期待される．	• 多種多様で膨大な量の情報を分析・活用する能力 • 次々に生まれてくる新たなノウハウを確実に蓄積・活用する能力	• ICTを活用し複数の組織・部門の間で情報を共有することで，価値創造に役立てるとともに，方針管理・日常管理・改善活動等のスピード・精度を向上する． • 改善活動を通して得られたノウハウをデータベース化することで，ノウハウの共有・活用と相互学習を促進する．

58 第 2 章 ISO 9004 の適用範囲, 重要概念, モデル及び自己評価ツール

市場・事業拠点のグローバル化や事業領域の変化が急速に進む.	• 必要な人材・能力を明確にし, 確実に確保・育成する能力 • 海外拠点, 関係会社, パートナ等の育成能力	• 人材育成に重点を置き, 組織的に取り組む. • 目標・方針・戦略を達成するために組織・部門全体で必要となる能力・人材を明確にし, その育成に計画的・体系的に取り組む. • 従業員一人ひとりの能力の評価・育成に組織的に取り組む.
地域・社会の中で組織が果たす役割が期待される.	• 地域・社会とビジョン・価値観を共有し, 連携できる能力 • 互いに補完しあえる関係を築く能力	• 社会のニーズを把握し, 組織が行っている事業活動と一体化する形で, これらのニーズを満たす活動のありたい姿を明確にする. • ありたい姿を効果的・効率的に達成するために, TQM の方法論をうまく活用する.

2.4 ISO 9004 の品質マネジメントモデル

前節で述べたような, 持続的成功を目指した活動に取り組むためには, 組織は, トップマネジメントのリーダーシップのもと, 次のことを実施するのが望ましい.

- 全ての利害関係者を特定し, そのニーズ及び期待並びに組織のパフォーマンスに対する個々の利害関係者の潜在的な影響を明確にするため, 定期的に組織の状況を監視, 分析, 評価及びレビューする.
- 組織の使命, ビジョン及び価値観を明確にし, 実行し, 伝達し, 一貫性のある文化を促進する.
- 短期的及び長期的なリスク及び機会を明確にする.
- 組織の方針, 戦略及び目標を明確にし, 実施し, 伝達する.
- 論理的に首尾一貫したシステムの内部で機能するよう, 関連するプロセスを明確にし, マネジメントする.
- 組織のプロセスが意図した結果を達成することができるように, 組織の資源をマネジメントする.
- 組織のパフォーマンスを監視し, 分析し, 評価し, レビューする.

2.4 ISO 9004 の品質マネジメントモデル

- 組織の状況における変化に対応する組織の能力を支援するため,改善及び学習を行い,革新を促進するプロセスを確立する.

組織が持続的成功を達成するのに不可欠なこれらの要素を品質マネジメントのモデルとして示したのが,ISO 9004:2018 の図1(図2.4参照)である.図中の箇条番号は,ISO 9004:2018 の箇条番号である.

この図を見ると,"顧客及びその他の密接に関連する利害関係者のニーズ及び期待","内部及び外部の課題","顧客及びその他の密接に関連する利害関係者のニーズ及び期待を満たすための組織の能力についての信頼"などの組織の

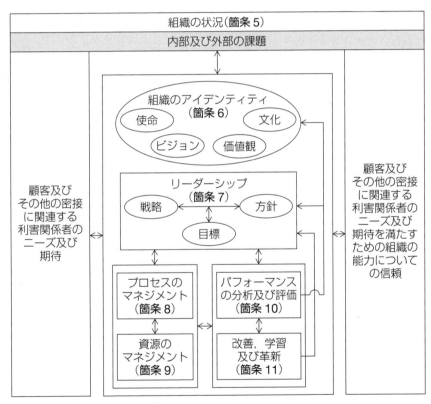

図 2.4 ISO 9004:2018 の品質マネジメントモデル
出典:JIS Q 9004:2018,図1

60 第2章 ISO 9004 の適用範囲, 重要概念, モデル及び自己評価ツール

状況を基に，組織は自分のアイデンティティ（使命，ビジョン，価値観，文化
など）を明確にし，これに基づいて方針と戦略を立て，持続的成功に向けた具
体的な目標を設定するのがよいと考えていることがわかる．組織の状況が常に
変化していることを考えれば，この方針・戦略・目標は，組織の状況の変化に
適応して組織を変えるための方針・戦略・目標である．使命，ビジョン，価値
観及び文化の間の位置関係，方針と戦略の間の位置関係は明示されておらず，
組織がそれぞれの考え方に従って，自由に位置付けてよいことになっている．

次に，組織はこれらの方針・戦略・目標に基づいて，"プロセスのマネジメ
ント"，"資源のマネジメント"，"組織のパフォーマンスの分析及び評価"並び
に"改善，学習及び革新"を実践する．ここで，これらの間に順序関係を定め
ていない点に注意することが大切である．"プロセスのマネジメント"，"資源
のマネジメント"，"組織のパフォーマンスの分析及び評価"，"改善，学習及び
革新"は，相互に密接に関連をもちながら同時並行的に行うものとして位置付
けられている．これは，"プロセスのマネジメント"と"資源のマネジメント"
を行った後に"パフォーマンスの分析及び評価"を行って，その結果に基づい
て"改善，学習及び革新"を行っていては，変化への対応が遅れてしまうため，
方針・戦略・目標に基づいて，"パフォーマンスの分析及び評価"と"改善，
学習及び革新"に関する計画を立て，"プロセスのマネジメント"と"資源の
マネジメント"の中で同時に行っていくべきものであるという考え方に基づい
ている．このため，第3章で詳しく解説するが，"プロセスのマネジメント"
の中では方針・戦略・目標に基づいて改善活動を実施することが述べられてい
るし，"資源のマネジメント"の中では小集団改善活動が重要な要素として言
及されている．さらに，"パフォーマンスの分析及び評価"の中では，"プロセ
スのマネジメント"，"資源のマネジメント"及び"改善，学習及び革新"の計
画に基づいてパフォーマンス指標を設定することが推奨されている．

フィードバックの2本の矢印は，"パフォーマンスの分析及び評価"と"改善，
学習及び革新"の結果に基づいて方針・戦略・目標を見直すのがよいこと，"パ
フォーマンスの分析及び評価"に基づいて組織のアイデンティティ（使命，ビ

ジョン，価値観，文化など）を見直すのがよいことを示している．

　以上のことを全体として見ると，マネジメントシステムを構築し，運営し，その結果を監視，分析，評価及びレビューし，改善，学習及び革新につなげるという ISO 9001 の従来のモデルとは大きく異なっていることがわかる．

　なお，第 4 章で解説する TQM との関係で見ると，"方針管理"，"標準化と日常管理"，"小集団改善活動"，"品質管理教育"，"プロセス保証"，"新製品・新サービス開発管理" などの重要な要素が，モデルの中に含まれていることがわかる．箇条 5，6，7，8（特に，8.4.3）及び 10 を貫いている方針・戦略・目標の策定・展開・見直しの考え方は，"方針管理" と密接な関係がある．また，箇条 8（特に，8.4.4 及び 8.4.5），箇条 9（特に，9.3）及び箇条 10（特に，10.2.1 及び 10.2.2）は，"標準化と日常管理" と対応している．さらに，箇条 9（特に，9.2.2 及び 9.2.3）と箇条 11 は "小集団改善活動" に，箇条 9（特に，9.2.4）は "品質管理教育" に，箇条 8（特に，8.2，8.3，8.4.1 及び 8.4.2）は "プロセス保証" や "新製品・新サービス開発管理" に対応している．

2.5　ISO 9004：2018 の自己評価ツール

　ISO 9004：2018 では自己評価を推奨しており，組織がこの規格の概念を採用した程度をレビューするための自己評価ツールを，附属書 A として提供している．自己評価は，組織のパフォーマンス及びマネジメントの成熟度について全体像を提供することができる．なお，自己評価と混同されやすいものとして監査があるが，監査は基準への適合性を評価するものである．例えば，マネジメントシステムに関連する要求事項が満たされている程度を明確にするために監査が行われ，得られた所見はマネジメントシステムの有効性を評価し，リスク及び改善の機会を特定するために使用される．したがって，自己評価とは評価の目的・視点が異なるものとして捉えるのがよい．

　組織は，改善及び／又は革新を必要とする領域を特定すること，並びにそれに続く行動の優先順位を決定し，持続的成功の目標に伴う実施計画を策定するために，自己評価を利用するのがよい．自己評価のアウトプットは，組織の強

62 第2章 ISO 9004の適用範囲,重要概念,モデル及び自己評価ツール

み・弱み,関係する改善のためのリスク及び機会,組織の成熟度レベル,及び自己評価が繰り返される場合には,長期にわたる組織の進捗状況を示す.

　組織の自己評価の結果は,実践してきた品質マネジメントの見直しへの価値あるインプットとなる.また,自己評価は,組織の改善の状況に関する全体像を提供するため,利害関係者の参画を促進し,組織の全体的な計画活動を支援することができる可能性をもっている.

　表2.2に,附属書Aが採用している自己評価ツールの枠組みを示す.この自己評価ツールの評価項目はこの規格の各細分箇条に対応しており,5段階の成熟度レベルを用いている.各レベルの記述は,ISO 9004:2018に記載されている推奨事項に基づくものである.組織は,記されている基準に照らして組織の実情をレビューし,現在の成熟度を特定し,その強み・弱み,並びに関連するリスク及び機会の改善を明確にすることになる.自組織のレベルよりも高いレベルとして与えられた基準は,検討を要する課題を理解し,組織がより高いレベルの成熟度に達する上で取り組むとよいことを明確にする上で役立つ.

　附属書Aの自己評価ツールは,組織及び組織の現在のパフォーマンスの全体像を詳細に把握するため,プロセスオーナ及びあらゆる階層の管理者が実施

表2.2 ISO 9004:2018 附属書Aの自己評価ツールの枠組み

持続的成功に至る成熟度レベル					
細分箇条	レベル1	レベル2	レベル3	レベル4	レベル5
細分箇条1	細分箇条1についてのレベル1の基準	細分箇条1についてのレベル2の基準	…	…	細分箇条1についてのレベル5の基準
細分箇条2	細分箇条2についてのレベル1の基準	細分箇条2についてのレベル2の基準	…	…	細分箇条2についてのレベル5の基準
細分箇条3	細分箇条3についてのレベル1の基準	細分箇条3についてのレベル2の基準	…	…	細分箇条3についてのレベル5の基準

出典:JIS Q 9004:2018,表A.1を修正

することを意図している．記載されているとおり使用すれば，推奨事項に沿った品質マネジメントのレベルアップの枠組みを与えるものになっているが，評価項目やレベルの表現を自分の組織に合うように修正してもよい．一般には，レベルが高くなればなるほど，独自のものを工夫することが必要になってくる．

なお，ここでは"成熟度（maturity）"という用語が用いられているが，その意味について誤解しないようにする必要がある．ここでいう成熟した組織とは，

- 組織の状況における変化を監視する，
- 利害関係者のニーズ及び期待を理解してこれらを満たす，
- 改善，学習及び革新が可能な領域を特定する，
- 方針，戦略及び目標を決定し展開する，
- 組織のプロセス及び資源をマネジメントする，
- 人々に対する信頼を示し積極的参加の向上につなげる，
- 外部提供者及びその他のパートナなどの利害関係者と有益な関係を確立する

などに取り組むことよって，効果的及び効率的に成果を挙げ，持続的成功を達成している組織である．組織の置かれている状況はそれぞれ異なる．したがって，具体的に行うべきことが組織ごとに異なるのは当然である．自分の置かれた状況を踏まえて，自分自身で行うべきことを考え，実践していけるのが成熟した組織であり，他組織の真似をし，他組織の後を常に追いかけているような組織は成熟した組織とはいえない．

組織が自己評価を実施するための逐次的な方法は，附属書Aに示されているが，一般に次のとおりとなる．

1) 自己評価の範囲，すなわち組織の部門と評価の種類（品質マネジメントの主要要素の自己評価，ISO 9004の各箇条に対する自己評価，付加的又は個別の基準又はレベルを取り入れた自己評価など）を定める．

2) 誰が自己評価に責任をもつのか，及びいつ自己評価を実施するのかを決定する．

3) 自己評価をどのように実施するのか，チーム（部門横断又はその他の適切なチーム）によるのか個人によるのかを決定する．自己評価の支援者を

64　第 2 章　ISO 9004 の適用範囲, 重要概念, モデル及び自己評価ツール

任命することによって, このプロセスを支援することができる.

4)　組織の個々のプロセスの成熟度レベルを特定する. 組織の現在の状況と表に記載された内容とを比較する.

5)　結果を報告書にまとめる. これは, 長期にわたる進歩の記録となり, 組織内外の情報交換に役立たせることができる. このような報告書にグラフを使用することは, 結果の伝達に有用である.

6)　組織のプロセスの現在のパフォーマンスを評価し, 改善及び／又は革新すべき領域を特定する.

　自己評価から得られた情報は, 改善及び／又は革新のための実施計画の策定につながり, トップマネジメントによる計画の策定及びレビューへのインプットとして利用されることが望ましい. また, 組織全体を通して, 互いに比較し, 組織全体にわたり学習を共有するためにも活用できる (比較は, 組織のプロセス間, 異なる事業単位間で行うことができる). さらに, 他の組織とのベンチマーキング, 定期的な自己評価を実施することによって長期にわたる組織の進捗状況を監視するためなどにも活用できる.

参考文献

1)　JIS Q 9004:2018, 品質マネジメント－組織の品質－持続的成功を達成するための指針
2)　デミング賞委員会 (2018):"デミング賞・デミング大賞応募の手引き", 日本科学技術連盟
3　デミング賞委員会 (2018):"2013 年〜2018 年受賞報告講演要旨",
　　http：//www.juse.or.jp/deming/download/

第3章

ISO 9004 の解説

本章では，ISO 9004 の主要な部分である箇条 5～11 について，原則として細分箇条ごとに，次の順序で逐条的に解説を行う．なお，本章では，箇条番号を ISO 9004 に対応させているので，ご留意いただきたい．

(1) 目　　　的：ISO 9004 の当該箇条の狙い・意図を解説．

(2) 推　奨　事　項：ISO 9004 に示されている推奨事項を示す．ISO 9004 の完全一致翻訳規格である JIS Q 9004 をそのまま引用している．なお，点線の下線を施してある部分は，JIS として独自に追加されたものであり，ISO 9004 にはない．

(3) 推 奨 事 項 の 解 説：実際に ISO 9004 で用いられている表現，字句を適宜引用した上で，当該推奨事項を読み解くに当たって重要な概念やわかりにくい事項を解説する．ISO 9001 との比較において，解説を施すべき ISO 9004 の特徴的事項も適宜紹介する．

(4) 推奨事項に基づく実践：当該箇条に基づいて，具体的に何をどのように実施することを意図しているのかを解説する．また，実施時の具体的な進め方や留意事項も適宜紹介する．

上記のうち，(4) については，第 4 章の TQM の解説と密接に関連する．このため，両者を併せて読むことでより理解を深めることができる．

箇条 5 組織の状況

　組織のトップマネジメント（経営者）が，組織の状況を理解しないままに現実離れした施策を押し付けて失敗している例は枚挙にいとまがない．改善活動を進めるためのステップとして広く使われている，問題解決型 QC ストーリーにおいては，いきなり "対策" を考えるのではなく，その前に綿密な "現状把握" により，徹底的に問題の構造・特徴を理解した上で，それを基に原因を追究し，対策を検討することを推奨している．また，課題達成型 QC ストーリーでも，"方策の立案・選定" の前に "経営方針の認識"，"課題の設定" というステップで課題を取り巻く組織の現状を徹底的に把握しておくことを推奨している．このような問題解決・課題達成の定石は，変化する状況のもとで組織が持続的に成功していくための施策を立案し，展開していく上でも重要である．

　箇条 5 では，どのような項目についてどのように組織の状況を把握するとよいかを述べている．さらに，そのような把握は一度実施すればよいというものではなく，定期的あるいは必要な都度把握するための活動ができるように仕組みを構築することも推奨している．

5.1　一　　般

(1) 目　的

　箇条 7 で述べられる組織の方針及び戦略を策定するための基盤として，まずは組織として自分が確認すべき状況を整理することが大切である．ここでは，組織の状況を理解するために，何を理解すべきかを整理している．

(2) 推奨事項

───────────────────────── JIS Q 9004:2018 ─

5.1　一般

　組織の状況についての理解とは，その組織が持続的成功を達成する能力に影響を及ぼす要因を明確にするプロセスをいう．組織の状況を明確にす

5 組織の状況　　　67

る際に考慮すべき重要な要因には，次のものがある．

a）利害関係者

b）外部の課題

c）内部の課題

（3）推奨事項の解説

① 組織の状況についての理解とは，その組織が持続的成功を達成する能力に影響を及ぼす要因を明確にするプロセスをいう

　孫子曰く"彼を知り己れを知れば，百戦して殆うからず"である．持続的成功を達成するためには，まずは自組織自体をしっかり把握しなければならない．ただし，具体的に何を知れば己を知ったことになるのであろうか．

　"理解"の原文は"understanding"であり，"to understand"ではない．これは，理解するための活動とは一度だけ行えばよいというものではなく，継続的に実施する必要があることを示していると解釈できる．組織の状況自体が時を経て変化し続ける上に，一度だけの理解ではわからないこともある．特定の時点における状態を把握するだけでは何が持続的成功の要因なのかを知ることは難しいが，複数の時点における状態の変化を継続的に調べれば，持続的成功とこれに影響を及ぼす要因との因果関係について理解を深めることができる．このような意味を含めて，"理解とは，…プロセスをいう"としている．

　ここでいう"プロセス"は，狭義に捉えると，その組織が持続的成功を達成する能力に影響を及ぼす要因を明確にする"手順"と解釈できる．ただし，上で述べたように，そのような手順は一度実施すればよいというものではなく，定期的に，また，必要に応じて実施しなければならない．このため，組織は，どのようなタイミング（例えば，期末のレビューのときや大きな環境変化があった場合など）で，誰が，どのような情報に基づき，どのような解析をするのかというような"組織の状況を理解するためのプロセス"を確立し，運用していく必要がある．

このプロセスには，既存のプロセスに基づいて得た"組織の状況"に関する理解が正しかったのかを，期末のレビューの段階あるいは更にその後の段階で評価することも含めるとよい．正しかったなら，"組織の状況を理解するためのプロセス"の妥当性が確認できたといえるが，正しくなかった場合には，その原因を追究し，そのプロセス自体を改善するとよい．

② **組織の状況を明確にする際に考慮すべき重要な要因には，a）利害関係者，b）外部の課題，c）内部の課題がある**

組織の状況を明確にする場合，a）利害関係者，b）外部の課題，c）内部の課題という大枠で整理することが有用であるとしている．

ただし，b）外部の課題と c）内部の課題の二つは対となるものであるが，a）利害関係者はそれらとは次元の異なるものである．したがって，三つを同時に考えるより，"利害関係者"を明確にした上で，その結果を基に，関係する"外部の課題"と"内部の課題"を整理すると解釈するのがよい．

なお，組織の状況は，箇条 6 の"組織のアイデンティティ"を確立し，箇条 7 の"組織としての方針及び戦略"を策定するための基礎として使用することになるため，これらと一貫性のある形で整理することを考えるとよい．

(4) 推奨事項に基づく実践

① 組織の状況を理解するためのプロセスを明確にする

組織の状況を理解するための手法としては既に多くのものが提案されており，さらに，新しい考え方や方法論も次々に提案されている．現実の組織としてその全てを使い尽くそうとするのは不可能である．このため，思い付きで始めるのではなく，定期的に又は必要となる都度，組織の公式な規定として誰がどのような手法でどのような分析を行うかなどを明確にし，ある程度の基本的な流れを決めておくとよい．そして，期末のレビューの段階ではそのプロセス自体についてもレビューを行い，各手法の使い方を含めたプロセスの妥当性や新規の手法の導入を検討するとよい．

例えば，長田らによる『戦略的方針管理』[1] では，シナリオプランニング，業界構造分析，3C分析，ベンチマーキング，市場分析，SWOT分析，プロダクトポートフォリオ分析を図3.5.1のような手順で進めることを推奨している．

4.3節で解説する方針管理を実践している組織では，その仕組みの中で

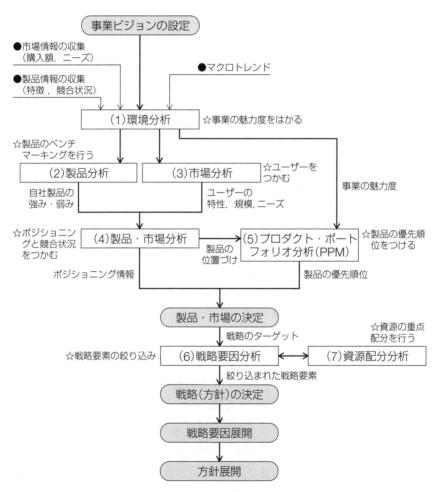

図3.5.1　方針の策定プロセスと七つの手法

出典：長田洋ほか：『TQM時代の戦略的方針管理』，日科技連出版社，pp.60-61，図3.1

5W1H を明確にした方針管理実施要領・方針管理規定などを定めるとよい.
また,それらの中で,方針管理の仕組みのレビューやトップマネジメントによ
る診断を効果的に実施することも有効である.

② **内部と外部の区分**

重要な要因として挙げられた,a) 利害関係者,b) 外部の課題,c) 内部の
課題それぞれについての推奨事項は,次項以降で述べられているが,この段階
で,b) と c) の区分すなわち,内部と外部の区分について説明しておく.

一般に,内部と外部の区分は単純ではない.例えば,連結対象の組織を内部
とするのか外部とするのか,派遣社員やあるいは "場内派遣" と呼ばれるよう
な形態の組織・人々,開発・設計やソフトウェア産業などでのアウトソーシン
グやインデペンデントコントラクターのような高度な技術やスキルを提供する
派遣人材を内部とするのか外部とするのか,悩む場合もある.いろいろな考え
方があってよいが,持続的成功を達成するために品質マネジメントを実践する
上において自組織の管轄権が及ぶ範囲を内部とし,それ以外を外部とするのが
一つの考え方であろう.

このような区分は大きな変化があった場合には見直す必要がある.例えば,
従来は直接的な購買先の購買先(いわゆるティア 2)までを内部として扱って
いたところ,大きな問題が起こることが予見されたために,重要部品について
はその先の先(いわゆるティア 3,4)までも,資本参加なども含めて内部と
して管理するようになることもあれば,逆に,従来組織内の機能としていた部
分をアウトソーシングすることにより外部とすることもある.

③ **品質賞の挑戦に当たって作成する品質管理実情説明書**

デミング賞などの品質賞に挑戦する際に作成する "品質管理実情説明書" は,
組織の状況をまとめた文書として大変有用である.その構成の例は,『デミン
グ賞・デミング賞大賞 応募の手引き』[2] に示されている.

これは第三者の TQM 専門家であるデミング賞審査委員が応募組織の TQM
の実情を理解するために必要なポイントを示したものと捉えることができる.
また,同委員会のウェブサイト[3] には,参考資料として,この実情説明書の

5 組織の状況　　　　　71

抜粋版である"報告講演要旨"が幾つか紹介されている．同様の指針や例は，米国のマルコム・ボルドリッジ国家品質賞などでも示されている[4]．

　品質管理実情説明書は事実に基づいてまとめることが求められているために，多くの受賞組織は，首脳部のリーダーシップのもとに多くの部門のキーマンが協調して多くの時間をかけてまとめられることが多い．受賞組織は実情説明書をまとめる過程を通して，自社の状況を，論理的に一貫性をもって理解することができる．

5.2　密接に関連する利害関係者

(1) 目　的

　組織の状況を理解する上で重要となる要因の一つは利害関係者並びにそのニーズ及び期待である．ここでは，組織の状況を理解するために必要な利害関係者の意味を明確にして，その範囲を特定すること，現在だけでなく将来にわたっての，それぞれと自組織との利害関係を明確にし，win-win の関係を確立し維持するためのプロセスを確立することの大切さを示している．

(2) 推奨事項

─── **JIS Q 9004:2018** ───

5.2　密接に関係する利害関係者

　利害関係者とは，組織の意思決定若しくは活動に影響を及ぼす，又はそれらから影響を受けている可能性のある若しくは自ら影響を受けていると認識している者である．組織は，どの利害関係者が密接に関連しているのかを明確にすることが望ましい．これらの密接に関連する利害関係者は，顧客を含め，外部関係者及び内部関係者である可能性があり，組織の持続的成功を達成する能力に影響を及ぼし得る．

　組織は，どの利害関係者が次の事項に該当するか，明確にすることが望ましい．

a)　関連するニーズ及び期待を満たさない場合，組織の持続的成功へのリ

スクとなる.

b) 組織の持続的成功を強化する機会を提供できる.

密接に関連する利害関係者を明確にしたら,組織は次の事項を行うことが望ましい.

－ その関連するニーズ及び期待を特定し,取り組むことが望ましい事項を明確にする.

－ 利害関係者のニーズ及び期待を満たすために必要なプロセスを確立する.

組織は,例えば,パフォーマンス改善,目標及び価値観の共通理解並びに安定性向上などの便益を得るため,利害関係者との継続的な関係を確立する方法について検討することが望ましい.

[(3) 推奨事項の解説]

① **利害関係者とは,組織の意思決定若しくは活動に影響を及ぼす,又はそれらから影響を受けている可能性のある若しくは自ら影響を受けていると認識している者である**

顧客は,利害関係者の中で最も重要な要素ではあるが,顧客以外にも,組織の活動及び活動の結果に影響を受ける,あるいは影響を与えている利害関係者が種々存在する.

利害関係者を狭義に捉えると,自組織の製品又はサービスの顧客,オーナや株主,従業員,部品などの供給者及びパートナなど,サプライチェーン上の組織・人と受け止められる.他方,多少広義に捉えた場合は,地域・社会などが入ってくる.本規格では,それらが自組織とどのような関係性をもつのか,さらにはもつ可能性があるかということまで広げて抽象的に表現することによって,特定すべき範囲をより広義に捉えている.また,旧版では利害関係者の範囲を“影響を受ける”としていたが,今回の改訂では,リスクマネジメントの必要性の高まりを受けて,“影響を受けている可能性のある者”を加えること

5 組織の状況　　　　73

でより広く捉えている．すなわち，利害関係者の特定では，サプライチェーン上の組織・人だけでなく，そのサプライチェーンの周辺でリスクを抱えている関係者も含めて検討する必要があるとしている．さらに，自組織は利害関係者として認識していないとしても，その当事者が自ら影響を受けていると認識している者も含める方がよいとしている．

　例えば，自社の建物を建てる場合などでも，一般には想定していない範囲から振動・電波障害・公害などの提訴をされる場合もある．あるいは，既存の自社の設備のそばに，後から引っ越してきて影響を受けていると認識されてしまう場合もある．それらを全て受け止めて対応するかどうかは別として，考慮して準備しておくことは有用である．

② その関連するニーズ及び期待を特定し，取り組むことが望ましい事項を明確にする

　●顧客：

　顧客のニーズ及び期待に応えられる製品・サービスが提供できなくなれば，その組織の存在意義がなくなり，収入も減少し組織として存続できなくなることは明白である．“顧客”という利害関係者のニーズ及び期待として“製品・サービスの品質，価格及び納期”が大くくりにされることがあるが，顧客のニーズ及び期待の実態を把握する場合には，詳細で具体的な方法論が求められる．例えば，“顧客”とはひとくくりにできるものではなく，そのセグメンテーションをどのように把握するかが組織の死活を制するような場合もある．顧客のニーズ及び期待を実現する具体的な方法の一つの例として，新製品・新サービス開発活動が挙げられる．これは，従来満足されていなかった利害関係者のニーズ及び期待に対して，新たな製品・サービスを開発してそれらに応えるものを作る活動である．

　●オーナ及び株主：

　オーナ及び株主のニーズ及び期待に応えられなければ，組織はその資金を失うこととなり，その組織は短期間で持続力を失う．オーナ及び株主の一義的なニーズ及び期待は，一般他社並み以上の配当や株価の上昇というような経済的

第3章
箇条5
JIS Q 9004

な成果である．ただし，短期的な売買によって利ざやを稼ぐためのオーナや株主も存在するが，長期思考のオーナや株主も存在する．後者のようなオーナや株主は，組織が社会に貢献しているかどうかについても深い関心をもっている．

●**組織の人々：**

組織に働く人々は，組織の活動の原動力であり重要な利害関係者の一員である．組織の人々は，労働の対価として支払われる賃金に加え，労働の安定，良好な作業環境及び重要な一員であると認められることを望んでいる．従業員満足を組織の方針の一つとして取り上げ，従業員満足を推進し，人々のモチベーションを高め，組織の活力の源としている組織もある．

●**供給者及びパートナ：**

組織は，その製品を実現する過程で，多くの資源及び材料を消費する．役務を含むこれらの資源及び材料などの一部は，他社からの供給によって賄われている．組織は，供給者及びパートナに資源，材料及び役務などを依存し，供給者及びパートナは組織にこれらを提供することで対価を得ている．両社の相互理解と協力関係は，事業の運営及び持続性に大きく影響する．

●**社会：**

組織にとって，社会のニーズ及び期待とは往々にして制約条件として受け止められることが多い．環境については，各種の基準を満たすこと，社会のルールとしての規則・法律を守ることというように最低限の制約を守ればよいと理解されることも多いが，組織は，社会の一構成要員として，社会に対して害を及ぼさないというだけでなく，さらに積極的に貢献し，社会の一員として認められることによって持続的に成功する基盤ができる．社会は，顧客及びその他の利害関係者が集まり構成されていることも忘れてはならない．

③ **利害関係者のニーズ及び期待を満たすために必要なプロセスを確立する**

多くの立場をもつ利害関係者のニーズ及び期待は複雑に絡み合っている上に，中には相反するものも多くある．また，決して安定しているわけでもない．一度把握して，win-win 関係を見いだそうと努めた利害関係者のニーズ及び期待が，急速に変化することもある．

5　組織の状況　　　　75

　まずはそれらの一つひとつのニーズ及び期待をその本質的なレベルまで理解するとともに，それらを品質表のような形で体系的に整理して，その相互関係を整理し，優先度を設けて戦略的に取り組んでいく必要がある．その作業は，新製品・新サービスの開発時だけでなく，方針管理の仕組みに従って，定期的に実施するとよい．そこで，その具体的な手順と方法などを新製品・新サービス開発規定や方針管理規定などの中で明確にし，プロセスとして確立するとよい．

(4) 推奨事項に基づく実践

①　サプライチェーンの全容を確認する

　自動車業界などでは，ティア1，ティア2，ティア3などの区分で自組織と供給者及びパートナとの関係性を整理している場合が多い．同様の区分を考え，そのレベルによって把握すべき実態とそれに伴う品質保証契約内容を整備するとよい．

　品質保証契約の中では，サプライチェーン全般にわたって，性能発注か仕様発注かの区別を明確にし，サプライチェーンとして把握すべき内容やその責任範囲を明確にするとよい．

　性能発注では，発注側は求める"性能"のみを定めて発注する．そのため，受注側は，求められた性能をどのような仕様で実現するかに関する自由度が大きく，技術情報なども保持しやすい．ただし，性能を保証する責任・権限も受注側にある．そのため，受注側により高度な能力が求められる．また，発注側が把握できるサプライチェーンに関する情報が限られる．

　一方，仕様発注では，発注側が仕様を詳細にわたって定め，サプライチェーンの末端までも指定することもできる．ただし，そのぶん，発注側の責任も大きくなる．また，供給者及びパートナがコストダウン等のための仕様変更を行い，その情報を顧客に伝えなかったり，影響度分析が不十分なまま実施したりしたため，市場や客先で問題が発生したり，その原因追究が困難になったりするリスクも少なくない．

② 災害時のサプライチェーン上のボトルネックの確認とその対策

　自然災害などによって，幾つかの重要部品が供給不能となり，サプライチェーン全体が機能不全になってしまう例が頻発している．ボトルネックとなる部分についてリスク分散のために複数購買していたはずの部品等が，特殊な技術力をもった供給者・パートナが限られてしまうことから，ティア3〜5では一つの供給者・パートナに集中してしまい，結果的にリスクが分散されていなかったという例も記憶に新しい．

　災害が起こってからそのようなボトルネックがわかったのでは手遅れになってしまう場合も多い．技術力の高さを犠牲にしてリスクを分散させる方がよいか，リスクを覚悟の上で供給者・パートナを集中する方がよいかなどを含めて，このようなボトルネックの状況について事前に把握・検討し，事業継続計画（Business Continuity Plan）を明確にしておくのがよい．

③ 利害関係者の関連するニーズ及び期待を特定し，取り組むことが望ましい事項を明確にする

　利害関係者のニーズ及び期待には，クレーム・苦情などのように組織として受動的な体制を整えるだけで入手できる情報もあれば，アンケートや聞取り調査などの形で積極的に顧客の声を取りに行かなければ捉えられない情報もある．他方，顧客観察・顧客体験などを行わなければ得られない，顧客自身も気づいていない情報もある．クレーム・苦情などのような受動的な情報だけでそのニーズ及び期待に応えることは不可能である．このため，積極的にその収集に取り組むのがよい．

　収集した多くの情報は，件数として量的に把握するのみでなく，言語データ等を用いてその内容を質的に把握することが大切である．このため，品質表などを用いて体系的に整理するとよい．

④ 利害関係者のニーズ及び期待を満たすのに必要なプロセスを確立する

　利害関係者のニーズ及び期待を把握し，それらを整理してパートナを含む適切な部門に伝達し，ニーズ及び期待を満たすための体系的な活動を実施するためには，組織としてそのためのプロセスを明確にするとともに，それを確実に

5　組織の状況　　　77

実施するための管理の仕組みを確立することが必要になる.

　このプロセスのうち,品質に関する部分は,一般に品質保証体系図として示され,その中にサプライチェーン全体で誰が何をするか,また,その管理項目や管理帳票類がまとめられる.また,このプロセスに責任をもち,必要な管理を行うための組織としては,チーフ・クォリティ・オフィサー(CQO:最高品質責任者)をヘッドとし,組織内の各部門の代表者をメンバーとする品質保証委員会が設けられる.納期・コストに関する部分についても,同様に,サプライチェーン全体を通した管理の仕組みを整えることが有用である.

　なお,新製品・新サービスの開発については,新製品・新サービスの企画段階から回収・廃棄段階までのライフサイクル全体をカバーし,品質のみならず,事業としての狙いも含めた,製品・サービスの価値を管理する仕組みを,新製品・新サービス開発管理体系として確立するのがよい.

　これらについては,多くの著書が出版されているほか,デミング賞・デミング賞大賞受賞企業による受賞報告講演要旨などにも各社の実施事例があるので,参考にするとよい.

⑤　**各国の独占禁止法,下請け法,知的財産法などの遵守**

　サプライチェーン全体を確認する際,特に供給者・パートナとの関係性を明確にしようというあまり,ともすると各国の独占禁止法,下請法,知的財産法などに抵触してしまう場合がある.直接の供給者・パートナであっても,その工程情報,材料配合などの情報やその供給者・パートナに関する情報の提供を強要することは,これらの法に違反することもあることに留意すべきである.

5.3　外部及び内部の課題

(1) 目　的

　組織の状況を理解する上で重要となるもう一つの要因は,外部及び内部の課題である.ここでは,自組織の状況を把握するために,自組織の外部及び内部を構成する要素並びにその把握するべき課題を抽出するための視点を明らかにすること,そして,それらを組織内で抽出し対応する仕組みが重要であること,

特に，トップマネジメントの意思決定が重要であることを述べ，関連する推奨事項を示している．

(2) 推奨事項

JIS Q 9004:2018

5.3 外部及び内部の課題

5.3.1 外部の課題とは，組織外部に存在し，持続的成功を達成する組織の能力に影響を及ぼし得る要因であり，次のようなものがある．

a) 法令・規制要求事項

b) 分野固有の要求事項及び合意事項

c) 競争

d) グローバル化

e) 社会的，経済的，政治的及び文化的要因

f) 技術の革新及び進歩

g) 自然環境

5.3.2 内部の課題とは，組織自体の内部に存在し，持続的成功を達成する組織の能力に影響を及ぼし得る要因であり，次のようなものがある．

a) 規模及び複雑性

b) 活動及び関連するプロセス

c) 戦略

d) 製品及びサービスの種類

e) パフォーマンス

f) 資源

g) 力量及び組織の知識のレベル

h) 成熟度

i) 革新

5　組織の状況　　79

5.3.3　　外部及び内部の課題を検討する場合，組織は過去からの関連する情報，組織の現在の状況及びその戦略的方向性を考慮することが望ましい．

組織は，どの外部及び内部の課題が組織の持続的成功へのリスク又は持続的成功を強化する機会をもたらし得るのかを明確にすることが望ましい．

これらの課題の明確化に基づき，トップマネジメントは，これらのリスク及び機会のうちのどれに取り組むことが望ましいかを決断し，必要なプロセスの確立，実施及び維持を開始することが望ましい．

組織は，処置をとるべきあらゆる結果について考慮しながら，外部及び内部の課題を監視し，レビューし，評価するプロセスを確立し，実施し，維持する方法について検討することが望ましい（7.2 参照）．

(3) 推奨事項の解説

①　外部の課題とは，組織外部に存在し，持続的成功を達成する組織の能力に影響を及ぼし得る要因である

一般に，Societal（社会），Technological（技術），Economical（経済），Environmental（自然環境），Political conditions（政治）という五つの視点から外部環境を分析する Steep 分析や，マイケル・ポーターが提唱している，競争に力点を置いて"新規参入の脅威"，"競合の脅威"，"代替品の脅威"，"供給者およびパートナの脅威"，"購入者（顧客）の脅威"という五つの観点から競争要因を分析する方法[5] など，組織の持続的成功に影響を与える外部要因を分析する方法には多くの提案があり，それぞれに多くの実施事例がある．ここでは，それらを併せて並べ替えた七つの視点を示している．

ここで列挙された視点について，全て調べる必要があるというわけではないし，全てを調べたから十分というわけでもない．また，ここでは視点を示しているのみで，それぞれについて具体的に何をどのように把握すればよいかという推奨はしていない．これらの視点を参考にして，自組織の環境に合った項目を自組織に合った方法で把握すればよい．

80　　　　　　　　第3章　ISO 9004の解説

② 内部の課題とは，組織自体の内部に存在し，持続的成功を達成する組織の
能力に影響を及ぼし得る要因である

　外部環境分析と同様に，内部課題の把握方法についてもいろいろな提案がな
されている．ここでは，それらを併せて並べ替えた九つの視点を示している．
これらの視点を参考に，自組織の環境に合った項目を自組織に合った方法で把
握すればよい．

③ トップマネジメントは，これらのリスク及び機会のうちのどれに取り組む
ことが望ましいかを決断し，必要なプロセスの確立，実施及び維持を開始す
ることが望ましい

　抽出されたリスク及び機会の中には，パレート図のような手法を用いて同一
次元で大きさを比較できるものもあるが，実際には次元が異なるために客観的
な比較ができないもの，不確実な情報のみで判断を下さなければならないもの
も多い．そのような場合でも，何らかの決定をし，責任をとらなければならな
いのがトップマネジメントの仕事である．決定を曖昧にしたり，部下に責任を
とらせたりする人はトップマネジメントの資格はない．ちなみに，チャール
ズ・シュワブのCEOであるウォルト・ベッティンガーは“成功している幹部
とそうでない人との違いは，意思決定の質の違いではありません．成功してい
る幹部は判断の誤りを認識して是正するのが速い．しかし，失敗している幹部
は意見を譲らず，自分は正しかったと社員を説得しようとしがちなものです。”
と述べている[6]．

　さらに，トップマネジメントの仕事とは，意思決定だけでは終わらない．ラ
ファエラ・サドゥンらが“マネジメント・プラクティスに秀でた企業は，高業
績を挙げていることが判明した．しかも，組織内で浸透・徹底させるには時間
がかかり，容易に模倣しにくいことも明らかになった”と指摘しているよう
に[7]，その決定に必要なプロセスを確立し，実施し，維持することも重要な
トップマネジメントの仕事である．

　ただし，ここでいう“トップマネジメント”とは，社長のような組織全体の
長だけとは限らない．いわゆる課長・係長などのような，品質マネジメントに

5　組織の状況　　　　81

おけるある一定の役割を担っている部門の長にも当てはまるものである.

(4) 推奨事項に基づく実践

①　外部及び内部の課題を検討する場合，過去からの関連する情報，組織の現在の状況及びその戦略的方向性を考慮する

　本格的に外部及び内部の課題を検討するに当たっては相当な人的資源を投入したり，場合によっては外部のリソースを活用したりすることもあるので，それなりの覚悟が必要である. このため，まず，"外部及び内部の課題を検討する場合"とはどのような"場合"であるかを明確にする必要がある.

　"トップがその必要性を感じた場合"は当然としても，方針管理を実践している組織では，期末のレビューを行い，次期の方針を設定する場合，大幅な経営環境の変化があったために期中に方針の変更を検討するような場合と考えるとよい.

　仏法では，"去・来・現"（こらいげん）という考え方がある. そこでは，時の流れを過去・現在・未来ではなく，過去，未来，現在の順番と捉えている. これは，過去を問い，未来を見つめ，今を生きるという意味である. すなわち，過去と未来の流れの中にある今日ではなく，過去と未来を担うのが今日であるという考え方である. 外部及び内部の課題を検討する場合には，この仏法の考え方と同様に，まずは，過去の情報を整理し，ビジョンなどの中長期的な未来の戦略的方向性を確認した上で，現在の外部及び内部の課題を検討するとよい.

②　外部及び内部の課題を抽出し，抽出した課題が組織の持続的成功へのリスク又は持続的成功を強化する機会にもたらす影響を特定するプロセスを確立し，継続的に改善する

　上述のように，持続的成功のために重要な外部及び内部の課題を抽出する方法，抽出した外部及び内部の課題が組織の持続的成功へのリスク又は持続的成功を強化する機会にもたらす影響を特定する方法には諸子百家の優れた提案があり，それだけに自組織にとって決定打となるようなものを特定することは難しい. それはたとえ同業他社にとっては的確な方法で的確な課題が抽出でき，

影響が特定できた方法であっても，立場も内部事情も違う自社にとって同様に役立つとは限らないからである．

　そこで，現実的な解となりうるのが去・来・現という考え方の応用であろう．すなわち，まずは，過去に戻って課題を抽出できた，影響を特定できたとするとどのような課題を抽出すべきであったか，どのような影響を特定すべきであったのかを事実に基づいて振り返ってみることから始める．そして，この抽出・特定すべきであったにもかかわらずできなかった課題・影響と，課題・影響を抽出・特定するプロセスを対応付け，当時なぜそのような適切な課題・影響が抽出・特定できなかったか，なぜ不適切な課題・影響を抽出・特定してしまったかという原因を追究する．その上で，その原因を是正するための対策を諸子百家の中から見つけるというアプローチである．これは，PDCA サイクルの考え方を，外部及び内部の課題を抽出し，抽出した課題が組織の持続的成功へのリスク又は持続的成功を強化する機会にもたらす影響を特定するプロセススに適用することにほかならない．

参考文献

1) 長田洋ほか（1996）:『TQM 時代の戦略的方針管理』，日科技連出版社
2) デミング賞委員会（2018）:"デミング賞・デミング大賞応募の手引き"，日本科学技術連盟
3) デミング賞委員会（2018）:"2013 年〜2018 年デミング賞受賞報告講演要旨"
   http://www.juse.or.jp/deming/download/.
4) National Institute of Standards and Technology（2018）: Baldrige Performance Excellence Program
   https://www.nist.gov/baldrige/
5) マイケル E. ポーター（2018）:『新版 競争戦略論 I』，ダイヤモンド社
6) ハル・グレガーゼン（2018）:"リーダーが不都合な真実にたどり着く方法"，『Diamond ハーバード・ビジネス・レビュー』，2018 年 10 月号
7) ラファエラ・サドゥン，ニコラス・ブルーム，ジョン・ヴァン・リーネン（2018）:"競争戦略より大切なこと"，『Diamond ハーバード・ビジネスレビュー』，2018 年 10 月号

箇条 6　組織のアイデンティティ

　組織の状況を理解することは，持続的成功を目指して品質マネジメントを実践する上での第一歩であるが，これを基に方針・戦略・目標を策定し，具体的な活動を展開する必要がある．方針・戦略・目標を策定する場合，組織の状況がベースとなるのは当然であるが，組織の使命，ビジョン，価値観，文化など，組織のアイデンティティを考慮することも大切となる．

6.1　一　　般

(1) 目　的

　持続的成功を収めるためには，組織の状況を知り，それを踏まえて変化に的確に対応すること，変化を生み出していくことが大切である．他方，このような中で，変えてはならないもの，継続すべきもある．ここでは，組織の事業及び品質マネジメント活動の基盤として，組織のアイデンティティと箇条5で述べた組織の状況の関係，アイデンティティのコアとなる使命，ビジョン，価値観及び文化との関係を説明している．

(2) 推奨事項

―― JIS Q 9004:2018 ――

6.1　一般

　組織は，そのアイデンティティ及び状況によって定められる．組織のアイデンティティは，その使命，ビジョン，価値観及び文化に基づいて，その特性によって決定される．

　使命，ビジョン，価値観及び文化は相互に依存し合っており，その間の関係を動的なものと認識することが望ましい．

(3) 推奨事項の解説

①　**組織は，そのアイデンティティ及び状況によって定められる**

84   第 3 章　ISO 9004 の解説

　営利企業だけでなく行政などが広く活用できるようにとの配慮から，本規格では，その適用対象を"組織"と呼んでいる．ただし，持続的成功を達成するために，組織をどう捉えるのがよいのかは，実は一律に決められない．例えば，グローバルに展開している大企業の場合でも，国ごとに設立された法人格をもつ子会社や孫会社も含めて一つの組織とするか，それらを別々の組織として扱うのかを決める必要があり，これは連結決算の対象かどうかなどという機械的な判断だけでは決定できない．さらに，多くの競合し合う独立企業が集まったネットワークや組合を"一つの組織"と認識した方がよい場合もあり，会計制度や法的な定義のみで判断していては実態とかけ離れてしまう．

　本規格では，組織の定義はそのアイデンティティ及び状況により定められるとしている．すなわち，本規格を手引として持続的成功を達成するための主体である"組織"とは，必ずしも各国の法規制や登記上の枠組みにこだわらずに，アイデンティティ及び状況により定めればよいとしている．逆にいえば，持続的成功を達成するためには，アイデンティティ及び状況を明確にして，それと一貫するように自"組織"を明確に定義することを推奨していると理解できる．

　ここで，アイデンティティとは，ある人や組織が共通にもっている，他者から区別される独自の性質や特徴である．論語に"吾，十有五にして学に志し，三十にして立ち，四十にして惑わず，五十にして天命を知る，六十にして耳順い，七十にして心の欲する所に従いて矩を踰えず"とあるように，個人でもそのアイデンティティすなわち自我を確立することは一生の仕事である．多くの人が集まる組織でそのアイデンティティを確立し維持することは更に努力が必要である．

② **組織のアイデンティティは，その使命，ビジョン，価値観及び文化に基づいて，その特性によって決定される**

　本規格では，"組織のアイデンティティ"を"使命，ビジョン，価値観及び文化"をコアにして，組織の特性によって決定されるものとしている．規格の序文の"この規格の構造図"（図 2.4 参照）の中でも，使命，ビジョン，価値観及び文化をコアとした総体として"組織のアイデンティティ"が表現されてい

る．なお，この図では，使命，ビジョン，価値観，文化が同列に示されている．これは，これらの要素の関係についてはそれぞれの組織の実情に応じて決めればよいという考えに基づいている．

世界百科事典[1] を見ると，コーポレート・アイデンティティ（Corporate identity，略称 CI）を"企業などの団体が，自己の存在意義を明らかにし，社会におけるあり方を計画的に規定し演出していく一連の活動を指す．団体の意義や理念，活動分野や行動規範，外部に見せるイメージの三つの要素に分けて把握される"と説明している．CI は"ロゴタイプ"，"ロゴマーク"，"コーポレートカラー"などのように，"自社をいかに表現するか"という，マーケティングの一手法とされることもあるが，本規格では，そのようなマーケティング活動を含め，組織の事業や品質マネジメント活動を実践するための基礎となるより広い概念として組織のアイデンティティを規定していると考えるとよい．

③　**使命，ビジョン，価値観及び文化は相互に依存し合っており，その間の関係を動的なものと認識することが望ましい**

使命，ビジョン，価値観及び文化は，組織のアイデンティティのコアとなるものであるが，組織において事業や品質マネジメント活動を実践するための基盤として適切に機能するためには，これらが相互に，さらに，これらと箇条5の組織の状況や箇条7の方針・戦略・目標とが一貫性のあるものであることが大切である．このため，使命，ビジョン，価値観及び文化は与えられた制約条件と捉えるより，組織の状況の変化に応じて変えられるもの，動的に変えていくべきものと考えるのがよい．

(4) 推奨事項に基づく実践

① **市場占有率（マーケットシェア）に関する情報を調べる**

市場占有率は，組織の戦略を立てるに当たって最も基本となる情報の一つである．組織によっては，その市場占有率の拡大や業界内順位の向上をビジョンに掲げる組織もある．ただし，組織によってはいわゆる業界統計などに基づく市場占有率の計算方法を何の疑問も抱かずに踏襲し，現実の事業目的にそぐわ

ない尺度に固執して戦略を誤ってしまっている場合も多い．どのような目的のためにその向上を目指すのか，また，その方向性が本来その組織の目指すのと一貫性があるのかどうかを検討するとよい．

　以前，国内のあるスーパーゼネコンと呼ばれる大手建設会社が，事業の戦略を設定するために，市場調査を行って同社の市場占有率を算出した．その結果，なんと 0.5％ という数字が出てきた．このため，首脳部一同大変驚くとともに何かおかしいと感じた．実は，この市場占有率を計算する際に，分母をある時期の建築許可の出た建物件数，分子を同時期に同社が完工した建物件数としていたためこのような数値になってしまっていた．結果として，この値からは有益な競争戦略を導くことができなかった．同社は超高層ビルをはじめとした高層建築物を得意としており，特殊な場合を除いて，個人の住宅を建てることはなかった．一方，当時は分母の圧倒的多数は個人の住宅であった．当時公表されていた情報では，同社のアイデンティティに合うような，分母に対応する情報がなかったために，担当者は苦し紛れに“建築許可の出た建物件数”を使ったが，得られた数値は全く意味をなさないものであった．その後，同社の技術力・組織力などを踏まえたアイデンティティを考え，特例を除いて，容積にして○○以上，完工工事金額では××億円以上の△△建築物などというように自社のアイデンティティにあった範囲をターゲットとする市場として明確にしたために，戦略的に狙うべき対象が明確になった．

　ある“ハム・ソーセージメーカー”では，同業界で交換している情報に基づいて市場占有率を把握しその向上を務めていたが，なかなか売上げ・利益が上がらない体質を抱えていた．あるとき，市場調査をしてみると，多くのお客様は購入する前に，同社のソーセージと他社のソーセージを比較していただけでなく，“チキンナゲット”とそれらの比較している例が多いことがわかった．すなわち，“ハム・ソーセージメーカー”というアイデンティティは，生産者側からの，自分たちの視点によるものであったが，顧客の視点に立つと，“ハム・ソーセージ”は“食肉惣菜類”あるいは“惣菜類”の一分野に過ぎず，自らその活動範囲を狭めてしまっていたことが認識できた．そこで，同社では，

自組織のアイデンティティをより広めて，惣菜製造販売とすることにより，大きな脱皮を図ることができた．日本には多くの業界団体があり，それに所属している組織も多い．ただし，場合によると，時代の変化の中で自社のアイデンティティとこれらの業界団体とが整合しなくなってしまっていたり，顧客視点で見ると狭すぎて自由度を自ら狭めてしまったりしている場合も散見される．

② **市場占有率についての検討を通して，組織のアイデンティティを明確にする**

　上で紹介した二つの例のように，自らのアイデンティティを広くとりすぎて，事業の中核となる組織本来の能力を発揮できない戦略を展開してしまったり，逆に，自らを小さく規定しすぎて成長を阻害してしまったりしている組織は少なくない．このような中，有効な戦略を立てるために意味のある市場占有率を把握しようと努力することで，"組織のアイデンティティ"を具体的に捉えることができる．その企業の存在意義に立ち返り，また，本来お客様に求められているものや顧客価値に関する理解を深めることによって，従来自組織が提供していた製品・サービス自体の領域を広げることによって，自組織の持続的成功につながった例は多い．

6.2　使命，ビジョン，価値観及び文化

(1) 目 的

　"使命，ビジョン，価値観及び文化"の概念については，一般に多くの解説がある．また，これらのほかにも，社是・社訓，理念，行動指針，行動規範，クレドー，風土など，組織のアイデンティティを表現したり，組織の方向性や長期での事業運営管理の規範としたりする表現は多い．また，それらの解釈についても諸説ある．ここでは，"使命，ビジョン，価値観及び文化"の概念についてどのように考えるべきかについての推奨事項を示している．

88　　　　　　　第 3 章　ISO 9004 の解説

(2)　推奨事項

―― **JIS Q 9004：2018** ――

6.2　使命，ビジョン，価値観及び文化

　組織のアイデンティティには，次の事項が含まれる．

a）　使命：組織が存在する目的

b）　ビジョン：組織がどのようになりたいのかについての願望

c）　価値観：組織の文化の形成に役割を果たし，使命及びビジョンを支持
　　　しながら何が組織にとって重要なのかを明確にすることを意図する
　　　原則及び／又は思考パターン

d）　文化：組織のアイデンティティと相互に関連する，信念，歴史，倫理，
　　　観察される行動及び態度

　組織の文化が，その使命，ビジョン及び価値観と一貫していることが不
可欠である．トップマネジメントは，その使命，ビジョン及び価値観を明
確にする際に，組織の状況が考慮されていることを確実にすることが望ま
しい．これには，その既存の文化の理解，及び文化を変化させる必要性に
ついての評価が含まれることが望ましい．組織の戦略的方向性及びその方
針は，こうしたアイデンティティの要素と一貫していることが望ましい．

　トップマネジメントは，計画された間隔で，また，組織の状況が変化し
た場合には常に，使命，ビジョン，価値観及び文化をレビューすることが
望ましい．このレビューでは，持続的成功を達成する組織の能力に影響を
及ぼす可能性がある外部及び内部の課題を考慮することが望ましい．アイ
デンティティの要素のいずれかに対して変更があった場合は，必要に応じ
て，組織内で，また，利害関係者にその変更を伝達することが望ましい．

(3)　推奨事項の解説

① **使命：組織が存在する目的**

　組織の使命（ミッション）は，組織の目的を規定するもので，組織の存在意
義を明文化し，事業展開の柱となるものである．使命は，一般的に組織のビジ

6 組織のアイデンティティ　　　89

ネス領域と提供する価値及びターゲットとなる顧客を規定する．組織は，創業以来の足跡や蓄積してきた技術及び知識など，組織の特徴と社会における自身の役割を見直し，組織が創造し提供する価値とその存在意義を問いかけ，使命を決めなければならない．

② **ビジョン：組織がどのようになりたいのかについての願望**

　ビジョンは，使命を遂行する中で将来到達すべき姿を描いたもので，組織の人々及びその他の利害関係者に対して，組織が目標にしている姿を明確に示すものである．ビジョンが示されることによって，組織の管理者層だけでなく，全ての従業員がその達成に向け情熱を燃やし，かつ，その他の利害関係者が組織に関与することに意義を感じられるようになる．

　ビジョンは，組織の将来像を描いたもので，その内容をどう描くかは組織文化や組織の特徴及び自身の強みを考慮して，組織が自律的に決めなければならない．ビジョンは，組織が将来こうありたいと思い描く姿であり，組織が顧客に提供する価値，組織の市場における地位を示し，必要に応じ，それらを裏付ける組織の能力，及び顧客を含む社会への貢献などを含めることができる．

③ **価値観：組織の文化の形成に役割を果たし，使命及びビジョンを支持しながら何が組織にとって重要なのかを明確にすることを意図する原則及び／又は思考パターン**

　価値観とは，組織がその使命及びビジョンを果たす上で，何を重視しているか，何をもって使命及びビジョンを果たすかを示したものである．価値観は，組織の考え方及びどのように行動するかに関連した記述が一般的で，考え方については行動指針，どのように行動するかについては行動規範として示される．一般的に，使命及びビジョンに組織の特徴を表すのは困難であるが，価値基準には，組織の特徴を最も顕著に示すことができ，組織が提供する価値の基盤となる概念である使命，ビジョンに行動指針や行動規範が加わることによって，組織及びその要員は，一定の方向性に従った組織的で，具体的な行動を起こすことが可能になる．

④ **文化：組織のアイデンティティと相互に関連する，信念，歴史，倫理，観**

90   第3章　ISO 9004 の解説

察される行動及び態度

　組織の文化とは，組織の人々が共有する，規範，理念のような抽象的な概念と，それらを反映した行動，仕事のやり方，スタイルなどを統合したものと捉えられる．例えば，改善活動が"組織文化の一部"となるとは，改善の概念，重要性が組織全体で理解され，組織の人々全てが，改善活動に参加することによって組織の一員として自覚できるような組織環境を指している．なお，文化の中には，明文化して語り継がれるものと，明文化はしていないものの広く行きわたっているものがある．

⑤　**組織の文化が，その使命，ビジョン及び価値観と一貫していること**

　文化の中には広く普及させ継承させていくべきよい文化だけでなく，近年の品質問題などで顕在化してしまった，品質よりも納期優先となってしまい組織的にデータを改竄し続けたり，都合の悪い情報を隠蔽してしまったりというような，明文化されていない悪しき文化がはびこってしまうこともある．

　組織は，その文化がその使命，ビジョン及び価値観と一貫していることを確実にするように監視するとともに，内部告発などの制度を充実させるとよい．そのためには，4.2 節で解説する日常管理・方針管理などの組織的な管理の仕組みを充実させるとよい．

⑥　**トップマネジメントは，計画された間隔で，また，組織の状況が変化した場合には常に，使命，ビジョン，価値観及び文化をレビューすることが望ましい**

　使命，ビジョン，価値観及び文化は，持続的成功の具体的な姿を示すものではあり，その組織のあらゆる活動の根源となるものである．ただし，組織の状況が変化し続ける中で，それらがその組織の活動の制約となって変化に対応できなくなってしまうようでは本末転倒となってしまう．

　そこで，例えば，3〜5 年の中期計画を立てる段階で，あるいは組織環境が大きく変化していく時期に，組織はその使命，ビジョン，価値観及び文化をレビューするとよい．このレビューでは，人・組織などの変化によって曖昧になってしまった使命，ビジョン，価値観及び文化を再発見する場合もあれば，

大胆に大きな変更を加えていく場合もある.

(4) 推奨事項に基づく実践

① 使命を規定する

　使命の作成に特定の方法やルールはない. 組織の特徴及び強みを活かし, 具現化できる価値を特定することから始め, 組織が将来にわたりその特徴を活かし, 存在意義を示し, 価値提供を通し社会に貢献する際の指針となるものは何かを問いかけることで得られる答えが使命といえる. 使命そのものにも, こうあるべきという姿は決まっていないが, その活動領域を限定しすぎると, ビジネスの機会を逸失する可能性があり, 広すぎると活動の逸散を招く危険がある.

② ビジョンを明確にする

　ビジョンは, 組織の使命を規定する中で抽出する組織の特徴及び組織が提供する価値をベースに, 組織内で議論を重ね, 現実的で, 実現可能で, 信頼性が高く, 組織内外の全ての利害関係者に魅力的な将来像を描き出すことによって得られる. ビジョンは, 組織の将来について語り, 場合によっては投資家・社会などの利害関係者も含む, 組織の全ての人々に夢と希望を与え, その達成に向け情熱を呼び起こす内容でなければならない. 単なる業績目標では, 全ての従業員の意欲をかき立てることは望めない. 品質経営を推進するには, 顧客に価値を提供するという基本スタンスを念頭に置き, 組織がもつべき能力を考慮したビジョンを明確にすることを推奨する. なお, 日本の企業では, 使命, ビジョン及び価値観を含め企業理念として規定しているケースがある.

　ビジョンは, 以下のプロセスを通じて具現化できる.

a) 使命をベースに, 組織が提供する価値を再確認する.

b) その価値が顧客及び社会に貢献する全ての可能性を考慮する.

c) 顧客及び社会の変化を予測する.

d) 予測した変化がもたらす影響を考慮する.

e) 提供する価値を柱に, 顧客及びその他の利害関係者のニーズと期待を満たしている姿を描き出す.

f) 描き出した姿を，全員が共有できるよう表現する．

③ 概念的定義（**Conceptual Definition**）と操作的定義（**Operational Definition**）

ビジョンを表現する場合，"○○体質を強化する"，"××を達成する"，"△△を貫く"，"お客様に信頼される，誠実な企業でありたい"，"…の充実に貢献し，社会との調和ある発展を目指す"，"絶えず革新し続ける企業集団としてお客さま第一を実践する"というような，美しく勢いのある表現で，何となくその意味はわかるが，具体的に何を目指せばよいのかがわからない表現がある．これらの定義方法は"概念的定義"（Conceptual Definition）と呼ばれる．一方で，デミング博士は，その著書 "Out of the Crisis"[2] の中で，An operational definition puts communicable meaning into a concept（操作的定義とは，概念にコミュニケーション可能な意味をもたせるものである）とし，その尺度，測定方法，サンプリング頻度などを明確に定義して，誰が解釈しても同様な結果が出るくらいまでに客観的にすることを勧めている．

ビジョンの全てを操作的定義で表現すると，細かくなりすぎて迫力がなくなってしまうこともあるために，スローガンとして提示するためには概念的定義のみで表現するのもよい．ただし，真剣にそのビジョンを達成しようとする場合は，操作的定義を伴う方がよい．

④ 組織のアイデンティティを全員で共有・伝承する

アイデンティティやそのコアとなる使命，ビジョン，価値観及び文化は，組織として大変重要なものではあるが，ともすると，首脳部や一部のメンバーの思いだけにとどまってしまったり，単なる言葉の遊びと堕してしまい現実の経営から乖離した壁飾りとなってしまったりする例も多い．

歯科材料及び関連機械・器具の製造販売で，国内トップ企業である株式会社ジーシーでは，そのグローバルに展開しているグループ傘下の企業全体にその企業のアイデンティティを示し，具体的に展開し成果を上げている．以下その具体例を紹介する．

ジーシーグループにおける"ジーシーのこころ"教育・浸透の取組み

ジーシーグループでは企業の力を最大限に発揮し，持続的成長を続けるために，企業を特徴付けるといわれる三つの構成要素"人"，"しくみ"，"文化"を重視し，活性化と浸透させる活動を行っている．特に"文化"については，"ジーシーのこころ"を核とした企業価値観の共有と伝承を，グループ全体の重点活動として取り組んできた．

1. "ジーシーのこころ"編纂の経緯・意図

2011年の創業90周年を機に，社是である"施無畏"を実践する上で，全グループのなかま（社員）がもつべき価値観や考え方を共有化することを目的とし，B5版147ページ構成の"ジーシーのこころ"冊子を編纂した．

冊子には創業以来4代にわたる経営トップを中心とする先人たちの，折々に語られたなかまへのメッセージ，また拠り所となる理念や考え方をまとめている．

ここで，"施無畏"の教えとは法華経の観世音菩薩普門品第二十五の中にあり，いわゆる観音経の中心思想をなすもので，広義には"個我をはなれての無我"，"純客観"，"慈悲"，"大智"などで表現される．ジーシーではこの教えを基に，お客様の立場に立ち，お客様から見た価値の実現を第一に考えた真の製品づくりを実践するため，いずれの部署に所属していても個我を離れてお互いに敬愛する"なかま"の集団として行動している．

そして，経営理念として

1. "口腔保健の向上を通じ，地球社会に貢献する"
2. "企業品質の向上を図り，お客様の信頼にお応えする"
3. "敬愛に満ち，明るく活力にあふれた'なかま集団'を形成"

を揚げ，Vision 2021 として"健康長寿社会に貢献する世界一の歯科企業への挑戦"としている．

以下に，目次と主な内容を示す．

第1章　ジーシー創業の原点（創業の理念，社名の由来，社是等）

第2章　なかまの会社（なかまの会社としての基本理念，Vision の実現等）

第3章　不易流行の教えのもとに（守るべきもの，改革すべきもの等）

第4章　Innovation こそが成長の源（革新への挑戦，改善活動等）

第5章　GQM（GC版TQM）を核とした品質経営（全員参加，PDCA，方針・日常管理等）

第6章　Vision 経営の推進（中期経営計画，歯科医療産業ビジョン等）

第7章　ジーシーマン，ジーシーレディとして（なかまとしての心構え）

おわりに "一灯照隅"

GC History（略年表）"激動の時代のなかで"（大正から平成へ）

2．目的・特に重視している点

"ジーシーのこころ"の目的は，なかま全員が社是"施無畏"の原点に立ち，相手の立場に立ってすべてを行うことを基本とする考え方・行動を身に付けることである．教育・浸透の為の活動においてもこの目的が十分に理解されることを重視している．

3．教育プログラム

冊子発行に伴い，世界のなかま全員が"ジーシーのこころ"を理解し実践することができる，いわば"社是 施無畏の実践者"となる，という目的のもと，グループ全体で教育・浸透活動を展開した．

（1）日本国内での取組み

2011年に全社員に冊子を配付の上，まずは内容の理解を深めるための活動を実施した．具体的には，全部署・グループ会社において"輪読会"を開催，質疑応答やディスカッションを行い，理解度の評価を行った．翌

年からは下記のとおり階層別教育に組み込むことで教育と浸透を図っている.

①新入社員教育：グループ会社を含め全ての新入社員に冊子を配付し，入社時の導入教育の中で講義を行っている．人事部が第1章～3章の理念，心構えについて講義し，第4章，5章についてはGQM推進室が担当し，講義と実習を行っている．前年に中途採用した社員も全てこの導入教育に参加する.

②新任管理者教育：人事部の主管するマネジメント教育の際，半日の時間を設け，第4章，5章，6章の内容を管理者向けに掘り下げ，方針管理の実践，改善活動の指導，評価方法等の講義と実習を行っている.

③選抜教育"中尾塾"：トップである当時の社長（現最高顧問の中尾）自らが講師として教育を行う会を立ち上げた．当初は幹部社員（部長職以上）を対象に企業倫理，信念，歴史を伝承する会としたが，現在は若手の幹部候補社員（課長，係長職）にも対象を広げ，その時々の経営課題をテーマに挙げ，変化する環境下でいかに"ジーシーのこころ"に則した経営を実践していくかを，講義とグループ討論を通じ学ぶ会としている.

（2）海外での取組み

　社是"施無畏"が表すよう，創業者から現在まで大切に伝承してきた考え方には仏教思想を反映したものも多く，特に欧米での浸透活動には課題も多かった．そこで"中尾塾"を海外のなかまへ拡大し"海外中尾塾"を開催，トップ自らが語りかけ，疑問に答えることで浸透を図った．以下の要領で現在まで継続している.

①趣旨：ジーシーの企業文化，価値観を伝承し，各現地法人において"ジーシーのこころ"教育を担う"Storyteller"を育成する.

②対象者：海外現地法人の選抜幹部社員・幹部候補社員

③内容：トップによる，"ジーシーのこころ"に沿った基本講義に，異文

化コミュニケーションを専門とする外部講師をファシリテーターに迎えた実践演習，また座禅など仏教文化の体験を組み合わせたプログラム．

④頻度：5年に一度の周年行事のタイミングに合わせ，日本本社で開催．塾生は研修と併せて記念式典等の行事に出席する．

現在ジーシーグループには世界で34拠点，3,000人を超えるなかまが働いている．M&Aでグループに参入する企業も増え，グローバル化が更に進む中で企業の力を最大化する為には，グループとしてベクトルのあった活動を行うことが不可欠となる．この"求心力"を生み出すために，今後もジーシーのこころの伝承と実践を進めていきたい．

（株式会社ジーシー　GQM推進室　宮野玲衣）

参考文献

1)　日立デジタル平凡社（1998）："世界百科事典（第2版）"，平凡社.

2)　William Edwards Deming（1988）：*Out of the Crisis*，Cambridge University Press.

箇条 7 リーダーシップ

組織が，そのアイデンティティと状況を踏まえて，変化に対応していく，変化を生み出していくためには，明確な方針・戦略・目標を定めて，具体的な活動を展開していく必要がある．このためには，トップマネジメントが，リーダーシップを発揮し，価値観や高いパフォーマンスに対する期待を明確に示し，組織がその進むべき方向を示すことがポイントとなる．

7.1 一　般

(1) 目　的

残念ながら，多くのトップマネジメントは，品質という言葉を聞くと，それは製品・サービスの物理的・化学的な特性の不具合に関するものであると狭義に理解してしまう．はなはだしい場合には，品質＝クレームとしか理解しない場合もある．こうなると，売上げや利益を第一としているトップマネジメントにとって，本規格で勧めている品質マネジメントは関心外のこととなってしまい，せいぜい品質保証の担当部長程度の仕事であると誤解されてしまう．

近年の品質不祥事での謝罪会見でもトップマネジメントが出てこない場合もあり，トップマネジメントが出て謝罪している場合でも，形式的に謝罪をしているだけで，自らの責任を具体的に理解しているとはとても受け取りがたい場合も少なくない．1980 年代，米国で品質に対する重要性が再認識され，日米比較がされたとき，米国では品質の責任者がせいぜい末席の役員クラスか部長クラスであるのに対して，日本ではトップ自らが品質を重視していることが大きな違いを生んでしまったという議論がなされていたことが思い出される．

ここでは，新しいリーダーシップ論を展開しているわけではなく，持続的成功のためにトップマネジメントが発揮すべきリーダーシップを明記して，トップマネジメント自らが品質マネジメントをリードしていかなければならないということを強調している．

98　　　第 3 章　ISO 9004 の解説

(2) 推奨事項

―― **JIS Q 9004:2018** ――

7.1　一般

7.1.1　トップマネジメントは，そのリーダーシップを通して，次の事項
　　　を行うことが望ましい.

a)　簡潔かつ容易な方法で，使命，ビジョン，価値観及び文化の採用を促
　　進し，目的の統一を図る.

b)　人々が組織の目標の達成に積極的に参画し，コミットメントする内部
　　環境を生み出す.

c)　トップマネジメントが確立したとおりに，目的及び方向性の統一を促
　　進し，維持するよう，適切な階層の管理者を励まし，支援する.

7.1.2　持続的成功を達成するために，トップマネジメントは次の事項に
　　　よって組織内部でのリーダーシップ及びコミットメントを実証する
　　　ことが望ましい.

a)　組織のアイデンティティの確立（箇条 6 参照）

b)　信頼及び誠実の文化の促進

c)　チームワークの確立及び維持

d)　説明責任を果たしながら行動するために必要な資源，訓練及び権限の，
　　人々への提供

e)　共有された価値観，公平性及び倫理的行動を促進し，これらが組織の
　　全ての階層において持続するようにすること

f)　該当する場合には，必ず，競争力を向上させる組織構造を確立し，維
　　持すること

g)　組織の価値観の個人的及び集団的な補強

h)　必要に応じて，外部及び内部で達成された成功の伝達

i)　該当する場合には，必ず，財務影響を含む，全般的な影響を及ぼす課
　　題を議論し，組織内の人々との効果的なコミュニケーションのための

7 リーダーシップ　　　　99

　基礎を確立すること

j)　組織の全ての階層でのリーダーシップ育成支援

(3) 推奨事項の解説

① トップマネジメントが行うべきこととトップマネジメントによるリーダーシップ及びコミットメントとの関係

　箇条 7.1.1 と箇条 7.1.2 との関係は，明示的に示されていないが，書かれている内容から読み解くと，7.1.1 ではトップが行うべきことの大筋を 3 項目で示し，7.1.2 ではこれらに関連してトップマネジメントが発揮すべきリーダーシップとコミットメントを具体的な行動として列挙しているといえる．両者の内容を比較すると，表 3.7.1 のように整理できる．

　また，7.1.1 の 3 項目を PDCA の構造と対応付けるとすると，a) は主に Plan の段階に関するものであり，b) 及び c) は主に Do，Check，及び Act の段階に関するものと考えられる．

　これらのことを踏まえて 7.1.2 を見ると，数としては 7.1.1 の b) 及び c) に関するリーダーシップ及びコミットメントが多く述べられている．ただし，a) に関する項目はトップマネジメント自らにしかできない仕事である．また，b) 及び c) に関する項目についてトップマネジメントが行うべきことは，b) 及び c) を組織内で徹底させるための仕組みづくりを主導することである．

表 3.7.1　箇条 7.1.1 と箇条 7.1.2 の関係

		7.1.2　発揮すべきリーダーシップ及びコミットメント									
		a)	b)	c)	d)	e)	f)	g)	h)	i)	j)
7.1.1 行うべきこと	a)	○								○	
	b)		○	○	○			○	○		○
	c)		○	○			○		○	○		○

② 簡潔かつ容易な方法で，使命，ビジョン，価値観及び文化の採用を促進し，目的の統一を図る

変化の激しい今日の経営環境において，統一された目的意識をもてない組織はその存続が危ぶまれる．様々な人が働く組織において統一された目的意識を形成するためには，まず，そのベースとなる使命，ビジョン，価値観及び文化を明文化する必要がある．これは，トップマネジメントの重要な仕事である．使命，ビジョン，価値観及び文化をまとめたり見直したりする上で，いろいろな立場の多くの人の意見を取り入れることは大切ではあるが，最終的な決定はトップマネジメント自らが行う必要がある．トップマネジメントが自分の思いを込めて決定したものでなければ，誰も本気にはならず，単なる壁飾りになってしまう．

使命，ビジョン，価値観及び文化は大きな組織全体に知らしめるために多少抽象的な表現となってしまうこともあるが，目的の統一を図るためには，理解がばらつかないよう操作的定義（Operational Definition）を明確にし，少なくとも管理者層に周知徹底するとよい．さらに，使命，ビジョン，価値観及び文化を明文化し，掲示したり配布したりするのは当然として，それだけで全員に徹底できるはずがない．トップとしていろいろな機会を設定して，その意義を訴える努力をするとともに，日々の実践を通して率先垂範することが大切である．

③ 人々が組織の目標の達成に積極的に参画し，コミットメントする内部環境を生み出す

a）で統一を図った目的を達成するためには，組織の人々が当該の目的の達成に向かって具体的に活動することが必要となる．この場合，一人ひとりが，各自の担当している業務との関わりにおいて，具体的にどのように活動に参画したらよいのかを知らなければならない．また，積極的に参画するためには，その目的を達成することが組織として，各自にとってどのような意義があるのかを知る必要がある．したがって，組織としては，これらを実現できる仕組みを整える必要がある．さらに，その進捗度合いをタイムリーに把握しながら，適時に PDCA を回していく仕組みと努力も必要である．これらを主導するの

7 リーダーシップ　101

はトップマネジメントの重要な役割である.

④　**トップマネジメントが確立したとおりに，目的及び方向性の統一を促進し，維持するよう，適切な階層の管理者を励まし，支援する**

　組織における目的及び方向性の統一やそのための仕組みづくりを主導するのはトップマネジメントの役割であるが，これらはトップマネジメントだけで実現できることではない．適切な階層の管理者の参加・関わりが不可欠である．このような管理者の行動を奨励し，支援するのもトップマネジメントの重要な役割である．

　"朝令暮改"は，以前は組織運営上，混乱を生む悪いことという認識があったが，経営環境の変化が著しい今日では，必ずしも悪いことというニュアンスはなくなってきた．ただし，その場合，管理者をはじめとする，組織で働く人々にトップマネジメントのスピードに追従できる能力が求められる．

(4) 推奨事項に基づく実践

①　**トップマネジメントによるリーダーシップの発揮**

　品質マネジメントの実践に当たって，トップマネジメントは次のことを行うのがよい.

- 自組織の置かれた経営環境に応じた，積極的な顧客指向の経営目標・戦略の策定においてリーダーシップを発揮する．
- 経営目標・戦略や環境変化に対する識見をもつ．組織能力の向上・人材の育成・組織の社会責任の重要性を理解する．
- 経営における品質マネジメントの役割を理解し，自分自身の行動及び資源の配分を通して，品質マネジメントを推進・支援する意志を伝える．
- 顧客重視，プロセス改善，全員参加など，品質マネジメントの基本となる価値観が，組織の全員に理解され，納得されるようにする．
- 全員が品質マネジメントに参画できる，活躍できる仕組みを構築する．
- 一人ひとりの能力向上や組織としてのノウハウの蓄積・活用を奨励する．
- 品質マネジメントの成果が組織の全員によって評価され，認められるよう

にする.

② **管理者によるリーダーシップの発揮**

品質マネジメントの実践に当たって，管理者は次のことを行うのがよい.

- 経営情報を部下と共有し，仕事の目的・目標を明確に伝える.
- 方針管理・日常管理の仕組み等を利用し，問題・課題の設定・検討のための会合の機会を作るとともに，必要に応じて設定した問題・課題を担当する人やチームを決める.
- 自由に発言できる雰囲気，対立や葛藤のない話合いができる環境を作る.
- 部下の適性・能力を評価し，人事部門と協力して適切な教育・研修を計画・実施するとともに，取り組んでいる問題・課題及び能力に応じたコーチングを行う.
- 得られたノウハウの上流部門の標準への反映や他部門への水平展開に責任をもつ.

7.2 方針及び戦略

(1) 目 的

目的が統一できたら，その達成に向かって全員が行動することが必要である. この場合，各人の行動の方向がばらばらではうまくいかない. ここでは，組織の目的を達成するために，その目的を具体的な"方針"として設定し，その方針をどのように達成していくかという"戦略"を立てることの重要性とその方法を述べている.

(2) 推奨事項

--- JIS Q 9004:2018 ---

7.2 方針及び戦略

トップマネジメントは，例えば，コンプライアンス，品質，環境，エネルギー，雇用，労働安全衛生，ワークライフの質，革新，セキュリティ，プライバシー，データ保護，顧客経験などの側面に取り組むため，組織の

7 リーダーシップ 103

方針という形で組織の意図及び方向性を提示することが望ましい．方針書には，利害関係者のニーズと期待を満たし，改善を促すというコミットメントを含めることが望ましい．

戦略を定める場合には，トップマネジメントは，一般に利用可能な，認知されている適切なモデルを適用するか，又は組織固有のカスタマイズされたモデルを設計する若しくは実行することが望ましい．一旦選択したら，組織をマネジメントするための強固な基盤及び参照として，モデルの安定性を維持することが極めて重要である．

戦略は，組織のアイデンティティ，組織の状況及び長期的な展望を反映することが望ましい．それに従って，全ての短期的及び中期的目標を一貫性のあるものにすることが望ましい（**7.3** 参照）．

トップマネジメントは，競争的要因に関して戦略的な決定を行うことが望ましい（**表1** 参照）．

これらの方針及び戦略に関わる決定を，継続的な適切性のためにレビューすることが望ましい．外部及び内部の課題についてのあらゆる変化並びにあらゆる新しいリスク及び機会に取り組むことが望ましい．

組織の方針及び戦略は，プロセスのマネジメントを確立するための基礎となる（箇条 **8** 参照）．

表1−競争的要因に取り組む場合に考慮すべき処置の例

競争要因	考慮すべき処置
A 製品及びサービス	－ 現在及び潜在的な顧客，並びに製品及びサービスの潜在的な市場に焦点を当てる． － 標準的な製品及びサービス，又は顧客要求事項に対する固有の設計を提供する． － 市場の一番乗りとなる利点又はフォロワーとなる利点を実現する． － 必要に応じて，個別生産から大量生産まで生産規模を拡大・縮小する． － 短い革新サイクル又は安定した長期の顧客需要へ対処する． － 品質要求事項をマネジメントする．

B	人々	–	人口増加及び価値観の変化を認識する.
		–	多様性を考慮する.
		–	魅力的な雇用者としてのイメージを養成する.
		–	雇用する人々に望まれる力量及び経験を明確にする.
		–	採用,能力開発,定着及び退職のマネジメントに対する適切なアプローチを考慮する.
		–	無期契約にするか有期契約にするかを考慮することによって,量的能力の柔軟性へ取り組む.
		–	フルタイムにするか,パートタイム又は臨時雇用にするかを考えるとともに,それらのバランスを考慮する.
C	組織の知識及び技術	–	新しい機会への現在利用できる知識及び技術を適用する.
		–	新しい知識及び技術へのニーズを特定する.
		–	こうした知識及び技術を組織内でいつ利用可能にする必要があるのか,並びにどのようにそれを適用するのかを決定する.
		–	これを内部で開発するのか又は外部から獲得することが望ましいのかを決定する.
D	パートナ	–	潜在的なパートナを明確にする.
		–	外部提供者及び競合他社との共同技術開発を推進する.
		–	顧客との共同事業での,カスタマイズされた製品及びサービスを開発する.
		–	地域社会,学会,公共機関及び協会と協力する.
E	プロセス	–	役割及び責任の付与を含む,プロセスの決定,確立,維持,管理及び改善に関して,プロセスのマネジメントを,集中とするのか分散とするのか,統合とするのか非統合とするのか,又はハイブリッドアプローチとするのかについて意思決定する.
		–	必要な情報通信技術(ICT)インフラストラクチャを決定する(例えば,専有,カスタマイズ又は標準ソリューション).
F	場所	–	地方,地域及び世界でのプレゼンスを考慮する.
		–	バーチャルプレゼンス及びソーシャルメディアの利用を考慮する.
		–	仮想分散プロジェクトチームの活用を考慮する.
G	価格設定	–	価格位置を確立する(例えば,高価格戦略か,低価格戦略か).
		–	競売・入札手法の活用によって価格を決定する.

7 リーダーシップ　　　105

(3) 推奨事項の解説

① 組織の方針という形で組織の意図及び方向性を提示する

　ここでいう "方針" は，組織や国によって用語の使い方が異なっていることを配慮し，複数の意味に受け取れる形で記されている.

　一つの受け取り方は，"例えば，コンプライアンス，品質，環境，エネルギー，雇用，労働安全衛生，ワークライフの質，革新，セキュリティ，プライバシー，データ保護，顧客経験などの側面" とあるように，社会の一員である組織として当然守るべき基本を，組織の "意図" として明文化したものと捉えることである. この場合，方針は，就業規則の基となるものであり，これだけで組織の向かうべき方向性を示すことは難しい. より具体的な戦略やそれを基に設定した目標と併せて運用する必要がある.

　もう一つの受け取り方は，戦略に沿って目標を設定するための "方向性" を示したものと捉えることである. 方針管理では，戦略を基に定めた重点課題，目標及び方策を併せて "方針" と呼んでいるが，このような方針を組織として定める場合，トップマネジメントが方針の "案" を示し，これを基に組織内で議論を行い，最終的な決定を行うのが普通である. このような方針を組織として定めるための議論を方向付けるもののことをいっていると解釈することもできる.

　ここでは，どちらを意図しているのかは明確にしていないが，両者とも戦略や目標を定める場合のベースとして重要な役割を果たすことを理解しておくのがよい.

② 戦略を定める場合には，トップマネジメントは，一般に利用可能な，認知されている適切なモデルを適用するか，又は組織固有のカスタマイズされたモデルを設計する若しくは実行する

　戦略を設定するために一般に利用可能な認知されている適切なモデルとしては，ミンツバーグが 10 学派として整理しているものがある[1]. また，その他にもいろいろなモデルが提案されており，かつ，Industry 4.0 のような産業界全体を動かすような構造的な変化があれば，それに伴って新しいモデルも誕生

してくることが予想される．したがって，トップマネジメントは常にその時代の潮流にあったモデルを取り入れていく必要がある．

ただし，どのモデルもそのままで自組織の現状に適用できるとは限らない．一時の流行に基づいた方法論を表面的に理解してなぞってみても無駄が多いばかりでなく危険である．したがって，トップマネジメントは，それらのモデルを組織固有の状況に合わせてカスタマイズする必要がある．

③ **一旦選択したら，組織をマネジメントするための強固な基盤及び参照として，モデルの安定性を維持する**

上述のように唯一絶対なモデルは存在しない．また，たとえ同業他社が成功したモデルでもそのまま自社が導入して成功するとは限らない．ここでは，一旦選択したら安易に変えるべきではないと主張している．前回立てた戦略を適切に反省し，そこから CAPD を回すことによって，モデル自体を改善していく方がよいとしている．

④ **トップマネジメントは，競争的要因に関して戦略的な決定を行うことが望ましい（表1参照）**

戦略を立てるに当たっては，その組織に対する他の組織からの競争的な要因を整理して対応することが重要である．一般には，マイケル・ポーター教授の提唱する五つの競争戦略（①競合他社，②新規参入業者，③買い手，④代替商品，⑤売り手）が知られているが[2]，ここでは，規格の表1にあるように，A 製品及びサービス，B 人々，C 組織の知識及び技術，D パートナ，E プロセス，F 場所，G 価格設定に区分し，それぞれの具体的な要因を幾つか列挙している．競合他社に関する動向などの直接的な競争要因には触れないで，より広い観点から戦略立案時に有用と思われる観点を列挙しているといえる．

(4) 推奨事項に基づく実践

① 戦略を定めるモデルを選び，活用する

戦略を定めるためのモデルには多くの提案がなされている．TQM の分野では長田らにより，"戦略的方針管理"が提案されている[3]．その主なプロセス

は 3.5 節の図 3.5.1 で示したとおりである．これらの中から自組織に適したものを選び，活用するのがよい．その上で，モデルに従って定めた戦略の適切さを定期的に見直すとともに，戦略を定めるために活用しているモデルの不十分な点を明らかにし，改善することで自組織なりのモデルを構築していくことが大切である．

② **トップマネジメントが主体となって戦略的な決定を行う**

戦略の決定に当たっては，組織の使命，ビジョン，価値観及び文化などを基に統一された目的意識のもと，管理者をはじめ，組織内で働く多くの人々の参画を得て検討することが大切であるが，最終的な決定はトップマネジメントが行う必要がある．

7.3 目　標

(1) 目　的

方針及び戦略に沿って具体的な活動を展開するためには，活動の結果として到達すべき点，すなわち目標が明確になっていることが必要である．これによって，PDCA を着実に回すことが可能となる．ここでは，組織の方針及び戦略を達成するために，それらを具体的な形にするための組織の目標を定めること，並びに，その達成のためにはそれを組織全体に展開することが重要であることを示している．

(2) 推奨事項

──── **JIS Q 9004:2018** ────

7.3　目標

トップマネジメントは，組織の方針及び戦略に基づいて組織の目標を定めて維持し，更にその目標を関連する部門，階層及びプロセスに展開することによって，組織でのリーダーシップを発揮することが望ましい．

目標は，短期的及び長期的に定め，明確に理解できるものとすることが望ましい．目標は，可能な場合，定量化することが望ましい．目標を定め

108 第3章 ISO 9004 の解説

る場合，トップマネジメントは，次の事項を考慮することが望ましい．

a) 組織が，次のような存在として利害関係者から認識されるよう目指している程度

 1) 組織の実現能力を重視する，競争的要因（**7.2** 参照）に関するリーダー

 2) 組織を取り巻く経済的，環境的及び社会的な条件に対して，良い影響をもたらしている者

b) 直近の事業に関連するテーマを超えた，組織及びその人々の社会への積極的参加の程度（例えば，行政機関，協会，標準化団体のような，国内組織，国際組織など）

 目標を展開する場合，トップマネジメントは，組織の様々な部門と階層との間でのすり合わせのための議論を奨励することが望ましい．

(3) 推奨事項の解説

① トップマネジメントは，組織の方針及び戦略に基づいて組織の目標を定めて維持し，更にその目標を関連する部門，階層及びプロセスに展開することによって，組織でのリーダーシップを発揮することが望ましい

 目標の原語は objective である．本規格の中では，箇条 4.2 から "短期的及び中期的目標" などの言葉で使われ始め，"組織の方針，戦略及び目標を明確にし，実施し，伝達する" というような使われ方をしている．すなわち，組織としての大きな方向付けとそれを達成するための方法である戦略が決まったのちに，それらを展開し，到達すべき点を具体的に書き表したものとして "目標" が位置付けられていると解釈できる．多くの組織で実施されている，中長期事業計画，年度事業計画の中で策定される目標であると捉えてよい．当然その策定に当たっては，トップマネジメントの強いリーダーシップが求められる．

② 目標は，短期的及び長期的に定め，明確に理解できるものとすることが望ましい．目標は，可能な場合，定量化することが望ましい

 トップマネジメントが目標について具体的なイメージをもっていない場合，

7 リーダーシップ　　109

"強化する"，"拡大する"，"充実する"，"最適化を図る"などの抽象的な言葉のみで目標を書き表してしまうことがある．しかし，これでは，管理者をはじめとする，組織で働く人々には具体的に何をどこまで行えばよいのか理解できないし，進捗状況を把握することも，また，年度末などの期日になっても目標を達成できたかどうか判断することもできない．そこで，4.3節で紹介する方針管理では，目標を"追求し，目指す到達点"とした上で，その進捗を期の途中で把握できるように"管理項目"，すなわち，目標の達成を管理するために，評価尺度として選定した項目を設定することを勧めている．

他方，組織全体としての目標を設定する場合に，定量化に拘わるあまり，売上高や利益額などの経営指標を用いて，前年度○○％向上としている例も散見される．しかし，これでは組織としての方向性を何も示していないし，戦略性もない．トップマネジメントとしては，このような直近の財務的な業績だけを考えた目標に拘ることなく，組織全体に対して夢を与えるような目標を設定するとよい．そのためには，利害関係者から，"組織の実現能力を重視する，競争的要因に関するリーダー"であり，"組織を取り巻く経済的，環境的及び社会的な条件に対してよい影響をもたらしている者"であると認識されるようになるためには，組織としてどのような状態にならなければならないのかについて真剣に考える必要がある．さらに，自組織の事業に関連することだけに拘らず，外部の活動（例えば，行政機関，協会，標準化団体のような，国内及び国際組織など）への積極的参加や外部との連携・関わりを通して社会に貢献するという姿勢を具体的に示すことも考えるとよい．

③　**目標を展開する場合，トップマネジメントは，組織の様々な部門と階層との間でのすり合わせのための議論を奨励することが望ましい**

最終的な目標設定はトップマネジメントの強いリーダーシップで決めるべきである．ただし，その目標設定とその組織全体への展開に当たっては，組織の様々な部門や階層間でのすり合わせが重要である．特に，中長期の目標を設定する段階では，将来を担うべき若手の意見を取り入れることが重要である．

4.3節で説明する方針管理では，すり合わせの方法の例が具体的に示されて

いるので参考にするとよい．すり合わせでは，単なる抽象論のぶつけ合いによって根拠の薄い目標設定を押し付けあうのではなく，目標と方策の間の因果関係を，QC ストーリーによる問題解決法・課題達成法に沿って事実とデータに基づいて議論することが大切である．なお，方針管理では，期末のレビューにおいて，目標を達成できたかどうかだけでなく，その目標を達成するための方策の実施状況と併せて反省することで目標及びその達成のための方策の展開の妥当性を評価することを推奨している．この場合，どのようなプロセスを経て目標及び方策の展開が行われたのかを振り返ることが必要になるが，その意味でも，すり合わせのプロセスを明確にして，記録を残しておくことが重要である．

(4) 推奨事項に基づく実践

① **方針・戦略と組織内のプロセスとの関係やそれらのプロセスの間の相互関係に留意しながら，組織内の各階層に目標を設定する**

　方針・戦略を基に目標を組織内に展開するに当たっては，方針・戦略とこれらが展開されるプロセスとの関係やそれらのプロセスの間の相互関係，さらには，方針・戦略の達成に向けて各々のプロセスにおいて取り組まなければならない問題・課題の重要度及び困難さなどを理解した上で，方針・戦略が最も確実に達成できるよう，組織内の各階層に目標を設定する必要がある．このプロセスを方針管理では"方針展開"と呼んでいる．

② **設定された目標とプロセス間の相互関係によって，予見される問題を明確にし，対処する**

　①では，方針・戦略を基に，目標及びその達成のための方策を組織内の各プロセスに展開する．この際，実施に伴うリスクを考慮して展開を行うことになるが，全てのリスクについて取り除くことは難しく，小さいと判断したとしてもある程度のリスクは残る．これらの残留リスクに関して，起こり得る問題を明確にし，どのように対処するかということをあらかじめ考えておくことが大切である．この場合の対処の方法は，問題の発生を防ぐ予防処置だけでなく，

7　リーダーシップ　　　　111

問題発生の予兆を感知した場合の緊急対応処置を決めておくのがよい.

③　方針・戦略との関係やプロセス間の相互関係を考慮し，活動の優先順位を明確にする

①で目標・方策を決めたり，②で発生し得る問題に対する予防処置・緊急対応処置を決めたりする際，複数の活動が同時期に重なり，一度に行うことが困難となる場合もある．このような状況を想定し，プロセスと方針・戦略の関係やプロセス間の相互関係を考慮に入れ，それぞれの活動の重要度を前もって明確にしておくことが大切である．これによって，より確実な実施が可能になる．方針管理では，"方針実施計画書"がその具体的な対応方法として提案されている.

④　目標が複数のプロセスに密接に関係する場合は，関連するプロセス間の調整を行う

目標の達成が複数のプロセスに綿密に関係する場合は，関連するプロセス間の調整が重要となる．このような調整を確実にするために，あらかじめ調整の場及び責任者を決めておくとよい.

以上のことを具体的に実践する方法には様々なものが考えられるが，方針管理では，方針のすり合わせの段階で，複雑なプロセス間の調整を行う方法が提案されている.

7.4　コミュニケーション

(1) 目　的

目標やそれを達成するための方策は，基本的に組織の上位から下位に向かってトップダウンで展開されるが，この際，管理者をはじめ，組織内で働く多くの人々の意見を取り入れることが大切である．また，具体的な問題・課題への取組みは組織内の様々な部門で行われるため，これらの状況に関する情報をボトムアップで集約することも必要である．ここでは，設定した目標を達成するためには，組織全体としてのコミュニケーションが重要であることを示している.

112　　　第 3 章　ISO 9004 の解説

(2) 推奨事項

―― JIS Q 9004:2018 ――

7.4　コミュニケーション

　関連する目標とともに，戦略及び方針に関する効果的なコミュニケーションは，組織の持続的成功を支援する上で不可欠である．

　このようなコミュニケーションは，有意義で，時宜を得て，継続的に行うことが望ましい．コミュニケーションには，フィードバックの仕組みを含めることが望ましく，組織の状況の変化に積極的に取り組むための備えを取り入れることが望ましい．

　組織のコミュニケーションプロセスは，垂直と水平との両方で機能し，その受け取り側の異なるニーズに合わせることが望ましい．例えば，同じ情報を，組織内の人々に対して一つの方法で，利害関係者に対して異なる方法で伝えることが可能である．

　　注記　方針及び戦略を決定し，目標を定めて展開するためのより詳細な指針を定めた規格として，**JIS Q 9023** がある．**JIS Q 9023** は，**8.4.3** 及び **10.3～10.4** に関する，より詳細な指針も含んでいる．

(3) 推奨事項の解説

① **関連する目標とともに，戦略及び方針に関する効果的なコミュニケーションは，組織の持続的成功を支援する上で不可欠である．このようなコミュニケーションは，有意義で，時宜を得て，継続的に行うことが望ましい**

　方針・戦略は，組織を一定の方向に導く羅針盤の役割を果たし，その目的を十分に達成するためには，方針・戦略が全ての利害関係者に理解され，支持される必要がある．このためには，方針・戦略をそれ自体適切な内容のものにすると同時に，密接に関係する全ての利害関係者に伝え，理解してもらう必要がある．利害関係者はそれぞれの立場で方針・戦略を咀嚼し，自分のニーズ及び期待に照らして内容を理解しようとするため，利害関係者との，方針・戦略に

7 リーダーシップ 113

関するコミュニケーションにおいては，各利害関係者のニーズ及び期待を考慮
し，各々に対し適切な内容を適切な時期に行うようにするのがよい．これによ
り，深い理解と支持が得られる．

② **コミュニケーションには，フィードバックの仕組みを含めることが望ましい**

4.3 節で紹介する方針管理におけるコミュニケーションの流れでは，トップ
から組織の第一線へ展開するというトップダウンの流れだけでなく，各階層で
の変化の対応と，実施結果の定期的な及び非常時の"集約"というプロセスを
定め，その具体的な方法も提供している．目標設定は不確かな情報に基づいて
未来に対して設定するものであるから，時間の変化とともに，情報の確かさが
増し，予期できなかったことが起こるのは当然である．そのような状況変化の
兆候は多くの場合，組織の第一線で現れる．そこで，組織としては，それらの
情報をタイムリーに把握して対応をとらなければならない．そのためには，定
期的及び非常時のフィードバックの方法を備えておくのがよい．

(4) 推奨事項に基づく実践

組織内外の全ての利害関係者が，方針・戦略，並びに目標及びその達成のた
めの方策の展開を含め，行うべき活動を理解し，参画・支持することによって，
目標の達成がより現実的なものになる．組織は，以下の事項を実施することに
よって，利害関係者の理解と支持を得ることが必要である．

① **組織内外の利害関係者をリストアップし，そのニーズ及び期待を確認する**

コミュニケーションを行う前提として，すでに，箇条5の"組織の状況"で
明確にしているものであるが，密接に関係する利害関係者とそのニーズ及び期
待を確認する．組織内外の密接に関係する，利害関係者及びそのニーズ及び期
待の例を表 3.7.2 に示す．

② **組織外部の利害関係者ごとにコミュニケーションの機会を設定する**

組織外部の利害関係者に対するコミュニケーションの場の例を次に示す．必
要ならばフィードバックの仕組みを組み込む．

- 顧客：新製品・新サービス発表会，ダイレクトメール，広告宣伝，ウェブ

114　　　第 3 章　ISO 9004 の解説

表 **3.7.2**　利害関係者並びにそのニーズ及び期待の例

利害関係者	ニーズ及び期待
顧客	製品の品質，価格及び納期
オーナ及び株主	持続的な収益性 透明性
組織の人々	良好な作業環境 雇用の安定 表彰及び報奨
供給者及びパートナ	相互の便益及び関係の継続性
社会	環境保護 倫理的な行動 法令・規制要求事項の遵守

サイトなど

- オーナ及び株主：株主総会，定期業績発表会，IR 活動など
- 供給者及びパートナ：定期情報交換会，コンベンションなど
- 社会：ウェブサイト，広告宣伝，地域交流会，工場見学など

③　**組織外部の利害関係者ごとにコミュニケーションの内容と頻度を決める**

組織外部の利害関係者に対するコミュニケーションの内容と頻度の例を，次に示す.

- 新製品・新サービス発表会：製品・サービス情報，発売に関する情報など（適宜）
- ダイレクトメール，広告宣伝：製品情報，サービス情報など（継続的）
- ウェブサイト：企業情報，企業方針，製品情報，サービス情報など（継続的）
- 株主総会：事業方針及び業績発表，意見交換など（年 1 回）
- 定期業績発表会：事業計画及び業績発表（四半期に 1 回）
- IR 活動：一般的にはウェブサイトなどを通じ，業績及び企業情報を提供（継続的）
- 定期情報交換会：品質情報や技術情報など（半年あるいは年 1 回）

7 リーダーシップ 115

- コンベンション：業績及び新製品情報及び要望や期待などのフィードバック（年1回）
- 地域交流会：企業情報，意見交換など（半年あるいは年1回）
- 工場見学：企業情報，製品情報，意見交換など（継続的）

④ **組織内部のコミュニケーションの機会を設定する**

組織内部のコミュニケーションの場の例を，次に示す．

- マネジメント：トップからマネジメント層にメッセージを伝えるための定例会議，事業計画発表会，社内の定例会議など
- 従業員：社内広報紙，職場の定例会議，提案制度など

⑤ **コミュニケーションの内容によって，その頻度及び方法を決める**

組織の内部コミュニケーションの内容と頻度の例を，次に示す．

- トップからマネジメント層にメッセージを伝えるための定例会議：事業方針，事業計画及びマネジメント課題など（年1回）
- 事業計画発表会：事業方針，事業計画及びその進捗，業績表彰など（半年あるいは年1回）
- 社内広報紙：企業情報一般，市場，技術情報，職場情報など（隔月，四半期あるいは半年1回）
- 定例会議：目標，目標の進捗，課題及び情報交換など（定期的）
- 提案制度：新規事業提案，改善提案など（継続的）

⑥ **設定したコミュニケーションの機会を活用し，利害関係者の理解及び支持の程度を監視し，コミュニケーションの改善に活用する**

利害関係者の理解及び支持の程度を監視する上では，満足度調査などの情報を活用することも有効である．

参考文献

1) ヘンリー・ミンツバーグほか（1999）：『戦略サファリ─戦略マネジメント・ガイドブック（Best solution)』，東洋経済新報社

2) マイケル・E. ポーター（2018）：『新版 競争戦略論 I』，ダイヤモンド社

3) 長田洋ほか（1996）：『TQM 時代の戦略的方針管理』，日科技連出版社

箇条 8 プロセスのマネジメント

　組織の状況及びアイデンティティを基に，トップマネジメントのリーダーシップによって方針・戦略・目標を策定したら，これに沿って組織内の様々な活動を計画・実施する必要がある．組織の活動は多くのプロセスから成り立っており，これらのプロセスが相互に作用して，結果として顧客及びその他の利害関係者の期待及びニーズを満たす製品・サービスを提供している．その意味では，プロセスは，価値創造の源であり，方針・戦略・目標の達成に向かって効果的かつ効率的に機能するよう，プロセス群を計画・実施することがこと大切となる．

　このためには，価値創造に必要なプロセスを特定し，一つひとつのプロセスについて，そのインプット及びアウトプット，並びに必要な資源を明確し，それらのプロセスをどのように有機的に結び付けて方針・戦略・目標を達成するかを設計することが必要である．さらに，設計されたプロセスをより有効で効率的なものにし，そのとおりに確実に実施するためには，組織で働く人々によってプロセスの改善と管理が活発に行われることが重要であり，そのためにどのような取組みを行うかを考え，組織的に推進することが必要である．

8.1 一　般

(1) 目　的

　設計，調達，製造・サービス提供，販売などのプロセスを運用することは，顧客に対する付加価値を高めるための，組織の事業活動にほかならない．アウトソースしたプロセスも含む，全てのプロセスを効果的・効率的に運用するには，プロセスアプローチを採用することが有用である．ここでは，このような体系的なアプローチによってプロセスの可視化・効率化・迅速化・最適化を図り，プロセスを効果的にマネジメントすることができることを説明している．

118　　第 3 章　ISO 9004 の解説

(2) 推奨事項

—— **JIS Q 9004：2018** ——

8.1　一般

　組織は，プロセスのネットワークの中で相互につながっている活動を通じて価値を提供する．プロセスは，多くの場合，組織内の部門の境界をまたいでいる．プロセスのネットワークが論理的に首尾一貫したシステムとして機能している場合には，整合性があり，予測可能な結果が，より効果的及び効率的に達成されている．

　プロセスはそれぞれの組織に固有のものであり，組織の業種及び形態，規模並びに成熟度によって異なる．各プロセス内の活動は，組織の規模及び顕著な特徴に応じて決定し，適応させることが望ましい．

　組織は，その目標を達成するために，外部から提供されるプロセスを含む，全てのプロセスが効果的かつ効率的であることを確実にするよう，それらのプロセスを積極的にマネジメントすることが望ましい．組織の目標との一貫性を保ちながら，プロセスの様々な目的と特定の目標との間のバランスを最適化することが重要である．

　これは，プロセス，相互依存性，制約条件及び資源配分を確立することを含む“プロセスアプローチ”を採用することによって，容易に行うことができる．

　　　注記　“プロセスアプローチ”については，**JIS Q 9000**：2015 の関連する品質マネジメントの原則，及び“**ISO 9001**：2008 導入・支援パッケージ”文書 – Guidance on the Concept and Use of the Process Approach for management systems を参照．“**ISO 9000** 導入・支援”文書は，次の URL で提供されている．https://committee.iso.org/tc176sc2

8　プロセスのマネジメント　　　119

(3)　推奨事項の解説

①　プロセスのネットワークの中で相互につながっている活動を通じて価値を提供する

　プロセスという用語は，日常的な用語の業務と同義である．設計業務，調達業務など，事業に関連して行われる仕事のひとかたまりを，ISO 規格ではプロセスと呼んでいる．

　ISO 9000:2015（JIS Q 9000[1]）の 3.4.1 では，プロセスを“インプットを使用して意図した結果を生み出す，相互に関連する又は相互に作用する一連の活動”と定義している．また，その注記 4 においては，“組織内のプロセスは，価値を付加するために，通常，管理された条件の下で計画され，実行される”と説明している．この定義を見ると，プロセスの中核にあるものは“活動”であり，その活動にはインプットが投入され，意図した結果，すなわちアウトプットが創出されると考えていることがわかる．また，活動は管理された条件のもとで計画され，実行されるものであることなども読み取れる．なお，ここでいう管理された条件とは，関係する資源，監視／測定（などの管理）を指している（箇条 8.2 の図 3 参照）．

　プロセスはインプットをアウトプットに変換する活動であるが，一つのプロセスを更に細かく見ると複数のより細かい活動に分けられ，細分化された各プロセスも最終的なアウトプットを生み出す一連のプロセスの一部分を構成している．このような見方に立てば，価値創造という最終目的を達成するために組織が行っている活動は，図 3.8.1 に示すような階層構造をもつ，プロセスのネットワークとして捉えられる．

　設計業務，調達業務などのプロセスは，あるプロセスのアウトプットが他のプロセスのインプットになるなど，“相互につながり”ながら，価値を提供している．このため，個々のプロセスとともに，プロセス間の連携を適切にマネジメントすることが，事業目的の達成には不可欠である．このマネジメントは，次項で述べるプロセスアプローチによって，効果的・効率的に行うことが可能となる．

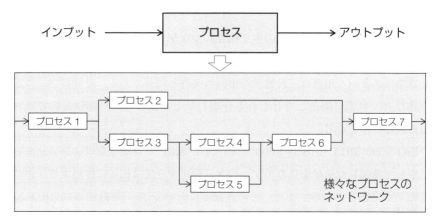

図 3.8.1　プロセスのネットワーク

② プロセスのネットワークのマネジメントは，プロセス，相互依存性，制約条件及び資源配分を確立することを含む"プロセスアプローチ"を採用することによって，容易に行うことができる

　プロセスアプローチとは，組織の仕事は多くのプロセスから構成されていて，個々のプロセスとその連携をマネジメントすることによって，組織の仕事を成功に導くことができる，という考え方である[1]．

　プロセスアプローチの目的は，顧客及びその他の利害関係者の期待及びニーズを理解し，満たし，付加価値の面からプロセスを考え，プロセスの実施の結果やその有効性の観点で監視及び測定を行い，プロセスを継続的に改善することである．簡単にいえば，事業の目的達成のために，プロセスに焦点を当て，プロセスを通じて組織全体をマネジメントしていこうとするものである．この際，個々のプロセスそれぞれを単独にマネジメントするのではなく，その前後にあるプロセスへの影響も考慮に入れながらマネジメントすることが大切である．

8 プロセスのマネジメント 121

(4) 推奨事項に基づく実践

　プロセスアプローチを用いて，組織内で行っている様々な業務を，プロセスのネットワークとして捉えるのがよい．プロセスアプローチを実践するための具体的な実施事項は，箇条 8.2 以降に示されている．これらの事項の実施に当たっては，(3) で解説した重要な概念を理解するとともに，トップマネジメントがプロセスアプローチによるマネジメントの重要性を認識し，その採用を奨励することが大切である．

8.2　プロセスの決定

(1) 目　的

　プロセスアプローチを進めるに当たっては，まず，自組織の業務において，どのようなプロセスがあるかを明らかにする必要がある．設計プロセス，調達プロセス，製造・サービス提供プロセス，営業プロセスなど，様々なプロセスがあり，これらは互いに他のプロセスのアウトプットをインプットとして利用したり，他のプロセスへのインプットをアウトプットとして出力したりするなど，相互に関係している．それらの関係を，明確にする必要がある．

　また，例えば，設計プロセスでは，構想設計，基本設計，詳細設計のように，更に細かいプロセスに展開される．このため，価値創造のために組織が行っている活動は，一般に，図 3.8.1 に示したようなプロセスのネットワークとして捉えられる．ここでは，組織の活動をプロセスとして捉える上での推奨事項を示している．

(2) 推奨事項

──── **JIS Q 9004：2018** ────

8.2　プロセスの決定

8.2.1　組織は，利害関係者のニーズ及び期待を満たすアウトプットを継続的に提供するために必要となる，プロセス及びその相互作用を決定することが望ましい．単一プロセスの略図を，**図 3** に示す．

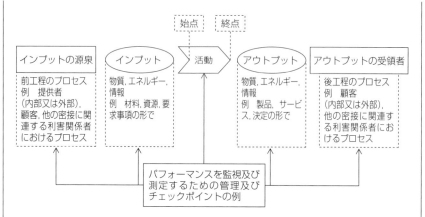

図3−単一プロセスの要素の略図

　プロセス及びその相互作用は，組織の方針，戦略及び目標に従って決定し，次のような領域を扱うものにすることが望ましい．

a) 製品及びサービスに関連する運用
b) 利害関係者のニーズ及び期待の充足
c) 資源の提供
d) 監視，測定，分析，レビュー，改善，学習及び革新を含むマネジメント活動

8.2.2 プロセス及びその相互作用の決定においては，必要に応じて，組織は，次の事項を考慮することが望ましい．

a) プロセスの目的
b) 達成すべき目標及び関連するパフォーマンス指標
c) 提供すべきアウトプット
d) 利害関係者のニーズ及び期待並びにその変化
e) 運用，市場及び技術の変化
f) プロセスの影響

8 プロセスのマネジメント　　123

g) 必要となるインプット，資源及び情報並びにその利用可能性

h) 実施する必要のある活動及び使用できる方法

i) プロセスにおける制約条件

j) リスク及び機会

(3) 推奨事項の解説

① **利害関係者のニーズ及び期待を満たすアウトプットを継続的に提供するために必要となる，プロセス及びその相互作用を決定する**

　プロセスアプローチを実践するためには，まずはどのようなプロセスがあるかを明らかにする必要がある．本来は，既存のプロセスの洗い出しではなく，事業目的の達成のためにはどのようなプロセスが必要かを考え，"決定"するのが望ましいが，まずは既存のプロセスから考えていくのが現実的である．

　各プロセスが全体の目的達成に有効に機能するためには，各プロセスが相互に関連しながら有効に機能する必要がある．相互作用で重要なのは，プロセスのインプットとアウトプットの関係である．例えば，教育・訓練のプロセスのインプットは，アウトプットとして供給する先の力量要求に基づいている必要があり，アウトプットはそれに応える成果を伴うものでなければならない．

　規格の図3は，プロセスの概念を表している．この図に示されている各要素の意味は，以下のとおりである．

- インプット：プロセスに入力され出力に変換されるモノ，情報，状態

　　　　モノ（原材料，部品，補助材，処理対象など），情報（指示，入力情報，参考情報など），状態（活動前の対象の初期状態）

- アウトプット：プロセスのインプットが変換されて出力されるモノ，情報，状態

　　　　モノ（製品，半製品，部品など），情報（出力情報，知識，分析結果，知見など），状態（最終状態）

- 活動：インプットからアウトプットを得るために必要な諸活動

実施事項，手順，方法，条件

• 資源：プロセスの活動を支え，また投入される広義の経営資源
　　　人材，供給者・パートナ，時間，空間，知識・技術，設備・機器，施
　　　設，作業・業務環境，ユーティリティ（電気，ガス，水など），支援
　　　プロセス，支援システム，インフラなど

• 測定・管理：プロセスの目的達成，活動状況を把握し管理するための測
　　　定・管理項目・管理指標，統制・介入，管理，責任・権限，役割分担など
　　　アウトプット特性，プロセス活動状況，プロセス条件特性など

　ある活動をプロセスと捉えるとは，目的（アウトプット）を得るために，何
を受け取り（インプット），どのような資源を使い（資源），どのような活動を
するか（活動），またその間どのような状況把握や介入をするか（測定・管理）
を明らかにすることである．また，これらの関係に加え，インプット，アウト
プット，資源の確認も必要である．

　対象にしている業務がある程度大きいとき，インプットをアウトプットに変
換するには一連の活動が必要になる．それら一連の活動は，一つひとつのプロ
セスの連結と考えることができる．どのようなプロセスが必要になり，それら
をどのような順序で，どのように連結してアウトプットを得るかを考察するこ
とが重要である．また，ある程度大きくまとまった業務がどのような小さな活
動の連鎖で成り立つかばかりでなく，これら小さな活動の間の関係を把握する
ことも重要である．あるプロセスのアウトプットが他のプロセスのインプット
になる場合や，あるプロセスのアウトプットが，他のプロセスの資源になるこ
とも多い．

(4) 推奨事項に基づく実践

① **自組織の業務においてどのようなプロセスがあるかを明確にする**

　まず，自組織の業務においてどのようなプロセスがあるかを明確にする必要
がある．対象となるプロセスは，いわゆるバリューチェーンを構成するもの，
すなわち，簡条 8.2.1 の a) や b) に対応するプロセスは当然として，c) や d)

など，a）やb）を支援・補完するプロセスも忘れてはならない．

プロセスの設計，すなわち組織全体としてどのようなプロセスをもち，各プロセスにどのような機能をもたせるかを計画する際に，プロセスの相互作用や責任と権限を可視化する手法としては，

- 業務機能展開表：一つの部門が担当する役割（業務機能）を分析し，1次機能，2次機能，3次機能等に系統的に展開することによって，その内容を具体化した表
- 業務フロー図：一つの業務機能に関する各種のプロセスを物や情報に流れに着目して表示した図
- 品質保証体系図：縦軸に開発の時間的な流れを，横軸に関連する部門を表し，製品・サービスを開発していく個々のプロセスとその連携を示した図

などが用いられる．また，かなり詳細化されたプロセスの管理計画を可視化する手法としては，QC工程表が有用である．

本来は，既存のプロセスに何があるかを分析するのではなく，事業目的を達成するためにどのようなプロセスが必要かを明確にする必要があるが，難しい場合も多い．実用的には，まずは既存プロセスから始めて，適宜見直しを行っていくのがよい．また，どのくらいの大きさの活動を一つのプロセスとするかは，組織の規模や形態により異なるので，一様に定めることはできない．実際にマネジメントを進めながら，適切な大きさになるよう適宜改訂していくことが重要である．

② **プロセス間の相互作用を明確にする**

各プロセスについて，箇条8.2.2に記載されている項目a）～j）が，明確になっているかを確認する．その際，上述の品質保証体系図やQC工程表などで，プロセスとその相互作用を可視化しておくとよい．これらの図を用いて，各ステップにおける活動が有機的に結び付いているか，各プロセスのインプットとアウトプットは明確か，インプットからアウトプットを得るための手順が確立されているか，各プロセスに参画する部門は明確かなどを確認するとよい．

126　　第3章　ISO 9004の解説

8.3　プロセスの責任及び権限

(1) 目 的

　該当するプロセスの全体に対する責任者及びその権限を決めることによって，プロセスの自主管理が可能となる．そのため，明確にしたプロセスを誰がマネジメントするのか，その責任・権限の範囲はどこまでなのかなどを明らかにしなければならない．ここでは，プロセスのマネジメントに責任・権限をもつプロセスオーナを任命し，そのプロセスオーナが責任・権限をもって各プロセスを適切にマネジメントすることで，プロセスの有効性及び効率の向上，リスク低減などを実現できること，そのための推奨事項を述べている．

(2) 推奨事項

――― JIS Q 9004：2018 ―――

8.3　プロセスの責任及び権限

　組織は，各プロセスに対して，プロセスの性質及び組織の文化に応じて，個人又はチーム（しばしば"プロセスオーナ"と呼ばれる．）を任命し，プロセス及びそのプロセスが影響を及ぼし，かつ，そのプロセスに影響を与える他のプロセスとの相互作用を決定し，維持し，管理し，改善するための，責任及び権限を定めることが望ましい．組織は，プロセスオーナの責任，権限及び役割が組織全体を通して認識されること，並びに個々のプロセスに関連する人々が関与する業務及び活動のために必要な力量をもっていることを確実にすることが望ましい．

(3) 推奨事項の解説

①　各プロセスに対して，プロセスオーナを任命し，責任及び権限を定める

　プロセスオーナとは，当該プロセスをマネジメントする責任者である．プロセスオーナは，個人又はチームでもよい．例えば，部長，課長などの管理職が相当する．なお，プロセスの捉え方によってプロセスオーナとなるべき職位・

8　プロセスのマネジメント　　127

職種は異なり，取締役，プロジェクトリーダー，係長，組長などもプロセスオーナとなり得る．

　個々のプロセスを全体の目的達成につなげるためには，複数のプロセスを有機的に結び付けてマネジメントすることが大切である．このようなことが可能となるよう，各プロセスに対し，求められるマネジメントの範囲・内容に合わせた責任と権限を決める必要がある．これにより，プロセス間の相互作用及び各プロセスをより効果的かつ効率的にマネジメントすることが可能になる．

② **プロセスオーナの責任，権限及び役割が組織全体を通して認識されることを確実にする**

　プロセスオーナの責任，権限及び役割が組織全体で認識されていないと，プロセスに重複があったり，指揮命令系統が混乱したりして，効果的にマネジメントが行われないことになる．

　組織全体として最適なプロセスを実現する必要があり，そのためには，プロセスの改善・革新や，そのための現状把握などにおいて，各プロセスの個別最適にならないよう，プロセスオーナ間の連携を図る仕組みを用意することも重要である．

③ **個々のプロセスに関連する人々が関与する業務及び活動のために必要な力量をもっていることを確実にする**

　プロセスに関連する人々とは，該当するプロセスオーナに加え，関与する要員，及び該当プロセスに関連する人々を指す．一般には，そのプロセスの活動を行う人と考えればよい．

　"必要な力量をもっていることを確実にする"とは，これらの人々に対して必要な教育・訓練を行うことを意図している．

(4) 推奨事項に基づく実践

① **各プロセスに対して，プロセスオーナを任命し，責任及び権限を定める**

　プロセスを組織内の部門に割り当てる場合，あるいはプロジェクト方式でプロセス自体に責任・権限を割り当てる場合が考えられる．いずれの場合にも，

業務領域，行うべき活動，達成すべき目標，与えられる資源の利用などに関し，その責任・権限を明確にしなければならない．

例えば，プロセスの管理計画を可視化する手法であるQC工程表には，一般に，工程名，機械・設備名，管理項目，管理水準，作業標準，管理手段，異常処置方法，担当者，関連資料等が記述される．これによって，誰がどのような手段で，何を基準にプロセスの管理を行うのかが明確になる．プロセスに関する責任・権限を明確にする，一つの有用な方法といえる．

QC工程表は，主に製造工程において作成・活用されることが多いが，その他のプロセスにおいても，同様の機能をもつツールを活用するとよい．

② **プロセスオーナの責任，権限及び役割が組織全体を通して認識されることを確実にする**

組織内の部門の長であれば，分掌業務規程等でその責任・権限を明確にしているのが一般的であり，まずその規程の有無や内容を確認するのがよい．その上で，この規程をベースに，品質保証体系図やQC工程表等において，それぞれのプロセスオーナの，個別の製品やサービスに対する責任，権限及び役割が明確になっているかを確認するとよい．

プロジェクトであれば，プロジェクトごとに，改めて責任，権限及び役割を確認し，規定する必要がある．

いずれの場合も，これらが組織全体を通して認識されることが必要であり，抜け落ちなく伝達するとともに，わかりやすい形で可視化し，常に確認できる状態にしておくことが大切である．

③ **個々のプロセスに関連する人々が関与する業務及び活動のために必要な力量をもっていることを確実にする**

まず，個々のプロセスに関連する人々を明確にする．次に，これらの人々に割り当てられた業務及び活動を明確にし，これらの業務及び活動を行うのに必要な力量を明確にする．その上で，該当する人々が必要な力量をもっていることを確実にする．確実にする方法としては，OJTやOff-JTによる教育・訓練，試験等による知識や技能の評価，評価結果に基づく資格制度の運用などがある．

8 プロセスのマネジメント 129

　教育・訓練すべき内容としては，箇条 8.2.2 に示されるようなプロセスの内容，必要な手順，手順を実行するに当たって必要な知識や技能など，多岐にわたる．また，各プロセス固有のものもあれば，種々のプロセスに共通なものもある．何を教育すべきかをリストアップし，組織の教育システムの中に取り入れて，体系的に実施していくことが大切である．

8.4　プロセスのマネジメント

(1) 目　的

　箇条 8.2 及び 8.3 では，プロセスアプローチを実践するに当たり，前提として明確にしておかなければならないことが示されていた．ここでは，実際にあるプロセスを計画し，それに対して PDCA サイクルを回していく上での，具体的な指針を示している．大きく分けると

- プロセス間のすり合わせ・連携のマネジメント（8.4.1 及び 8.4.2）
- より高いパフォーマンスを達成するためのマネジメント（8.4.3）
- 達成されたレベルを維持するためのマネジメント（8.4.4 及び 8.4.5）

の三つに関する推奨事項が記されている．

(2) 推奨事項

―― JIS Q 9004:2018 ――

8.4　プロセスのマネジメント

8.4.1　組織は，効果的及び効率的にプロセスをマネジメントするため，次の事項を行うのが望ましい．

a)　プロセス間のすり合わせ／連携を強化するために，外部から提供されたプロセスを含め，プロセス及びその相互作用を一つのシステムとしてマネジメントする．

b)　システム内における各プロセスの役割及びそのシステムのパフォーマンスへの影響を理解するため，プロセスのネットワーク，その順序及び相互作用を図によって視覚化する（例えば，プロセスマップ，ダイ

アグラムなど).

c) プロセスのアウトプットに対する基準を明確にし,アウトプットと基準とを比較することによって,プロセスの実現能力及びパフォーマンスを評価し,プロセスがシステムによって想定されているパフォーマンスを効果的に達成することができない場合には,プロセスを改善する処置を計画する.

d) プロセスに関連するリスク及び機会を評価し,次のようなリスクを含む,望ましくない事象を防止し,検出し,軽減するために必要な処置を実施する.

1) 人的要因(例えば,知識及び技能の不足,規則違反,人的ミス)

2) 設備の不十分な実現能力,劣化及び破損

3) 設計・開発の失敗

4) 受け入れる材料及びサービスにおける計画外の変更

5) プロセスを運用するための環境における管理されていない変動

6) 市場需要を含む,利害関係者のニーズ及び期待における予想外の変化

e) プロセス及びその相互関係が効果的であり続け,組織の持続的成功を支援することを確実にするために,それらを定期的にレビューし,管理及び改善のための適切な処置を実施する.

8.4.2 各プロセスは,論理的に首尾一貫したマネジメントシステムの内部で,一体のものとして運用することが望ましい.マネジメントシステム全体に関係するプロセスもあれば,次のような特定のマネジメント側面に関係するプロセスもある.

a) コスト,数量及び納期を含む製品及びサービスの品質(**例 JIS Q 9001**)

b) 労働安全衛生,情報セキュリティ(**例 JIS Q 45001,JIS Q 27001**)

c) 環境,エネルギー(**例 JIS Q 14001,JIS Q 50001**)

8 プロセスのマネジメント

d) 社会的責任，反贈賄，コンプライアンス（**例　JIS Z 26000, ISO 37001, ISO 19600**）

e) 事業継続，レジリエンス（**例　JIS Q 22301, ISO 22316**）

8.4.3　より高いパフォーマンスを達成するために，組織の方針，戦略及び目標（**7.2**及び**7.3**参照）に従って，新しい技術を開発若しくは獲得する必要性，又は付加価値を付ける新しい製品及びサービス若しくはその特徴を開発する必要性を考慮することを含め，プロセス及びその相互作用を継続的に改善することが望ましい．

組織は，人々が改善活動に積極的に参加し，自分が関わっているプロセスにおいて改善の機会を提案するよう動機付けることが望ましい．

組織は，プロセス及びその相互作用に関する改善目標の達成，実施計画の進捗状況並びに組織の方針，目標及び戦略への影響について定期的にレビューすることが望ましい．計画した活動と実際の活動との間にギャップを特定した場合，組織は，必要な是正処置又はその他の適切な処置をとることが望ましい．

8.4.4　達成されたパフォーマンスのレベルを維持するため，計画された及び計画外の変更に関係なく，管理された条件の下でプロセスを運営することが望ましい．組織は，基準との適合を確実にするため，プロセスのアウトプット及び運用条件に対する基準を含め，（もしあるとすれば）どんな手順がプロセスをマネジメントするために必要となるのかを明確にすることが望ましい．

組織は，手順を適用する場合，プロセスの運用に関わる人々がそれに従っていることを確実にするため，次の事項を確実にすることが望ましい．

a) プロセスに必要な知識及び技能を定め，プロセスを運用する人の知識及び技能を評価するためのシステムを確立している．

132 第3章 ISO 9004の解説

b) 手順におけるリスクを特定し，評価し，その手順を改善することによって低減される（例えば，誤りを犯しにくくなる，又は誤りが発生したら次のプロセスに進行できなくなる.）.

c) 人々が手順に従うために必要な資源を提供している.

d) 人々が手順に従うために必要な知識及び技能を備えている.

e) 人々は，（例えば，経験したことのある望ましくない事象の例を用いることによって）手順に従わないことによる影響を理解しており，手順に従っていない場合には，常に，適切な階層の管理者が必要な処置をとっている.

f) 教育，訓練，動機付け及び人的ミスの防止への配慮が行われている.

8.4.5 組織は，定期的にそのプロセスを監視して，必要な場合には遅滞なく逸脱を検出し，適切な処置を特定し，実施することが望ましい．逸脱は，主にプロセス運用のための設備，方法，材料，測定，環境及び人々における変化によって引き起こされる．組織は，逸脱を検出するために効果的かつ効率的であるチェックポイント及び関係するパフォーマンス指標を明確にすることが望ましい.

> 注記1　プロセスを効果的かつ効率的にマネジメントし，首尾一貫したマネジメントシステムの内部で，一体のものとして運用するためのより詳細な指針を定めた規格として，**JIS Q 9027**がある.
>
> 注記2　達成したプロセスのパフォーマンスのレベルを維持するためのより詳細な指針を定めた規格として，**JIS Q 9026**がある.

(3) 推奨事項の解説

① 効果的及び効率的にプロセスをマネジメントする

プロセスを効果的・効率的なものにするためには，複数のプロセスを一つの

8　プロセスのマネジメント　　133

"システム"として見直し，首尾一貫した形でマネジメントすることが不可欠である．例えば，品質を保証するためには，設計，調達，製造・サービス提供，営業などのプロセスの間で，適切なすり合わせ・連携が必要となる．また，このようなすり合わせ・連携を議論・検討する場合，プロセス間のつながりや関係を，品質保証体系図やQC工程表などの"図"として表しておくことが役に立つ．

　また，このような一連のプロセスを用いて最終的なアウトプットを保証するためには，各々のプロセスのもつ質的な能力（工程能力）が，求められる基準に対して十分なものにしておくこと，各々のプロセスにおいて起こり得る望ましくない事象（ヒューマンエラーや設備の故障など）を明確にし，それらによるトラブルや事故を未然に防ぐことが必要となる．

　さらに，このような一連のプロセスを最初から用意することは困難なため，工程内不良，クレーム・苦情，顧客満足度などの結果を基に，プロセスを見直し，改善すべきところを明確にすることも大切となる．

② **各プロセスは，論理的に首尾一貫したマネジメントシステムの内部で，一体のものとして運用する**

　マネジメントシステムが対象とする側面には，品質，コスト，量・納期，環境，安全など様々なものがありうる．マネジメントシステムを構築する場合，各側面に対して個別にシステムを構築するのでは効率的ではない．これは，何に重点を置くかが変わるだけで，プロセスとしては共通する部分が少なくないからである．例えば，品質と環境では，内部監査のやり方が変わるわけではなく，監査する対象が変わるだけである．したがって，複数のマネジメントシステムがもつ"プロセスの共通性"に着目し，複数の側面を統合したマネジメントシステムを構築するのがよい．この場合，一つの側面に着目してマネジメントシステムを見ると，全ての側面に共通するプロセスもあれば，特定の側面にだけ関わるようなプロセスもあることになる．

③ **組織の方針，戦略及び目標に従って，プロセス及びその相互作用を継続的に改善することが望ましい**

134 第3章 ISO 9004 の解説

方針・戦略・目標で示されているのは，組織の活動を変えていくための計画であり，これに沿って関連するプロセスを改善・革新するための活動を実施することが必要である．

プロセスを改善・革新するための活動を行うのは，組織の中でそれぞれのプロセスを担っている人々であり，これらの人々が改善・革新のための活動に積極的に参加してくれるかどうか，自分の経験・知識を基にしてプロセスをどう改善するのがよいのかの具体的な提案を行ってくれるかどうか，によって成果が大きく異なる．このため，組織は，組織の人々がこのような改善・革新のための活動に参加できるような仕組み（箇条 11 参照）を用意するとともに，改善・革新のための活動の必要性や効果を理解・実感してもらい，参加を動機付けすることが大切である．

また，組織の様々なプロセスを対象に行われるこれらの改善・革新の活動は，技術的にまだよくわかっていない問題・課題であったり，他の業務と重なって検討のための工数がとれなかったりするために，計画どおりに進まないことも多い．このため，目標の達成状況や実施計画の進捗状況を定期的にレビューし，計画どおり進んでいなかったり，期待した効果が得られていなかったりしている場合には，その原因を掘り下げ，必要な処置をとるのがよい．

④ **達成されたパフォーマンスのレベルを維持するため，計画された及び計画外の変更に関係なく，管理された条件の下でプロセスを運営する**

どんなに活発に改善・革新のための活動が行われていても，これらを通して得られた成果が維持できなければ，改善・革新に対する意欲は急速に低下する．また，狙いとするパフォーマンスを保証することもできない．改善・革新のための活動で得られた成果を維持し，狙いとするパフォーマンスを保証するためには，プロセスを標準化することが必要である．

プロセスを標準化するためには，プロセスの明確化，抑えるべき要因の洗い出し，プロセスの運用条件に対する基準とそれを満たすための手順を定める必要がある．また，この手順に従って確実に仕事が行われるようにするためには，プロセスを担当する人が必要な知識・技能を身に付けるための教育・訓練や，

8 プロセスのマネジメント 135

身に付けた知識・技能を評価するための仕組みを整える必要がある．さらに，決められたとおり行わなくても大丈夫だろうと意図的に従わないことがないよう，手順どおり行うのに必要な設備や時間を用意するとともに，なぜ従わなければならないのかを理解・納得してもらうことが大切である．また，人は意図せずにうっかり間違えることもある．このため，このような人的ミスが起こる可能性や，起こった場合の影響について手順を評価し，必要な改善を行うことも大切である．

⑤ **定期的にそのプロセスを監視して，必要な場合には遅滞なく逸脱を検出し，適切な処置を特定し，実施する**

ここでいう"逸脱"は，いわゆる工程異常を指している．プロセスをどんなに標準化しても，プロセスでは様々な変化が起こっており，推奨事項にある5M1Eの標準や基準からの逸脱によって異常が発生する．このような異常に気づかず，そのまま仕事を続ければ，後工程で思いもよらないような問題が発生することになる．このため，管理項目を明確にし，管理図などの異常を検出するツールを用いて異常を発見し，応急処置，再発防止処置を適切に打っていくことが必要である．

(4) 推奨事項に基づく実践

① **効果的，効率的にプロセスをマネジメントするために，プロセス保証を実践する**

プロセス保証とは，"プロセスのアウトプットが要求される基準を満たすことを確実にする一連の活動"である．プロセス保証は，標準化，工程能力の調査・改善，トラブル予測と未然防止，検査・確認，工程異常への対応などの活動要素からなる．これらの活動の具体的な進め方については，JIS Q 9027（マネジメントシステムのパフォーマンス改善－プロセス保証の指針）が参考になる．この規格の内容については，本書の4.2節で概説している．

② **決められた分掌業務を確実に行うために，日常管理を実践する**

組織のそれぞれの部門において，日常的に実施されなければならない分掌業

務に関しては，日常管理によってマネジメントするのがよい．日常管理の基本的な進め方は，部門の使命・役割の明確化，業務の分析と展開，一つの業務のプロセスの明確化，管理項目・管理水準の設定と異常の見える化，異常の検出と共有，応急処置，原因追究・再発防止処置となる．これらの活動の具体的な進め方については，JIS Q 9026（マネジメントシステムのパフォーマンス改善−日常管理の指針）が参考になる．この規格の内容については，本書の4.3節で概説している．

③ **より高いパフォーマンスの達成，組織のビジョン，方針等の達成のために，方針管理を実践する**

プロセスに基づく業務の実施は，組織運営の基盤となる活動である．一方，経営環境の変化に対応し，持続的成長を達成するためには，箇条8.4.3に示されているような，より高いパフォーマンスを達成するための活動が不可欠である．そのための一つの活動形態が，TQMにおける方針管理である．

方針管理とは，"方針を，全部門及び全階層の参画の下で，ベクトルを合わせて重点指向で達成していく活動"である．ここでいう方針とは，箇条7の"方針"とは意味が異なり，重点課題，目標，方策という三つの要素からなる．方針管理は，中長期経営計画の策定，期ごとの組織方針の策定，方針の展開，方針の実施とその管理，期末のレビューなどの活動からなる．これらの活動の具体的な進め方に関しては，JIS Q 9023が参考になる．この規格の内容については，本書の4.3節で概説している．

参考文献

1) JIS Q 9000:2015，品質マネジメントシステム−基本及び用語

箇条 9 資源のマネジメント

　組織が持続的成功を収めるためには，長期にわたって顧客及びその他の利害関係者のニーズ及び期待を満たすことが必要であり，これは，顧客のニーズ及び期待に合った製品・サービスを提供することによって実現できる．また，このような製品・サービスを継続的に提供するためには，効果的・効率的なプロセスが確立できている必要がある．ただし，このようなプロセスがあっても，それが十分機能しなければ当初計画した結果を得ることができない．

　プロセスを機能させるためには，

- 部品・材料
- 設備・道具，エネルギー源，施設，職場環境
- 知識，情報及び技術
- 組織の人々，供給者・パートナ
- 資金

などの資源が必要となる．これらの中には，製品・サービスの提供に直接必要な資源もあれば，製品・サービスの提供を支援する間接的な資源もあり，プロセスのパフォーマンスに大きな影響を与える．このため，組織は，箇条 8 で説明されているプロセスのマネジメントと密接な連携を保ちながら，プロセスが必要とする資源のマネジメントに取り組むことが必要である．

9.1 一　　般

(1) 目　的

　資源は，組織における全てのプロセスの運用を支援し，その効果的及び効率的なパフォーマンス，ひいては組織の持続的成功を確実にするのに必要不可欠である．ここでは，どのような資源があるかを明確にし，それらを適切にマネジメントすることの大切さを示している．

138　　第 3 章　ISO 9004 の解説

(2) 推奨事項

―― JIS Q 9004：2018 ――

9.1　一般

　資源は，組織における全てのプロセスの運用を支援し，効果的及び効率的なパフォーマンス並びにその持続的成功を確実にするために必要不可欠である．

　組織は，関連するリスク及び機会並びにそれらの潜在的な影響を考慮しながら，組織の目標の達成に必要な資源を明確にし，マネジメントすることが望ましい．

　重要な資源の例として，次のような事項が挙げられる．

a)　財務資源

b)　人々

c)　組織の知識

d)　技術

e)　設備，施設，エネルギー，ユーティリティなどのインフラストラクチャ

f)　組織のプロセスのための環境

g)　製品及びサービスの提供に必要な材料

h)　情報

i)　子会社，パートナ及び同盟関係組織を含む，外部から提供された資源

j)　天然資源

　組織は，その資源の効率的及び効果的な利用を達成するために，そのプロセスに対する十分な管理を実施することが望ましい．組織の性質及び複雑性によって，幾つかの資源は組織の持続的成功に対して様々な影響を及ぼす．

　組織は，将来の活動を考える場合，外部からの提供を含む資源について，入手の可能性及び適切性を考慮することが望ましい．組織は，その利用を改善し，プロセスを最適化し，リスクを低減させる新しい技術を取り入れる機会を明確にするために，既存の資源利用を頻繁に評価することが望ましい．

9 資源のマネジメント　　　139

(3) 推奨事項の解説

① 関連するリスク及び機会並びにそれらの潜在的な影響を考慮しながら，組織の目標の達成に必要な資源を明確にし，マネジメントする

　リスクとは，ISO 9000（JIS Q 9000[1]）の 3.7.9 に定義されているとおり，"不確かさの影響"である．また，機会とは，ISO 9001（JIS Q 9001[2]）の 0.3.3 に規定されているとおり "意図した結果を達成するための好ましい" 状況である．組織は，目標を達成する上でのリスク及び機会を考え，それらに対応するための準備を行う必要があるが，全てのリスク及び機会を考え，対応準備をすることは必ずしも容易でない．そのような状況下で，組織は，その目標の達成をより確実なものにするために，重要となる資源を明確にした上で，リスク及び機会，並びにそれらがプロセスに与える影響を考え，最適な対応が行えるよう，資源についての計画を立て，実施し，評価・改善していく必要がある．

② 資源の効率的及び効果的な利用を達成するために，そのプロセスに対する十分な管理を実施する

　資源の例は a）〜j）のようなものがあるが，①にも記したとおり，これらの資源を利用するプロセスでは全てが計画どおりに進むわけではなく，様々な事象が発生するのが普通である．したがって，そのような中で資源を効果的・効率的に運用するためには，プロセスを適切にコントロールするとともに（3.8 節参照），その状況を常に把握し，必要に応じて資源の準備や利用を見直すことが大切である．

③ 将来の活動を考える場合，外部からの提供を含む資源について，入手可能性及び適切性を考慮する．その利用を改善し，プロセスを最適化し，リスクを低減させる新しい技術を取り入れる機会を明確にするために，既存の資源利用を頻繁に評価する

　資源は，必要になったからといってすぐに入手できるものではない．中長期的な視点に立って検討することが大切である．このため，定期的に資源やその利用状況について評価を行い，その結果を基に，資源の利用の仕方を改善したり，資源の観点からプロセスを最適化したり，資源に関わるリスクを低減させ

る新技術を導入したりするのがよい．このような検討は，組織の内部の資源だけでなく，外部から提供される資源についても行うことが大切であり，事前に，入手プロセスや入手元の保有量，期間ごとの生産量・提供量，技術力，マネジメント能力等を把握するとともに，契約の締結を含めた協力関係を確立しておくことが大切である．また，評価結果に応じて，該当の資源の入手元の変更，対象資源の変更，使用量の削減などについて検討することが重要である．

(4) 推奨事項に基づく実践

規格本文に列記されている資源の中でも特に"c) 組織の知識"と"d) 技術"は"コト"が起きる前に事前に整理し，確保しておく必要がある．組織内に知識や技術がなければ外部提供者を活用するか，M&Aで活用できる先を買収する手もあるが，急に準備しても成功しない．日常の改善や管理を通して必要な知識と技術を組織内に蓄積していく仕組みを構築するとともに，組織の内外の情報を集め，どのような知識や技術が組織内で蓄積されていて，どのような面で不足が生じているのか，生じる可能性があるのかを明確にしておく必要がある．

組織内の知識や技術やその蓄積の状況を知るために役立つ情報としては，標準類，研究報告書，改善報告書，スキルマップなど様々なものがある．これらの情報を基に組織内の知識や技術を体系的に整理するとともに，これらがどのような形で顧客のニーズを満たす上で活用できるのかを，品質機能展開の中の技術展開などを使って整理し，資源に関する問題・課題を明確にしておくことが大切である．

9.2 人　々

9.2.1 一　般

(1) 目　的

資源の中で最も重要なものの一つは，"人々"である．プロセスを効果的，効率的に運用したり，プロセスの改善や管理に取り組んだりするのは組織で働

9　資源のマネジメント　　　　141

く人々である．人々に高い能力がなければプロセスを適切に運用できなし，掲げた目標も達成できない．ここでは，能力があり，積極的に問題・課題の解決に関わるように権限委譲され，動機付けられた人々を重要資源と位置付けてマネジメントする大切さを説明している．

(2) 推奨事項

— **JIS Q 9004:2018** —

9.2.1　一般

　力量があり，積極的に参加し，権限委譲され，動機付けられた人々は，重要な資源である．組織は，組織への十分な貢献を行うための，現在ある又は潜在的な力量及び対応力をもつ人々を引き付け，保持するプロセスを開発し，実施することが望ましい．人々のマネジメントは，組織全体の全ての階層において計画的で，透明で，倫理的で，社会的責任を果たすアプローチで実施することが望ましい．

(3) 推奨事項の解説

① **組織への十分な貢献を行うための，現在ある又は潜在的な力量及び対応力をもつ人々を引き付け，保持するプロセスを開発し，実施する**

　資源の中でも中核にある"人々"をマネジメントするに当たっては，組織に対して貢献できる能力を現在もっている又はこれから先もち得る人を確保すること，そのために人々が組織に魅力に感じ，組織のために働き続けるようにすることが重要であり，そのための雇用，育成及び活用のプロセスを定めて，実施するのがよい．

② **人々のマネジメントは，組織全体の全ての階層において計画的で，透明で，倫理的で，社会的責任を果たすアプローチで実施することが望ましい**

　また，このようなマネジメントは，一部で実施するのではなく，全ての階層の全ての人々を対象に行うのがよく，また，その内容を，外部から見えるものにするとともに，倫理的で（不公平でないなど），しかも社会的責任を果たし

ているといえるものにするのがよい.

(4) 推奨事項に基づく実践

　人々のマネジメントに当たっては，まず，対象とすべき人々は誰かを明確にする必要がある．この場合，一部の階層・部門の，特定の雇用形態の人だけを対象にするのは適切でなく，あらゆる階層・部門の，あらゆる雇用形態の人を対象とするのがよい．その上で，これらの人々を雇用，育成及び活用するためのプロセスを定め，実施する．また，これらの人々が組織に貢献できているかどうか，組織に魅力に感じ，組織のために働き続けたいと感じているかどうかを把握し，その結果に基づいて必要なプロセスの改善を行う．このような取組みを通して，組織が必要とする人材を確実に確保できるようにするのがよい.

9.2.2　人々の積極的参加

(1) 目 的

　組織は全ての業務を機械化できるものでもなく，仮に機械化できたとしてもその機械化の仕様検討や調達・製作に携わるのは人である．また，そのような業務を行うプロセスの改善や管理を行うのも人である．ここでは，人々が受け身ではなく，積極的に自律的に活動に参加できるような取組みを行い，風土を醸成することが，組織の，価値を提供する能力を強化する上で重要であることを示している.

(2) 推奨事項

――― **JIS Q 9004:2018** ―――

9.2.2　人々の積極的参加

　人々の積極的参加は，利害関係者への価値を創造し，提供する組織の能力を強化する．組織は，組織の人々の積極的参加のためのプロセスを確立し，維持することが望ましい．全ての階層の管理者は，人々がパフォーマンスの改善及び組織の目標の充足に参画するよう奨励することが望まし

9　資源のマネジメント　　　143

い．

　組織は，組織の人々の積極的参加を向上させるため，次のような活動を検討することが望ましい．

a)　知識を共有するプロセスの開発

b)　人々の力量の活用

c)　個人の能力開発を促すための技能認定制度及びキャリアプランの確立

d)　人々の満足の度合い，並びに関連するニーズ及び期待についての継続的なレビューの実施

e)　指導（mentoring）及びコーチングのための機会の提供

f)　チームによる改善活動の促進

(3) 推奨事項の解説

① **組織の人々の積極的参加のためのプロセスを確立し，維持する**

　重要な資源の一つである人々は無限の可能性を秘めている．組織の経営層が目指すべき方向を示した方針や目標を掲げても，各階層の人々がやる気にならない限り達成できない．

　ここで重要なことは，利害関係者への価値を創造し，提供するという組織の能力を強化するためには，トップマネジメントだけでも不可能であり，各階層の管理者層だけでも不可能であること，また，個々の人が個別に能力の強化を図っても十分な効果が期待できないことを理解し，全員が積極的に参加・協力する状況を作り上げることである．そのため，組織は，このような状況を実現するためのプロセス，すなわち制度や仕組みを確立し，それらに基づいた活動を実践する必要がある．

② **全ての階層の管理者は，人々がパフォーマンスの改善及び組織の目標の充足に参画するよう奨励することが望ましい**

　トップマネジメントもさることながら，全ての階層の管理者は，人々が方針や目標を達成する活動に参画し，寄与できるようにしていく上で大きな役割を

144 第 3 章 ISO 9004 の解説

果たす. 管理者は, 日常業務や改善活動を通して, 組織の方針や目標の達成に一人ひとりの活動がいかに影響を与えているかをわかりやすく示せるようにし, これらに関与しているという意識を啓蒙するのがよい.

③ 組織の人々の積極的参加を向上させるため, 知識を共有するプロセスの開発, 人々の力量の活用, 技能認定制度及びキャリアプランの確立, 人々の満足の度合い, ニーズ及び期待についてのレビューの実施, 指導及びコーチングのための機会の提供, チームによる改善活動の促進を検討する

人々が積極的に参加するようにするためには, トップマネジメントをはじめ, 全ての階層の管理者層が, そのためのプロセスや場について検討し, 組織として継続的していくことが大切である. 日常業務や改善活動を通じて得た知識・経験を他の人と共有するための仕組み, 一人ひとりの能力を評価し, その育成・活用を図る仕組み, 技能認定制度の確立やキャリアプランの明確化について検討するのがよい. また, 人々の満足度や仕事に対するニーズ及び期待を定期的に調査し, その結果を活かしたり, 一人ひとりの状況に合わせた指導やコーチングを行う機会を設けたり, QCサークル活動のようなチームによる改善活動を促進したりすることも重要である.

(4) 推奨事項に基づく実践

トップマネジメントと管理者が協力し, 全ての階層・部門の全ての人が組織の方針・目標の達成に向けた活動に積極的に参加できるようなプロセスや場を工夫・検討するのがよい. 第 4 章で説明している TQM では, 方針管理, 日常管理, 小集団改善活動 (QCサークル活動, チーム改善活動など), 品質管理教育などの活動を通して, 人々の積極的な参加を実現している.

9.2.3 人々への権限委譲及び動機付け

(1) 目 的

人々に活動に積極的に参加してもらうためには、自律的にものを考えて行動できる権限と意図をもってもらうことが不可欠である. ここでは, 人々が, 顧

9 資源のマネジメント　　　145

客価値の創造・提供という目標に向けた活動において，自らの責任並びに参画することの意義及び重要性を認識することで，積極的に自ら行動し，組織が活性化されること，組織を活性化し，改善・革新に向かって動かすためには人々の参画意識の醸成や動機付けを行う必要があることを示している．

(2) 推奨事項

—— JIS Q 9004：2018 ——

9.2.3　人々への権限委譲及び動機付け

　組織の全ての階層において，権限を委譲され，動機付けされている人々は，価値を創造し，提供する組織の能力を強化するために不可欠である．権限の委譲によって，人々がその作業及び結果に対して責任をもとうとする動機が強化される．これは，人々に自らの作業に関連した決定を行うために必要な情報，権限及び自由度を付与することで達成できる．全ての階層の管理者は，人々が利害関係者に対する価値の創造及び提供に関連する，その責任及び活動の意義並びに重要性を理解するよう動機付けることが望ましい．全ての階層の管理者は，人々の権限委譲及び動機付けを強化するため，次の事項を行うことが望ましい．

a)　（組織の目標と一貫性のある）明確な目標を定め，権限及び責任を委任し，人々が自らの作業及び意思決定を管理する作業環境を生み出す．

b)　人々の業績の評価（個人及びチームとして）に基づいた，適切な表彰制度を導入する．

c)　（個人及びチーム内で）人々が率先して行動するようになるためのインセンティブを提供するとともに，優れたパフォーマンスを認め，結果に対する褒賞を与え，目標達成を祝福する．

(3) 推奨事項の解説

① 全ての階層の管理者は，人々が利害関係者に対する価値の創造及び提供に関連する，その責任及び活動の意義並びに重要性を理解するよう動機付ける

ことが望ましい

人々に自分が行っている活動の意義や重要性を理解してもらうためには，組織が顧客，社会，従業員などの利害関係者に対して行っている価値の提供と一人ひとりが行っている活動がどのようにつながっているのかを理解してもらう必要がある．トップマネジメントが中心になって，組織のミッション，ビジョン及び価値基準を策定するが，各部門の管理者は，これらと内容を職場の人々に伝えると同時に，個人との会話を通し，それらと個人レベルの活動との関連を明確にし，個人の責任，個人が行っている活動の意義及び重要性を納得してもらうようにすることが大切である．

② 全ての階層の管理者は，人々の権限委譲及び動機付けを強化するために，人々が自らの作業及び意思決定を管理する作業環境を生み出し，表彰制度を導入し，優れたパフォーマンスを認めることが望ましい

人々は，指示されたことを実行するだけでは，自分の能力を活かすことができたと感じることは難しい．また，一人ひとりがもっている経験・能力を発揮することもできない．そのため，管理者はできるだけ権限を委譲し，一人ひとりが自分の仕事や決定を自律的に行う職場を作り出すのがよい．また，単に委譲して放任するのではなく，一人ひとりが行っている活動や成果に関心をもち，表彰制度を設けるなどの工夫を行い，よい活動を行ったり，よい成果が得られたりした場合には，そのことを認め，褒めることが大切である．

(4) 推奨事項に基づく実践

価値の創造・提供を目指した組織の活動に，組織で働く全員が参加している状況を生み出すためには，各部門の管理職が，職場で働く一人ひとりに対して，役割やその役割を果たすために必要な権限・リソースを与えるとともに，期待や目標を示し，必要な指導・助言を行うことで，一人ひとりが自分の行っていることの重要性を理解し，自律的に行動し，成果を出している状況を作り上げることが大切である．まず，全ての階層の管理者が，単に指示・命令を出しているだけではこのような状況を作り上げることはできないことを，自分がどの

ような行動をとることが必要なのかを理解することが大切である．

最近では，新入社員を対象にメンター制度やコーチングを取り入れる会社も多い．メンター制度とは，メンターと呼ばれる，信頼のおける上司・先輩・専門家が，指示や命令によらず，メンティーと呼ばれる被育成者の状況を理解した上で，個別に導き，自律的な成長を促していくものである．また，コーチングとは，ただ単にやり方を教え込むのではなく，動機付けを重視し，人々が自ら学習し育つような環境を作り出し，個人を伸ばし，自ら問題を解決していけるようになることを目的とするものである．

TQM では，個人による提案制度，QC サークル活動などの小集団改善活動をその重要な柱としている．小集団改善活動の基本的な考え方は，課題・問題の解決のための少人数のチームを編成し，改善の手順に沿って課題・問題に組み，課題・問題の解決に必要なノウハウを明らかにするとともに，その活用を図ること，その過程を通じて参画する一人ひとりの自己実現と能力向上を図ることである．改善活動においては，あらかじめ問題・課題やその原因，対策がわかっているわけではない．活動を担当する人が自律的にものを考え，取り組むことが必要となる．また，一人ひとりが活動に対して関心をもち，積極的に関わろうという意思をもつことが大切である．このような状況を作り上げるために，課題・問題の設定に関わり，活動に関心をもち，必要に応じて指導・支援を行い，活動や得られた成果が職場の仲間によって認められるようにするのは管理者の役割である．

9.2.4　人々の力量

(1) 目　的

競争力のある価値をもつ製品・サービスを創造し，提供するには，組織で働く人々が高い能力をもつことが欠かせない．その意味では，組織の究極的な資産は，人々の能力ともいえる．ここでは，人々の能力は，常にブラッシュアップすることで強化されること，そのため，組織としては，必要な能力を特定し，それが実現できるように，人々の能力を開発し，向上させるためのプロセスを

148 第 3 章 ISO 9004 の解説

考え，実施する必要があることを示している．

(2) 推奨事項

―― JIS Q 9004：2018 ――

9.2.4 人々の力量

全ての階層の人々の力量を明確にし，開発し，評価し，改善するよう組織を支援するためのプロセスを確立し，維持することが望ましい．そのプロセスは，次のようなステップに従うことが望ましい．

a）組織のアイデンティティ（使命，ビジョン，価値観及び文化），戦略，方針及び目標に従って，組織が必要とする個人の力量を明確にし，分析する．

b）集団及び個人のレベルでの現在の力量，並びに利用できるものと現在必要とされているもの又は今後必要となり得るものとの間のギャップを明確にする．

c）必要に応じて，力量を改善し，獲得するための処置を実施する．

d）獲得している力量を改善し，維持する．

e）必要な力量を獲得していることを確認するためにとった処置の有効性をレビューし，評価する．

(3) 推奨事項の解説

① **全ての階層の人々の力量を明確にし，開発し，評価し，改善するよう組織を支援するためのプロセスを確立し，維持する**

人々の能力（知識・技能）を向上するためには，まずどのような能力が必要かを洗い出し，整理する必要がある．必要な能力は，全ての人々に共通して必要なもの（例えば，コミュニケーション能力や理解力などのような基本的能力，改善能力やチーム運営能力などのようなマネジメント能力）と，それぞれの業務を行う上で必要なもの（例えば，設計に関する専門的知識とそれを適用する能力のような，業務に固有の能力）とがある．その上で，これらの能力を育成

9 資源のマネジメント　　149

し，評価し，必要に応じて改善を図ることが大切である．これらのことを組織の中で継続的に行うためには，そのためのプロセスを確立し，それに沿って実施していくのがよい．

② プロセスは，必要な力量を明確にし，ギャップを明確にし，獲得するための処置を実施し，獲得されている力量を維持し，処置の有効性をレビューするといったステップに従うことが望ましい

人々の能力を向上するプロセスを考える場合には，a)〜e) の手順に従うのがよい．使命，ビジョン，方針，戦略，目標を基に，それらを達成する上で必要となる，組織の能力を明確にする．その上で，人材マップなどを活用して，これを個人にマッピングすることによって，一人ひとりが獲得すべき能力を明確にする．次に，これら必要な能力と現在ある能力とを，個人単位や職場単位で対比し，ギャップを明確にする．

必要となる能力を改善及び獲得するための処置には，組織単位のものと個人単位のものがある．組織単位のものとしては，能力をもった人材の新規採用，技術提携，技術開発を通した獲得，他業種との交流会などがある．他方，個人単位のものとしては，職場研修，職場ローテーション，OJT，小集団改善活動などがある．

得られた能力が継続的に維持されていることを確実にするためには，例えば定期的なフォローアップ研修などを行う必要がある．また，必要に応じて新たな能力の獲得・開発，改善に努め，必要な能力が現在及び将来にわたって常に備わっている状態を保つことが必要である．

必要な能力の獲得を確実なものにするためには，以上のような処置の有効性を定期的にレビューするのがよい．研修や OJT などを実施したことで満足してしまうのではなく，実際に必要な能力得られたかどうか，活用され成果を生み出しているかどうかを評価する必要がある．

(4) 推奨事項に基づく実践

組織として必要な能力を考え，これを基に一人ひとりがもつべき能力を明ら

かにすること，一人ひとりの能力を評価し，その向上のための処置をとること自体は何も目新しいことではない．ただし，これらのことが別々に検討され，能力の評価や研修・訓練自体が目的になってしまっていることも少なくない．一人ひとりがどのような能力をもっているかを評価している組織，能力向上のための研修や訓練を行っている組織，資格を決めて仕事を割り当てている組織は多いが，これらを密接に関連付けて運用できている組織は意外に少ない．また，固有技術に関する能力の育成とマネジメント技術に関する能力の育成を別々の部門が担当し，相互の連携が図られていない場合も多い．このような状態を放置すると，近年の品質不祥事の例にあったように，資格のないものが範囲を超えた作業を行い，本人さえもそれが越権行為であることを認識していないことが起こる．その意味においては，目的意識をもって人々の能力を向上するための一貫したプロセスを考え，その有効性を定期的にレビューすることが大切である．

9.3 組織の知識

(1) 目　的

　顧客のニーズ及び期待に合致した製品・サービスを顧客に提供するためには，プロセスを確立し，運用することが必要であり，組織としてそのために必要な知識をもっていることが大切である．ここでは，このような知識を明確にし，組織全体で獲得，共有，活用，維持していくのがよいことを示している．

(2) 推奨事項

―― JIS Q 9004:2018 ――

9.3　組織の知識

9.3.1　組織の知識は，外部又は内部の情報源に基づくことが可能である．トップマネジメントは，次の事項を行うことが望ましい．

a)　知識を，知的財産として認識し，それを組織の持続的成功に不可欠な要素としてマネジメントする．

9　資源のマネジメント　　　151

b) 伝承の計画策定を含め，組織の短期的及び長期的ニーズを支えるために必要となる知識を検討する．

c) 組織の知識を特定し，取得し，分析し，検索し，維持し，保護する方法を評価する．

9.3.2　知識を明確にし，維持し，保護する方法を定める際には，組織は，次の事項に取り組むプロセスを開発することが望ましい．

a) 失敗及び成功したプロジェクトから学んだ教訓

b) 組織の人々の知識，洞察及び経験を含む，組織内部に存在する形式知及び暗黙知

c) 組織の戦略の一部として利害関係者から知識を獲得する必要性の明確化（**9.6** 参照）

d) 組織の製品及びサービスのライフサイクル全体を通じた情報の，効果的な配布及び理解の確認

e) 文書化した情報のマネジメント及びその使用

f) 知的財産のマネジメント

(3) 推奨事項の解説

①　トップマネジメントは，知識を知的財産として認識し，必要となる知識を検討し，評価することが望ましい

　トップマネジメント自らが知識は持続的成功に不可欠な要素であると認識し，そのために体制を構築するとともに，その評価を行うのがよい．将来必要となる知識の入手には，組織内部に限らず，組織外部からの入手も考慮に入れるとよい．また，組織内部の知識の多くは，過去及び現在の事業の延長線上にあるニーズに対応する場合が多い．この場合には，組織内部の知識の集約，蓄積，体系化及び共有化がポイントとなる．

②　知識を明確にし，維持し，保護する方法を定める際には，失敗及び成功し

たプロジェクトから学んだ教訓などに取り組むプロセスを開発することが望ましい

必要な知識を明確にし，維持し，保護する取組みは，そのためのプロセスを定め，それに沿って行うのがよい．このプロセスを検討するに当たっては，成功例・失敗例から学んだ教訓，内部に存在する形式知及び暗黙知，外部から知識を獲得する必要性の明確化，知識の効果的な共有とその確認，文書化された情報や知的財産のマネジメントについて考慮するのがよい．

(4) 推奨事項に基づく実践

組織内の知識を保護するには，特許等により知的財産化することが必要である．ただし，より重要な点は，組織の中で経験を通して得られる知識を形式知にして他の人が活用できるようにすることである．

組織の中では様々な改善活動が行われているが，これらを通して得られた知識を標準類にまとめ，他の人が学び，活用できるようにするのがよい．例えば，ある組織では，改善活動報告書の最後には，必ず，標準類の改訂について記すとともに，標準類の改訂履歴の欄に対応する改善報告書を引用することで，改善活動と標準類の改訂が着実に連動するようにしている．また，特定の技術分野の改善事例を集め，当該分野の専門家がその内容を精査することで，より上流の技術標準に反映させている組織もある．さらに，作業場所に，これから行う作業についてベテランが行っている作業風景をプロジェクションマッピングで映し，それをまねて作業することで，動作時間の違いを明確にする工夫をしている組織もある（これまで獲得した知識と近年のIT技術を活用し，知識の形式知化・共有に活かそうとしている例といえる）．

他方，どのような知識が不足しているのかを明らかにし，それらを獲得するための取組みを行うことも大切である．知識を獲得する方法には，外部から手に入れる方法もあるが，知識の活用や応用を考えた場合には，既存のプロセスを，顧客・社会に対する価値創造や品質保証の視点から見直して問題・課題を顕在化させ，改善活動を推進することが重要である．

9.4 技　　術

(1) 目　的

　組織が蓄積した知識を含めた資源を体系化し，価値創造を実現するための基盤となる再現可能な方法論としてまとめたものが技術であり，その適用は，製品実現，マーケティング，ベンチマーキング，顧客との相互作用，供給者との関係，アウトソースしたプロセスなどあらゆる領域に及ぶ．各々の領域における技術の優位性が組織の競争優位要因の源である．ここでは，保有する資源を最も効率よく活用し，価値創造能力を最大にする技術を選択し，組み合わせ，育て，維持することが大切なことを示している．

(2) 推奨事項

───── **JIS Q 9004:2018** ─

9.4　技術

　トップマネジメントは，製品及びサービスの提供，マーケティング，競争優位，迅速性並びに利害関係者との相互作用に関連するプロセスにおける，組織のパフォーマンスに対して，重大な影響を及ぼし得る，既存及び新興の両方の技術開発を検討することが望ましい．組織は，次の事項を検討することによって，技術開発及び革新を見出すためのプロセスを実施することが望ましい．

a) 組織内外における，現在のレベル及び新興の技術動向

b) 技術的変化を適応する，又は別の組織の技術的な実現能力を獲得するために必要な財務資源及びそうした変化の便益

c) 技術変化に適用する組織の知識及び実現能力

d) リスク及び機会

e) 市場環境

(3) 推奨事項の解説

① トップマネジメントは，重大な影響を及ぼし得る，既存及び新興の両方の技術開発を検討することが望ましい

トップマネジメントは，組織内の既存技術や組織外にある新たな技術の両方について，組織が行っている様々なプロセスのパフォーマンスに与える影響の大きさ，組織がもつ資源との関連性を考慮し，手に入れるべきものとそうでないものを識別し，選択することが重要である．この場合，適用領域ごとに，入手可能な技術を棚卸し，最も適した技術を採用する必要がある．その点では，技術レベル，動向，経済的コスト，便益，技術変化，リスク，競争環境，対応スピード及び能力，環境影響等を考慮するとよい．なお，ここで注意すべきは，組織全体のパフォーマンスが，必ずしも部分のパフォーマンスの和ではないということであり，個々の技術の選択においても，全体のパフォーマンスを考慮することが大切である．

② 技術開発及び革新を見出すためのプロセスを実施する

自組織内にある既存技術は比較的すぐに使用できるが，組織外の場合には連携等のための費用と工数と時間がかかることが多い．また，既存技術が自組織の強みとなっている場合も多い．したがって，トップマネジメントが選択した技術については，自組織内の技術とし，自組織の強みとなるよう，その開発・革新を継続的に行うプロセスを整備していくことが重要である．

(4) 推奨事項に基づく実践

多くの産業分野においては，技術の急速な進歩による，様々な選択肢が増えている．例えば，自動車分野では，大別すると従来どおりの内燃機関型，電気モーター型，さらには両方のよい点を活用するハイブリッド型がある．部品点数も少なく設計も楽な電気モーター型がシェアを伸ばしてきているが，一度震災などで電気の供給が途絶えると，使用できなくなる可能性が高い．内燃機関型は，地球環境に配慮し，燃費も昔に比べて飛躍的に向上しているが，長期的な使用には限界がある．その両方をもち得るハイブリッド型は，利点もある反

9　資源のマネジメント　　155

面，部品数，設計の難易度，顧客提供する価格において弱さがある．このような難しい判断を迫られている状況は，他の産業分野でも同じであろう．

　技術が価値創造の源泉であることを考えると，持続的な成功のためには，トップマネジメントがリーダーシップを発揮し，自組織の技術，市場環境や顧客の便益なども考慮しながら，どのような技術を自組織の技術とするかを決め，自組織の強みとするために継続的に開発・革新していくためのプロセスを定めて実施することが大切である．

9.5　インフラストラクチャ及び作業環境

9.5.1　一　　般

(1) 目　的

　人々，知識，技術に加え，インフラストラクチャ及び作業環境は，プロセスの効果的及び効率的な運用にとって不可欠な要素である．ここでは，必要なインフラストラクチャ及び作業環境を明確にし，提供すること，その評価を継続的に行うことの大切さを示している．

(2) 推奨事項

――― JIS Q 9004：2018 ―――

9.5.1　一般

　インフラストラクチャ及び作業環境は，組織における全てのプロセスの効果的及び効率的な運用にとって鍵となる．組織は，何が必要かを明確にするとともに，こうした資源を配分し，提供し，測定し，又は監視し，最適化し，維持し，保護する方法を組み合わせることが望ましい．

　組織は，望ましいパフォーマンス及び組織の目標を達成するための，全ての関連するプロセスについて，それらのインフラストラクチャ及び作業環境の適切性を，定期的に評価することが望ましい．

(3) 推奨事項の解説

① **何が必要かを明確にするとともに，こうした資源を配分し，提供し，測定し，又は監視し，最適化し，維持し，保護する方法を組み合わせる**

インフラストラクチャや作業環境は，プロセスを運用するための前提条件となるものであり，いざ，活用しようとした際に活用できないのでは，安定した継続続的なプロセスの運用は難しい．必要なインフラストラクチャ及び作業環境をあらかじめ明確にしておくことが大切である．また，インフラストラクチャや作業環境を確保する方法には様々なものが考えられるため，それらを適切に組み合わせることが大切である．

② **望ましいパフォーマンス及び組織の目標を達成するための，全ての関連するプロセスについて，それらのインフラストラクチャ及び作業環境の適切性を，定期的に評価する**

組織のパフォーマンスや目標の達成に影響を与えるプロセスについて，そのインフラストラクチャ及び作業環境を明確にした上で，適切性を定期的に評価し，その結果に基づいてインフラストラクチャ及び作業環境並びにそれらを確保する方法を改善することが重要である．

(4) 推奨事項に基づく実践

インフラストラクチャに該当するものとしては，①建物，作業場所及び関連するユーティリティ，②設備，③支援体制が挙げられる．これには，工場，職場，電気，ガス，水，ハードウェア及びソフトウェア，輸送，通信又は情報システムなどが含まれる．組織のパフォーマンスや目標の達成に影響を与えるインフラストラクチャや作業環境を明確にし，その評価を行うこと，評価結果に基づいてインフラストラクチャ及び作業環境並びにそれらを管理する方法を改善することが大切である．

9　資源のマネジメント　　　157

9.5.2　インフラストラクチャ

(1) 目 的

ISO 9000 の 3.5.2 では，インフラストラクチャを“組織の運営のために必要な施設，設備及びサービスに関するシステム”と定義している．この定義からもわかるように，インフラストラクチャは組織を運営するための前提・基盤である．このため，インフラストラクチャを効果的かつ効率的に運用し，その適切性を評価し，関連するリスクを低減することが必要である．ここでは，インフラストラクチャをマネジメントする際に考慮すべき要因を示している．

(2) 推奨事項

────────────────── JIS Q 9004：2018 ──

9.5.2　インフラストラクチャ

　組織は，インフラストラクチャをマネジメントする際に，次のような要因を適切に考慮することが望ましい．

a) ディペンダビリティ（安全性及びセキュリティを含む，必要に応じて，入手可能性，信頼性，保全性及び保全支援を考慮したもの）

b) プロセス，製品及びサービスの提供に必要なインフラストラクチャの要素

c) 必要とする効率，量的能力及び投資

d) インフラストラクチャの影響

(3) 推奨事項の解説

① **インフラストラクチャをマネジメントする際に，ディペンダビリティ，要素，必要とされる効率，量的能力及び投資，影響を適切に考慮する**

　インフラストラクチャをマネジメントする際に考慮すべき要因として a)〜d) が挙げられている．各インフラストラクチャについて，ここで挙げられている要因について考慮し，その結果に基づいてどのようにマネジメントするかを決めるのがよい．

158   第 3 章　ISO 9004 の解説

(4) 推奨事項に基づく実践

　インフラストラクチャについては，あって当然であると認識し，そのマネジメントを意識しない場合が多い．例えば，電気は平常時には全くあって当然である認識していることが普通である．しかし，地震や異常気象時は，正常稼働，正常入手が困難になることも少なくない．何が重要なインフラストラクチャなのか，それぞれのインフラストラクチャについて考慮すべきことは何かを明確にし，それに基づいてマネジメントしていく必要がある．

9.5.3　作業環境

(1) 目　的

　作業環境は，提供する製品を生み出すときの "場" であると同時に，人々の成長及び学習を促進する "場" でもある．敷地内で作業をする人々又は組織の敷地を訪問する人々の適切な作業環境を整え，運用することによって，製品の適合性，組織の人々又は関連する人々の安全性を確保することができるだけでなく，人々の生産性，創造性及び快適性を高めることができる．ここでは，作業環境について考慮すべき要因や注意すべき点を示している．

(2) 推奨事項

─ JIS Q 9004：2018 ─

9.5.3　作業環境

　組織は，適切な作業環境を明確にする際に，次のような要因（又は要因の組合せ）について適切に考慮することが望ましい．

a) 　熱，湿度，明度，空気の流れ，衛生，清浄，騒音などの，物理的特性

b) 　人間工学的に設計された職場及び設備

c) 　心理的側面

d) 　個人の成長，学習及び知識の移転並びにチームワークの奨励

e) 　組織内の人々の潜在能力を引き出せるよう，参画を高める創造的な作業の方法及び機会

9 資源のマネジメント 159

f) 安全衛生に関わる規則及び手引，並びに保護具の使用

g) 職場の場所

h) 組織内の人々のための施設

i) 資源の最適化

　組織の作業環境は，組織の敷地内で作業をする人々又は組織の敷地を訪問する人々（例えば，顧客，外部提供者，パートナ）の生産性，創造性及び快適性を促進することが望ましい．また，組織は，その性質に応じて，作業環境が，適用される要求事項を遵守し，適用される基準（環境マネジメントに関するもの，労働安全衛生マネジメントに関するものなど）に対応していることを検証することが望ましい．

(3) 推奨事項の解説

① 適切な作業環境を明確にする際に，物理的特性などの要因について適切に考慮する

　組織のパフォーマンスアップを図る上で，作業環境は大きな影響を与える．作業環境といっても物理的環境や心理的環境など対象が広い．物理的環境としては，部屋の温度や湿度，明るさ，粉塵なども含めた清潔さ，怪我防止などの配慮の安全度，通勤距離，立ち作業，作業のしやすさなどがある．他方，心理的環境としては，職場の地域環境，職場でのチームワーク，上司と部下の関係などがある．これらの環境の中で，組織のパフォーマンスを向上する上での阻害要因になるものを明確にし，適切にマネジメントすることが重要である．

② 組織の作業環境は，組織の敷地内で作業をする人々又は組織の敷地を訪問する人々（例えば，顧客，外部提供者，パートナ）の生産性，創造性及び快適性を促進することが望ましい

　作業環境を考える場合，生産性，創造性及び快適性に与える影響を考慮することも大切である．この際，自組織で働く人々だけではなく，目的達成に向かうために提携していく外部提供者やパートナ，又は顧客についても同様の配慮

160 第3章 ISO 9004 の解説

をすること必要である.

③ その性質に応じて，作業環境が，適用される要求事項を遵守し，適用される基準（環境マネジメントに関するもの，労働安全衛生マネジメントに関するものなど）に対応していることを検証する

作業環境については，最低限，社会的に定められたルールを守ることが必要である．また，自組織が ISO 14001 環境マネジメントシステムや ISO 45001 労働安全衛生マネジメントシステムなどの認証を受けるのであれば，これらの要求事項に対応することも必要となる．これらの点から，作業環境が要求事項を満たしていることを確認するのがよい.

(4) 推奨事項に基づく実践

箇条 9.5.3 の a)～i) について考え，適切な作業環境とは何かを明確にすることが必要である．この場合，組織の人々ばかりでなく，供給者やパートーナ，顧客など，自組織を訪れた人々についても配慮する必要がある．また，規制要求事項や ISO 14001 や ISO 45001 などの要求事項についても考慮する必要がある．その上で，狙いとする作業環境を確保するためのプロセスを計画し，実施し，その結果を基に継続的に改善していくことが大切である.

なお，品質，環境，労働安全衛生などによって適切な作業環境が異なる場合があるので注意を要する．例えば，環境への負荷を少なくすることにウェイトを掛けると，電気の使用量を削減するのがよいが，労働安全衛生の面からは一定以上の明るさの作業環境を整える必要がある．また，品質の面から，完成品検査では労働衛生・安全の基準よりも明るくないとパフォーマンスが下がる場合も多い．したがって，全体最適となるように方針や目標を定めて，作業環境を整備していく必要がある.

9　資源のマネジメント　　　161

9.6　外部から提供される資源

(1) 目　的

　組織は，自組織の能力だけで持続的成功を達成できるわけではない．したがって，外部提供者及びパートナを，顧客に価値を提供するに当たっての協力者として捉え，良好な関係を築き，コミュニケーションを図りながら協働することで，顧客のニーズ及び期待に合致した製品を顧客に提供することができる．このため，組織は，能力の評価によって外部提供者及びパートナを選定し，外部提供者及びパートナの能力を継続的に改善する必要がある．ここでは，このような活動を行うことで，両者の価値を創造するプロセスの有効性及び効率を更に高め，その結果，顧客及びその他の利害関係者のニーズ及び期待を満たし続け，持続的成功を収めることができることを示している．

(2) 推奨事項

— JIS Q 9004：2018 —

9.6　外部から提供される資源

　組織は，様々な提供者から外部供給される資源を調達する．これらの資源は，組織及びその利害関係者の双方に影響を及ぼす可能性があることから，外部提供者及びパートナとの関係を効果的にマネジメントすることは不可欠である．組織とその外部提供者若しくはパートナとは，相互に依存している．組織は，参画する全ての者にとって互いに有益となる方法で，組織自身の価値，及びその提供者又はパートナの価値を創造する実現能力を向上させる関係が確立することを目指すことが望ましい．

　組織にはない知識を外部提供者が保有している場合，又はそのプロジェクトに関連するリスク及び機会（並びに結果として得られる利益又は損失）を共有するため，組織は，提携を検討することが望ましい．パートナとなり得るのは，プロセス，製品又はサービスの外部提供者，技術機関及び金融機関，政府及び非政府組織，又はその他の利害関係者である．

162   第 3 章　ISO 9004 の解説

　外部提供者のマネジメントに当たっては，次の事項に関連するリスク及び機会を考慮に入れることが望ましい．

a）　内部の施設又は量的能力

b）　製品又はサービスの要求事項を満たす技術的な実現能力

c）　適格な資源の入手可能性

d）　外部提供者に対して必要とされる管理の種類及び範囲

e）　事業継続及びサプライチェーンの側面（例えば，単一又は限られた数の提供者への高度な依存性）

f）　環境，持続性及び社会的責任の側面

　組織は，互恵関係を確立し，外部提供者及びパートナの，活動，プロセス及びシステムをマネジメントする能力を高めるため，組織は次のことを行うことが望ましい．

－　その使命及びビジョン（並びに恐らくその価値観及び文化）を外部提供者及びパートナと共有する．

－　（資源又は知識の点で）必要な支援を行う．

(3) 推奨事項の解説

① **参画する全ての者にとって互いに有益となる方法で，組織自身の価値，及びその提供者又はパートナの価値を創造する実現能力を向上させる関係が確立することを目指す**

　組織は単独で顧客満足向上の完結できる時代ではない．そのためには，外部提供者及びパートナの力（能力や知識など）が必要である．しかし，自組織だけが都合のよい関係では長続きしないし，自分が欲しい能力をもった外部提供者及びパートナがすぐに活用できるものではない．自組織と外部提供者及びパートナが互いに有益となる関係，将来的に能力を向上させ発展していける関係を築く必要がある．

② **組織にはない知識を外部提供者が保有している場合，又はそのプロジェク**

9 資源のマネジメント　　　　163

トに関連するリスク及び機会を共有するため，提携を検討する

　互いに有益な関係を築くとはいうものの，具体的にはどのような関係かと問えば，両者でお互いに不足している能力を補える場合，プロジェクトに関わるリスクと機会を分かち合うことを了解する場合などである．このようなときには，提携を検討するのがよい．

③　互恵関係を確立し，外部提供者及びパートナの，活動，プロセス及びシステムをマネジメントする能力を高めるため，使命及びビジョンを外部提供者及びパートナと共有し，必要な支援を行う

　自組織の技術が上で，外部提供者及びパートナは下請負者といった以前の関係ではない例が多くなってきている．互いが個々の組織の強みを活かし合い，相互に補って持続的成功を達成する社会に移行してきている．このような関係においては，使命やビジョンを共有し，相手の能力を高めるために相互に支援し合うことが大切である．

(4) 推奨事項に基づく実践

　現在の社会では，最初から最後まで全てを自組織だけで行うことはほぼないと思われる．中核の技術支援から構内の清掃まで自組織よりも優れた能力をもっており，共通の使命・ビジョンを目指せるのであれば，大いにパートナとして認識し，互いのよい面を活かすことが大切である．このためには，価値創造のために必要な能力は何かを考え，自組織の能力，他組織の能力を適切に評価・把握した上で，使命・ビジョンを共有し，互恵関係を築くことを目指すのがよい．

9.7　天然資源

(1) 目　的

　天然資源は，組織が直接的に管理できないことが多いという点で，経営資源としてはその他の資源と多少次元が異なる．しかし，天然資源の入手可能性が顧客のニーズ及び期待を満たす製品・サービスの提供に影響を及ぼす場合もあ

164 第3章 ISO 9004の解説

るため，必要不可欠な天然資源を特定し，それらを継続して入手できるような体制を整えるとともに，入手できなくなった場合の対応を事前に検討しておく必要がある．その意味では，持続的成功に影響を及ぼす要因の一つであり，戦略的な課題として継続して検討していくべき事項である．一方，事業が環境に与える影響が大きな問題となっている現代においては，組織の社会的責任の一環として，組織の活動が天然資源の枯渇に与える影響を最小限にすることも求められる．ここでは，天然資源のマネジメントのマネジメントにおいて考慮すべきことを示している．

(2) 推奨事項

──── JIS Q 9004:2018 ────

9.7 天然資源

組織は，その社会への責任を認識し，この認識に基づいて行動することが望ましい．その責任には，天然資源及び環境のような幾つかの側面が含まれる．

資源のマネジメントという観点から見ると，製品及びサービスの提供において，組織によって消費される天然資源は，その持続的成功に影響を及ぼす戦略的な課題である．組織は，水，土壌，エネルギー，原材料などの不可欠な資源をどのように明確にし，取得し，維持し，保護し，利用するかについて取り組むことが望ましい．

組織は，そのプロセスが必要とする天然資源の現在及び今後の双方の利用，並びに製品及びサービスのライフサイクルに関連する天然資源の利用による影響に取り組むことが望ましい．また，これは，組織の戦略と一貫性があることが望ましい．

持続的成功のための天然資源のマネジメントにおける優れた実践として，次の事項が挙げられる．

a) 天然資源を戦略的事業事項として取り扱うこと

b) 天然資源の効率的な利用及び利害関係者の期待に関する，新しい傾向

9 資源のマネジメント 165

及び技術を認識すること

c) 天然資源の入手可能性を監視し，利用に関する潜在的なリスク及び機会を明確にすること

d) 今後の市場，製品及びサービス，並びにライフサイクル全体を通じた天然資源の利用への影響を定めること

e) 天然資源の現在の適用及び利用におけるベストプラクティスを実施すること

f) 実際の利用を改善し，天然資源の利用による潜在的な望ましくない影響を最小限に抑えること

(3) 推奨事項の解説

① 社会への責任を認識し，この認識に基づいて行動する

地球環境が大きな問題となっている現代において，社会的責任の一環として，組織の活動が，天然資源の枯渇を含め，環境に与える影響を最小限にすることが求められていることを認識することが大切である．

② 水，土壌，エネルギー，原材料などの不可欠な資源をどのように明確にし，取得し，維持し，保護し，利用するかについて取り組む

そのためには，組織の活動に不可欠な天然資源を明確にし，それらを取得し，維持し，保護し，利用するプロセスについて検討する必要がある．

③ プロセスが必要とする天然資源の現在及び今後の双方の利用，並びに製品及びサービスのライフサイクルに関連する天然資源の利用による影響に取り組む

天然資源のマネジメントを検討する場合，現在だけでなく将来のことも含めて考えることが必要である．また，製品及びサービスがそのライフサイクルにおいて必要とする天然資源についても考慮し，戦略的取り組むことが重要である．

(4) 推奨事項に基づく実践

組織は，環境保護の立場に立って，天然資源の使用を極力最小限に抑え，効率よく利用する必要がある．このためには，中長期的な視点に立って，必要とする天然資源の取得，維持，保護，利用に関する一貫性のある戦略をもつのがよい．

参考文献

1) JIS Q 9000:2015，品質マネジメントシステム－基本及び用語
2) JIS Q 9001:2015，品質マネジメントシステム－要求事項

167

箇条 10　組織のパフォーマンスの分析及び評価

　組織は組織の状況やアイデンティティを踏まえた方針，戦略及び目標に基づいて品質マネジメントのための活動を展開・実践するが，必ずしも狙いどおり進むわけではない．したがって，活動の結果や実施状況を評価し，活動のレベルアップにつなげることが必要である．このためには，様々なプロセスのパフォーマンスを明確にした上で，これらに関する情報を効率的に収集し，各部門・階層において計画どおりに目標を達成しているか，計画どおりに活動が行われているかを評価すること，それらの情報を基に組織の能力に関する強み・弱みを特定し，必要な処置をとることが大切である．

　他方，品質マネジメントの活動を直接評価する方法には，内部監査と自己評価がある．内部監査では，あらかじめ定めた基準を基に活動を調べ，基準が満たされているかどうかを評価し，問題を顕在化させる．一方，自己評価では，段階尺度を用いて活動の成熟度を評価し，他の組織や部門と比べて遅れている点を明らかにする．

　トップマネジメントは，これらの分析及び評価結果を基に，自組織のマネジメント活動を見直し，組織の状況に適したよりよいものにしていくことが大切である．

10.1　一　　般

(1) 目　的

　品質マネジメントのための活動が適切に行われているかどうかを確認するためには，様々な活動のプロセスやそのパフォーマンスに関する情報を収集し，得られた情報を評価・分析することが大切である．ここでは，このような評価・分析を行う際には体系的にアプローチすることが大切なこと，その結果を基に改善，学習及び革新を促進するとともに，組織の状況，方針，戦略及び目標についての理解を改めるために活用するのがよいことを述べている．

168   第 3 章　ISO 9004 の解説

(2) 推奨事項

―― **JIS Q 9004：2018** ――

10.1　一般

　組織は，利用可能な情報を収集し，分析し，レビューする体系的なアプローチを確立することが望ましい．その結果に基づき，組織は，改善，学習及び革新活動も促進しながら，必要に応じて，組織の状況，方針，戦略及び目標についての理解を更新するために，情報を利用することが望ましい．

　利用可能な情報には，次の事項に関するデータを含めることが望ましい．

a)　組織のパフォーマンス（**10.2**，**10.3** 及び **10.4** 参照）

b)　内部監査又は自己評価を通じて理解することができる，組織の内部活動及び資源の状態（**10.5** 及び **10.6** 参照）

c)　組織の外部及び内部の課題，並びに利害関係者のニーズ及び期待における変化

(3) 推奨事項の解説

①　利用可能な情報を収集し，分析し，レビューする体系的なアプローチを確立する

　組織が行っているマネジメント活動に関する情報は数多くある．しかし，全ての情報を活用することは効果的・効率的でない．このため，体系的なアプローチに沿ってどのような情報を収集するかを明確にし，情報の間の関連性を解き明かし，評価する仕組みを構築することが大切である．

②　レビュー結果に基づいて，改善，学習及び革新活動も促進し，組織の状況，方針，戦略及び目標についての理解を更新するために情報を使用する

　収集した情報を分析，レビューしただけでは役に立たない．レビュー結果を基に，改善，学習及び革新を含めた従来の活動について見直し，より適切な形で実践されるように促進すること，組織の状況，方針，戦略及び目標に関する自組織の理解をよりよいものにすることが大切である．

10 組織のパフォーマンスの分析及び評価　　　　169

(4) 推奨事項に基づく実践

　パフォーマンスの評価，内部監査，自己評価などから得られた，自組織のマネジメント活動の状況に関する情報，これに加えて，組織の外部及び内部の課題，並びに利害関係者のニーズ及び期待における変化に関する情報を体系的に集めて，評価・分析することで，従来の活動について狙いどおり進んでいる点，進んでいない点を明らかにするのがよい．その上で，箇条5〜11までの取組みのどこに課題があるのかを明らかにし，改めることが大切である．このためのやり方は一通りではないが，組織の様々な部門の情報を集約するためには，4.3節で紹介されている方針管理における"期末のレビュー"の方法などを活用するのがよい．

10.2　パフォーマンス指標

(1) 目　的

　活動がうまくいっているかどうかを把握するためには，プロセスの結果であるパフォーマンスを基に評価・分析を行うことが必要になる．この場合，分析・評価に使用する指標及びその監視方法を決め，あらかじめ定めた方法に従って，情報を効果的・効率的に収集するのがよい．パフォーマンス指標の中でも特に，組織の持続的成功にとって必要不可欠な要因を測定対象としたものは，主要パフォーマンス指標（KPI）と呼ばれる．ここでは，このようなパフォーマンス指標やKPIに関する推奨事項を述べている．

(2) 推奨事項

―――――――――――――――――――――――――― JIS Q 9004:2018 ――

10.2　パフォーマンス指標

10.2.1　組織は，全ての階層並びに全ての関係するプロセス及び部門において，組織の使命，ビジョン，方針，戦略及び目標に照らし，計画した結果が達成できているかどうか進捗状況を評価することが望ましい．この進捗状況を監視し，パフォーマンス評価及び効果的な意思決定のために必要

な情報を収集し,提供するために,測定プロセス及び分析プロセスを使用することが望ましい.

適切なパフォーマンス指標及び監視方法の選定は,組織の効果的な測定及び分析にとって必要不可欠である.パフォーマンス指標を使用するステップを**図4**に示す.

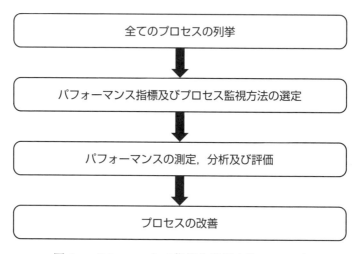

図4－パフォーマンス指標を使用するステップ

10.2.2 パフォーマンス指標に関する情報の収集に使用する方法は,次の例のように,組織にとって実用的及び適切であることが望ましい.
a) プロセス変数並びに製品及びサービスの特性の監視及び記録
b) プロセス,製品及びサービスに関するリスクアセスメント
c) 外部提供者及びパートナを含む,パフォーマンスのレビュー
d) 利害関係者の満足度に関するインタビュー,アンケート及び調査

10.2.3 組織の管理下にあり,組織の持続的成功にとって必要不可欠な要

10 組織のパフォーマンスの分析及び評価　　　171

因は，測定の対象とし，主要パフォーマンス指標（以下，KPIという.）
として定義することが望ましい．これらの測定可能なKPIは，次のよう
なものであることが望ましい.

a) 組織が測定可能な目標を設定し，傾向を監視及び予測し，必要な場合
には，改善及び革新への処置をとることができるほど，正確であり，
信頼できる.

b) 戦略的及び運用上の決定を行うための基礎として選定している.

c) 最上位の目標の達成を支援するため，組織内の関連する部門及び階層
において，パフォーマンス指標として適切に順次展開している.

d) 組織の性質及び規模，製品及びサービス，プロセス並びに活動に適し
ている.

e) 組織の戦略及び目標と整合している.

10.2.4　組織は，KPIの選定に際して，リスク及び機会に関する固有の情
報を考慮することが望ましい．さらに，組織は，パフォーマンスが目標を
達成しない場合に，実施計画を行うための情報，又はプロセスの効率及び
有効性を改善し，刷新するための情報を，KPIが提供することを確実に
することが望ましい．そのような情報には，次のような要素を考慮するこ
とが望ましい.

a) 利害関係者のニーズ及び期待

b) 個々の製品及びサービスの，組織にとっての重要性

c) プロセスの有効性及び効率

d) 資源の効果的及び効率的な利用

e) 財務パフォーマンス

f) 外部の適用可能な要求事項の遵守

172 第 3 章 ISO 9004 の解説

(3) 推奨事項の解説

① 全ての階層並びに全ての関係するプロセス及び部門において，組織の使命，ビジョン，方針，戦略及び目標に照らし，計画した結果を達成できているかどうか進捗状況を評価する

各部門及び各階層において，組織の使命やビジョン，これと組織の状況を基に定めた組織の方針，戦略及び目標が達成されているかどうかが，パフォーマンスを評価する場合のベースとなる．組織の方針・戦略・目標は，それぞれの部門やプロジェクトチームなどに展開され，その達成のための活動が行われているので，これらの達成状況や進捗状況を評価することが大切である．

② 進捗状況を監視し，パフォーマンス評価及び効果的な意思決定のために必要な情報を収集し，提供するために，測定プロセス及び分析プロセスを使用する

パフォーマンスを評価するための情報を得るには，測定対象，測定者，測定時期，データの収集方法，記録方法，分析手法，分析者，分析の時期などを決めておく必要がある．一般に情報の測定・分析は様々な部門，人にわたるため，データの収集・分析等についての検討の結果を一連のプロセスとして定め，それに従ってパフォーマンス評価のための情報を得るのがよい．

③ 適切なパフォーマンス指標及び監視方法の選定は，組織の効果的な測定及び分析にとって必要不可欠である

規格の図 4 にはパフォーマンス指標を使用するための基本的なステップが示されている．ただし，パフォーマンス指標によって得られた情報がプロセスの改善のために役立つためには，様々な候補の中から，組織に合った適切なパフォーマンス指標とその監視方法を選ぶ必要がある．適切な選定がなされていないと，狙いどおり機能していないプロセスがあってもそのことに気がつかないことになったり，測定に伴う誤差や偏りによって誤った結論を下したり，情報を得るために多大な工数を要しその継続が困難になったりする．ここでは，引き続く箇条 10.2.2～10.2.4 でそのための推奨事項を示している．

④ パフォーマンス指標に関する情報を収集する方法は，実用的で適切である

10　組織のパフォーマンスの分析及び評価　　173

ことが望ましい

何をもって"実用的で適切"というのかは難しいが，ここでは幾つかの例を示している．

- それぞれのプロセスにおいては要因系や結果系の重要な特性（プロセス変数）を監視しているのが普通である．また，製品やサービスに関する特性については定常的に記録されているのが普通である．これらの情報を活用するのがよい．

- 問題を未然に防止するために，プロセス，製品及びサービスに関して行っているリスクアセスメントの情報を活用するという方法も考えられる．リスクアセスメントでは，リスク特定，リスク分析及びリスク評価を行う．ここでいうリスク特定とは，過去の事例等を活用し，類似の事象が発生するリスクを発見，認識及び記述することであり，リスク分析とは，発見したリスクの特質を理解し，リスクレベル（結果とその起こりやすさとの組合せ）を決定することである．また，リスク評価とは，リスクが受容可能か又は許容可能かを決定するために，リスク分析の結果をリスク基準（リスクの重大性を評価するための目安とする条件）と比較することである．

- 外部提供者及びパートナなどについては，そのパフォーマンスを定期的にレビューしている場合が少なくない．このようなレビューの結果もパフォーマンス指標のための貴重な情報源となる．

- 特定した全ての利害関係者の満足度を把握するために，顧客へのインタビュー，アンケート及び調査を行っている場合には，これらを活用することを考えるのもよい．

⑤　**組織の管理下にあり，組織の持続的成功にとって必要不可欠な要因は，測定の対象とし，主要パフォーマンス指標（以下，KPI という）として定義する**

パフォーマンス指標は，一般に管理項目（目標の達成を管理するために，評価尺度として選定した項目）であり，方針・戦略・目標の組織の階層に沿った展開や業務を日常的に管理する方法を検討する中で設定される場合が多い．こ

のようなパフォーマンス指標の中で，組織の持続的成功にとって必要不可欠な要因に関するものは，KPIとして定義しておくのがよい．KPIは，組織の持続的成功に関係が深いため，a)～e) に記されている項目に注意しながら，その選定を行うのがよい．

⑥ **KPIの選定に際して，リスク及び機会に関する固有の情報を考慮することが望ましい．パフォーマンスが目標を達成しない場合に実施計画を行うための情報，又はプロセスの効率及び有効性を改善し，刷新するための情報を，KPIが提供することを確実にすることが望ましい**

KPIを選定する場合には，一般的にどのようなものがよいか，他組織がどのようなものを用いているのかを考えるのでなく，a)～f) のような，リスク及び機会に関する，組織固有の情報を考慮することが大切である．また，KPIについての目標が未達成の場合には，その原因を追究し，必要なアクションをとることが必要である．そう考えると，KPIは，未達成の場合に，何を改善すべきか，どのようなアクションをとるべきなのかが判断できるものにしておく必要がある．

(4) 推奨事項に基づく実践

① パフォーマンス指標の基になるデータの信頼性を確保する

パフォーマンスを評価するためには，データの信頼性が大切であるので，データの収集方法を明確にしておくことが大切である．収集したデータに信頼がないと誤った情報を関係者に提供することになるので注意が必要である．

② パフォーマンス指標の事例

組織の目標には，品質，コスト，量・納期，安全，環境，情報セキュリティ，財務等に関するものがあり，これらについては達成したかどうかを客観的に判定できるものにしておく必要がある．また，後になってわかったのでは間に合わない場合も多く，期の途中や活動中に評価できるようにしておくことが必要である．このような検討を経て得られたものがパフォーマンス指標になる．

パフォーマンス指標の事例には，次のようなものがある．

10　組織のパフォーマンスの分析及び評価　　　175

- 利害関係者のニーズ及び期待：顧客満足度，従業員満足度，パートナ満足度，株価，環境保護への投資額
- 個々の製品及びサービスの組織にとっての重要性：売上高，クレーム件数，新製品の売上比率，シェア率
- プロセスの有効性及び効率：設計ミス件数，設計工数，不適合件数，工程内不適合品率，生産量/日，MTBF，MTTF，在庫回転率，作業事故件数，環境事故件数，情報セキュリティ事故件数，成約率
- 資源の効果的かつ効率的な利用：稼働率，力量充足率，資格取得率，特許件数，リサイクル率，エネルギー使用量
- 財務パフォーマンス：利益率，損失コスト
- 外部の適用可能な要求事項の遵守：不遵守件数

③　日常管理のためのパフォーマンス指標と方針管理のためのパフォーマンス指標を区別する

　方針管理などのように従来よりも高い目標の達成を目指して改善を行おうとしている場合のパフォーマンス指標と，日常管理などのように既に達成している目標を維持したい場合のパフォーマンス指標では，選定の仕方，目標の決め方，管理の仕方が異なる．両者を明確に区別して使い分けることが大切である．詳細は，4.3節の方針管理と日常管理の解説を参照するとよい．

④　パフォーマンス指標の可視化を推進する

　パフォーマンス指標には，トップマネジメントが管理するもの，部門責任者が管理するもの，各プロセスの担当者が管理するものなど様々なものがある．ただし，いずれの場合もその状況が一目でわかることが大切である．このために，パフォーマンス指標については，時系列でその動きがわかるようにグラフ化するなど，可視化するための工夫を行うことが大切である．

10.3　パフォーマンス分析

(1) 目　的

　パフォーマンスを分析する目的は，方針，戦略及び目標に基づいて行ってい

176　　　　　　　第 3 章　ISO 9004 の解説

る活動（リーダーシップ活動）が狙いどおり進んでいるかどうか，プロセスや
資源のマネジメントが適切に行われているかどうかを評価することで，組織が
今後取り組むべき課題を把握し，これらの活動のさらなるレベルアップを図る
ことである．ここでは，パフォーマンスを分析することで，どのような課題を
明らかにしなければならないかを述べている．

(2) 推奨事項

――――――――――――――――――――――――― JIS Q 9004：2018 ―

10.3　パフォーマンス分析

　組織のパフォーマンスの分析によって，次のような課題の特定が可能と
なることが望ましい．

a)　組織内での不十分又は非効果的な資源

b)　不十分若しくは非効果的な力量及び組織の知識，並びに不適切な行動

c)　組織のマネジメントシステムによっては十分に取り組めていないリス
　　ク及び機会

d)　次の事項を含む，リーダーシップ活動における弱み

　1)　方針の策定及びコミュニケーション（箇条 **7** 参照）

　2)　プロセスのマネジメント（箇条 **8** 参照）

　3)　資源のマネジメント（箇条 **9** 参照）

　4)　改善，学習及び革新（箇条 **11** 参照）

e)　リーダーシップ活動に関して，伸ばす必要のありそうな潜在的な強み

f)　他のプロセスを改善するためのモデルとして使用することができる，
　　　傑出したパフォーマンスを示すプロセス及び活動

　組織は，組織のリーダーシップ活動とそれらが組織のパフォーマンスに
与える影響との相互関係を実証するための，明確な枠組みをもつことが望
ましい．これによって，組織はそのリーダーシップ活動の強み・弱みを分
析することができるようになる．

10 組織のパフォーマンスの分析及び評価　　177

(3) 推奨事項の解説

① 組織のパフォーマンス分析から課題の特定ができるようにする

推奨事項のa)～d)は好ましくない状況に関する課題を，e)～f)は好ましい状況に関する課題を示している．それぞれの課題の内容をもう少し説明すると次のようになる．

- 不十分又は非効果的な資源に関する課題としては，例えば，人員が不足している，設備が不足している，不適合品が多発し手直しに時間を要している，自動化できる作業を人手で行っているなどがある．

- 不十分又は非効果的な力量，組織の知識，並びに不適切な行動に関する課題としては，例えば，資格者が不足している，簡単な作業をベテランが行っている，○○プロセスに関する技術が不足している，うっかり間違いが多い，問題が上司に報告されないなどがある．

- 十分に取り組めていないリスク及び機会についての課題は，設備故障に対する未然防止が行えていない，自然災害発生時の事業継続計画がない，工程能力が不足しているなどがある．

- リーダーシップ活動（箇条7，8，9，11）に関する弱みとしては，例えば，上位の目標と下位の目標がつながっていない，工程異常の検出・処置の取組みが徹底していない，人々の能力を向上するための教育・訓練が計画的に行われていない，改善活動が活発でないなどがある．

- リーダーシップ活動に関して，伸ばす必要のありそうな潜在的な強みとしては，改善活動が活発に行われているが，発生した問題の解決に関するものが多いので，未然防止の活動を強めていきたいなどがある．

- 他のプロセスの改善に役立つモデルになるような，飛びぬけて優れているパフォーマンスを生み出しているプロセス及び活動に関する課題としては，自組織で活動に取り組み大きな成果が得られたので，これを関連会社，供給者，パートナに広げていきたいなどがある．

② 組織のリーダーシップ活動とそれらが組織のパフォーマンスに与える影響との相互関係を実証するための，明確な枠組みをもつことが望ましい

178　　　　　　第 3 章　ISO 9004 の解説

活動に関する課題を明らかにするためには，様々な情報の関連性を分析することが必要となる．規格の図 1 は様々なリーダーシップ活動の相互関係を示しているが，様々な活動がどのような形で結び付いて組織のパフォーマンスを生み出すのかについての考え方を明確にし，これに沿って活動とパフォーマンスの関係を分析し，課題を明らかにするのがよい．デミング賞等の品質賞で用いられている評価のフレームワークなども参考にするとよい．

(4) 推奨事項に基づく実践

活動について集めた様々な情報を基に，"分析"を行うことが大切である．ここでいう分析とは，パフォーマンスとその原因である組織の活動とを関連付け，組織の活動について今後見直し，強化を図るべき点を明らかにすることである．これにより，改善及び革新につなげることが可能となる．

分析を行うに当たっては，統計的方法や他の科学的な手法なども活用しながら，論理的に結論を導き出すことが大切である．また，分析の前提として，それぞれのパフォーマンスをニーズ及び期待と対比したり，目標と対比したり，改善傾向を把握したりして，評価すること，すなわち良い悪いを判定することが必要となる（評価については箇条 10.4 に具体的な推奨事項が記されている）．さらに，事実に基づいた分析を徹底的に行うためには，要員の分析能力の向上を図る必要がある．

10.4　パフォーマンス評価

(10.4.1～10.4.2) パフォーマンス評価の視点と評価結果が悪い場合の分析
(1) 目 的

パフォーマンスを評価する，すなわち良い悪いを判定する場合には，どのような視点から評価するのかがポイントとなる．ここでは，利害関係者のニーズ及び期待を満たしているか，目標を達成しているか，改善しているかなど，パフォーマンスを評価する場合の視点，さらには評価の結果がよくない場合にどのような分析を行うべきかを示している．なお，パフォーマンスを評価する場

10　組織のパフォーマンスの分析及び評価　　179

合，優れた組織や部門が達成しているものと比較することも大切となるが，これについては，次の箇条 10.4.3〜10.4.6 で述べられている．

(2) 推奨事項

――― **JIS Q 9004：2018** ―――

10.4　パフォーマンス評価

10.4.1　組織のパフォーマンスは，利害関係者のニーズ及び期待という視点から評価することが望ましい．ニーズ及び期待からの逸脱が見つかった場合，パフォーマンスに影響を与えるプロセス及びその相互作用を特定し，分析することが望ましい．

10.4.2　組織のパフォーマンスの結果は，該当する目標（**7.3** 参照）及び目標について事前に決定された基準に照らして評価することが望ましい．目標が達成されていない場合には，その原因を調査し，必要に応じて，組織の方針，戦略及び目標の展開，並びに組織の資源のマネジメントについて，適切なレビューを行うことが望ましい．同様に，目標を超過している場合には，パフォーマンスを維持するため，それが可能になった要因を分析することが望ましい．

　トップマネジメントは，評価の結果を理解することが望ましい．パフォーマンスについての特定されたあらゆる未達成は，組織の方針，戦略及び目標に対する影響に基づき，是正処置のために優先付けすることが望ましい．

　組織のパフォーマンスについて達成された改善を，長期的な展望から評価することが望ましい．改善の程度が期待されるレベルと合っていない場合には，組織は，改善及び革新に関する，組織の方針，戦略及び目標の展開，並びに人々の力量及び積極的参加について，レビューすることが望ましい．

180 第3章 ISO 9004 の解説

(3) 推奨事項の解説

① 組織のパフォーマンスは，利害関係者のニーズ及び期待という視点から評価することが望ましい

規格の図1にも示されているように，組織は，顧客及びその他の密接に関連する利害関係者のニーズ及び期待を満たすよう品質マネジメントを実践していく必要がある．したがって，組織のパフォーマンスを評価する場合の第1の視点は，これらのニーズ及び期待を満たしているかどうかである．例えば，クレーム・苦情や組織内の不適合品などの発生が多いかどうか，顧客満足度，後工程満足度，従業員満足度などが高いかどうかなどを評価することが対応する．このような評価は，箇条8.4.1～8.4.2で述べられている，効果的及び効率的にプロセスをマネジメントするための活動と対応している．

② ニーズ及び期待からの逸脱が見つかった場合，パフォーマンスに影響を与えるプロセス及びその相互作用を特定し，分析することが望ましい

利害関係者のニーズ及び期待を満たしていないということは，ニーズ及び期待を把握し，満たすように関連する一連のプロセスを適切にマネジメントできていないからである．特定の利害関係者及びそのニーズ及び期待を軸に，関連するプロセスを特定した上で，その実施状況を見直し，ニーズ及び期待を把握し，満たすためにどのような活動が行われているのか，どこに不十分なところがあるのかを明らかにする必要がある．

③ 組織のパフォーマンスの結果は，該当する目標及び目標について事前に決定された基準に照らして評価することが望ましい

パフォーマンスを評価する場合の第2の視点は，目標を達成しているかどうかである．従来よりも高い目標を立てている場合には，それを達成するための改善及び革新の活動を計画し，実施する必要がある．また，従来と同じくらいの目標を立てている場合には，従来どおりに活動を行うための計画を立て，実施する必要がある．いずれの場合も，目標が達成されなければ，対応する計画又はその実施に不十分な点があったと考え，原因を明らかにする必要がある．例えば，従来よりも高い目標を立てて活動に取り組んだものの未達成になった

10　組織のパフォーマンスの分析及び評価　　　181

場合には，目標を達成するための方策の展開を形式的に行っていないか，展開に基づいて立てた実行計画が資源の不足により実施できていないことがないかなどを追究する必要がある．このような評価は，箇条8.4.3で述べられている"より高いパフォーマンスを達成するため活動"及び箇条8.4.4～8.4.5で述べられている"達成されたパフォーマンスのレベルを維持するため活動"と対応している．

④　**目標を超過している場合には，パフォーマンスを維持するため，それが可能になった要因を分析する**

　目標の達成状況を評価する場合，未達成だけでなく過達（目標を大きく上回る場合）についても分析が必要である．過達したということは，外部環境の好転でよくなったか，行ったプロセスが予想以上に効果的・効率的であったかである．なぜ予想以上のよい結果が得られたのかを分析し，よくなった原因が継続されるようにするのがよい．

⑤　**パフォーマンスの未達成は，組織の方針，戦略及び目標に対する影響に基づき，是正処置のために優先付けする**

　目標が達成できていない事象は，組織の様々な部門・階層で生じるし，一つの職場に限っても複数の未達成が起こるのが普通である．したがって，トップマネジメントや上位の管理者が，これらに対して処置をとるためには，その全体像を理解する必要がある．様々な未達成の原因を追究し，処置をとる場合，それが組織の方針，戦略及び目標にどの程度の影響を与えるのかを考え，優先順位を考えることが大切である．

⑥　**組織のパフォーマンスについて達成された改善を，長期的な展望から評価することが望ましい**

　パフォーマンスを評価するもう一つの視点は，長期的に見たとき改善が行われているかどうかである．改善の傾向が見られない場合，改善しているもののそのスピードが期待するレベルと合っていない場合には，組織の方針，戦略及び目標を策定し，それを組織の階層に従って展開し，様々な部門・階層で取り組んでいる改善及び革新の活動がうまく機能していないということである．こ

のため，方針，戦略及び目標の展開が適切かどうか，それに基づく改善及び革新の活動に多くの人々が参加し，取り組んでいるかどうかを見直す必要がある．

(4) 推奨事項に基づく実践

① 組織のパフォーマンスを評価し，うまくいっていないことを顕在化させる

パフォーマンスを評価する目的は，悪さを顕在化させ，改善及び革新につなげることである．ただし，一般に，人々はうまくいっていないことを隠そうとする．したがって，このような意識を乗り越え，うまくいっていないことを顕在化させる工夫があらゆる部門・階層で徹底される必要がある．このためには，パフォーマンス指標を定めるだけではだめで，ここで述べられているような，a) 利害関係者のニーズ及び期待を基に評価する，b) 目標と対比し未達成や過達を明確にする，c) 長期的な改善傾向を把握するなどの視点と，対応する判定基準を明確にしておくのがよい．

② うまくいっていない原因を追究する

うまくいっていないことを顕在化させたら，なぜそうなったのかという原因を追究・特定することで改善や革新につながる．これは，管理図の異常時の処置と同じ考え方である．この場合，パフォーマンスやうまくいっていないことと対応するプロセスは何かを考え，プロセスの能力の弱みを明確にすることが大切である．うまくいっていないことは，a) 利害関係者のニーズ及び期待を満たせていない，b) 目標の未達成や過達，c) 長期的な改善傾向の不足などに分けられるが，これらに対応したプロセスの分析が必要である．このうち，a) については，品質，コスト，納期・量，環境，安全など，経営要素に着目し，関連するプロセスをシステムとして捉え，横断的に分析することが大切である．他方，b) については，方針管理や日常管理の活動と対応付けることが大切である．さらに，c) については，改善，学習及び革新の推進や人々の参画に着目することが大切である．このような取組みを徹底することで，うまくいっていないことの原因を特定でき，次の計画や実施へのフィードバックができる．

10　組織のパフォーマンスの分析及び評価　　　183

（10.4.3～10.4.6）ベンチマーキングによるパフォーマンス評価

(1) 目 的

　組織のパフォーマンスを評価する方法としてベンチマーキングがあり，これをパフォーマンスの測定及び分析の手法の一つとして活用することが効果的である．ここではベンチマーキングに関する推奨事項を述べている．なお，ベンチマーキングは，パフォーマンス評価だけに適用されるものではないが，パフォーマンス評価と関連付けて実施することが効果的である．

(2) 推奨事項

―― **JIS Q 9004：2018** ――

10.4.3　組織のパフォーマンスを，確立した又は合意したベンチマークと比較することが望ましい．ベンチマーキングとは，組織が，そのパフォーマンスの改善及び革新的実践を目指して，組織内外のベストプラクティスを模索するために利用することができる測定及び分析の手法である．ベンチマーキングは，方針，戦略及び目標，プロセス及びその運用，製品及びサービス，又は組織構造に適用し得る．

10.4.4　組織は，次のような項目に関する取決めを定めたベンチマーキングの方法論を確立し，維持することが望ましい．

a)　ベンチマーキングの適用範囲の定義

b)　あらゆる必要なコミュニケーション及び機密保持に関する方針だけでなく，ベンチマーク先を選定するためのプロセス

c)　比較する特性に対する指標及び使用するデータの収集法の決定

d)　データの収集及び分析

e)　パフォーマンスのギャップの特定及び改善の可能性のある領域の提示

f)　対応する改善計画の策定及び監視

g)　蓄積された経験の組織の知識基盤及び学習プロセスへの取込み（**11.3**参照）

10.4.5 組織は，次のような様々な種類のベンチマーキングの実践を検討することが望ましい．

a） 組織内での活動及びプロセスについての内部ベンチマーキング

b） 競合他社とのパフォーマンス又はプロセスについての競争的ベンチマーキング

c） 無関係な組織との戦略，運用又はプロセスの比較による，一般的なベンチマーキング

10.4.6 ベンチマーキングプロセスを確立する場合，組織は，ベンチマーキングの成功が次のような要因に依存している点を考慮することが望ましい．

a） トップマネジメントからの支援（組織とそのベンチマーク先との間の相互の知識交流を伴うため）

b） ベンチマーキングの適用に用いる方法論

c） 便益対コストの見積り

d） 組織の現状との正確な比較を可能にするための，調査対象の特性の理解

e） 明確にしたあらゆるギャップを埋めるための教訓の実施

---

(3) 推奨事項の解説

① **組織のパフォーマンスを，確立した又は合意したベンチマークと比較することが望ましい．ベンチマーキングは，方針，戦略及び目標，プロセス及びその運用，製品及びサービス，又は組織構造に適用し得る**

パフォーマンスを評価する最後の視点は，優れたものとの比較である．ベンチマーキングとは，改善及び革新を実施する場合に，ある分野でクラス最高水準の業績を上げているものを比較の基準に設定し，それを目指して自組織の現状の改善及び革新を行うツールである．このような比較の基準はベンチマーク

と呼ばれる．ベンチマークの本来の意味は，測量において用いる水準点のことであるが，その後，比較のための基準を表すようになった．組織のパフォーマンスとベンチマークとを比較することで，改善及び革新の必要な領域を明らかにすることができる．

　ベンチマーキングを行うためには，まず対象を明確にする必要がある．ベンチマーキングの対象には，方針，戦略及び目標，プロセス及びその運用，製品及びサービス，組織構造など，様々なものがあり得る．例えば，製品のベンチマーキングでは，ベンチマーク先の製品特性と自組織の製品特性を比較し，その強み・弱みを分析し，その結果に基づいて，強みを更に向上させ，弱みを強くするための技術開発に取り組むことで，製品の改善及び革新につなげることができる．

② **ベンチマーキングの方法論を確立し，維持する**

　ベンチマーキングを行うに当たっては，次に示す項目等を検討し，実施のための方法論を定めて実施することが大切である．

- ベンチマーキングの対象を何にするのか
- ベンチマークをどのようにして選ぶか．また，そのための関係する組織とのコミュニケーションや機密保持をどのようにして行うか
- ベンチマークと自組織のものを比較する際に，どのようなパフォーマンス指標を用いるのか，指標に関連するデータをどのようにして収集するか．どの程度の量，期間のデータを集め，どのような方法で分析するか
- どのようにパフォーマンスのギャップを特定し，改善の可能性のある領域を明確にするか
- どのように改善計画を策定し，その実施状況を監視するか
- ベンチマークから得られた新たな知識を，どのように組織の知識基盤へ組み込むか，箇条11.3で述べられているような学習プロセスにおいてどのように活用するか

③ **様々な種類のベンチマーキングの実践を検討する**

　ベンチマークの種類には，次に示すように，組織の内部だけで行うもの，外

部の情報を活用するものなど様々な形があるので，実施に当たってはこれらを考慮した上で，どのような形でベンチマーキングを行うのがよいのか検討するのがよい．

- 組織内の各部門で行われている活動を調査し，優秀な事例をベンチマークにする．
- 自組織と競争関係にある組織の中で上位の組織を対象にして，パフォーマンスや効果的・効率的なプロセスの構築・維持についての比較を行う．
- 自組織とは異なる業種や分野の中で優れた成果を収めている組織を対象にして，戦略，運営又はプロセスについての比較を行う．

④ ベンチマーキングプロセスを確立する場合，ベンチマーキングの成功に関係する要因を考慮する

ベンチマークの成功は，a)～e) に示されているようないろいろな要因が関係する．ベンチマーキングを効果的で効率的なものにするために，これらの要因を考慮するのがよい．

- ベンチマーキングでは，ベンチマークとする組織の協力が不可欠なので，トップマネジメントがベンチマーク先のトップマネジメントへ依頼することでスムーズに事が運べる．
- ベンチマーキングを行う方法には，数値化された情報を用いた比較，モノや活動を調べ直接比較する方法などの様々なものがある．
- ベンチマーキングには費用が伴うので，費用や効果を見積もり，費用対効果を考える必要がある．
- 比較しようとしてものが全く同じ特性をもっている場合は少ない．このような特性の違いを理解しないまま形式的な比較を行うと誤った結論を導くことになる．

ギャップを明らかにしてもその原因を明らかにし，ギャップを埋めるための活動を行わなければ効果は得られない．

10 組織のパフォーマンスの分析及び評価　　187

(4) 推奨事項に基づく実践

ベンチマーキングは，次のステップで行うとよい．

① ベンチマーキングの適用範囲を決定する

ベンチマークすべき製品，プロセス，パフォーマンス，ビジネスモデルなどの対象を決める．

② ベンチマーク先の選定並びに必要なコミュニケーション及び機密保持に関する方針のためのプロセスを明確にする

広い視野をもって様々な情報（デミング賞の受賞報告書，各種シンポジウムの発表事例，経済に関する雑誌，第三者が行っている製品結果など）を集めて分析を行い，ベンチマーク先を決定する．ベンチマーク先との協力関係が結ばれた場合には，どのような手順で実施するのか，機密保持契約の取決め等に関するプロセスを明確にする．

③ 比較する特性に対する指標及び使用するデータの収集方法を決定する

同じ名前の指標であっても組織によっては定義が異なる場合があるので，データを収集する際には注意が必要である．例えば，設備稼働率の分子が製品の生産時間数，分母が工場稼働日の総時間数としている場合や，分子が製品の生産時間数，分母が定期保守時間を除外した工場稼働日の総時間数としている場合などがある．

④ 製品，プロセス，パフォーマンス，ビジネスモデルなどのギャップを特定し，改善・革新の可能性のある領域を提示する

ギャップ分析を行い，ベンチマークとの特性や能力の違いを考慮して改善及び／又は革新の可能性のある領域を決定する．

⑤ 対応する改善・革新計画を策定し，マネジメントする

当該領域を改善・革新するための具体的な計画を策定し，それに沿って実施するとともに，その進捗や効果を把握し，必要な処置をとる．

188   第 3 章　ISO 9004 の解説

10.5　内部監査

(1)　目　的

パフォーマンス指標を用いて評価を行い，活動について今後見直し，強化を図るべき点を探り出すことは大切であるが，活動そのものを直接見ることも，今後見直し，強化を図るべき点を探り出す上で役立つ．ISO 9000:2015（JIS Q 9000[1]）では，監査を"監査基準が満たされている程度を判定するために，客観的証拠を収集し，それを客観的に評価するための，体系的で，独立し，文書化したプロセス"と定義している．監査には顧客や第三者により行われるものもあるが，内部監査は組織自身によって行われる監査である．内部監査では，定められている規定や手順どおりに活動が行われているか，行われている活動が効果的・効率的なものになっているかなどについて調査を行う．ここでは，内部監査を行う場合の推奨事項を述べている．

(2)　推奨事項

──── JIS Q 9004:2018 ────

10.5　内部監査

内部監査は，選定された基準に対する組織のマネジメントシステムの適合のレベルを明確にするための効果的なツールである．それによって，組織のパフォーマンスを理解し，分析し，改善するために貴重な情報が得られる．内部監査は，組織のマネジメントシステムの実施，有効性及び効率を評価することが望ましい．これには，複数のマネジメントシステム規格に対する監査，及び利害関係者，製品，サービス，プロセス又は特定の課題に関連する固有の要求事項を取り扱う監査を含むことができる．

効果的な内部監査のために，内部監査は，組織の監査計画に従って力量のある人々が，整合性のある方法で実施することが望ましい．監査は，実施していることに対して独立性をもった視点を与えるために，評価の対象となっている活動に関与していない人々が実施することが望ましい．

内部監査は，以前に特定された問題及び不適合の解決に関する進捗状況を監視するだけでなく，問題，不適合，リスク及び機会を特定するための効果的なツールである．また，内部監査は，優れた実践の特定及び改善の機会に焦点を合わせることもできる．

　内部監査のアウトプットは，次の事項に役立つ情報源を提供する．

a） 問題，不適合及びリスクへの取組み

b） 機会の特定

c） 組織内の優れた実践の普及

d） プロセス間の相互作用に関する理解の向上

　内部監査の報告は，通常，与えられた基準への適合，不適合及び改善の機会に関する情報を含む．また，監査報告書は，マネジメントレビューへの必要不可欠なインプットである．トップマネジメントは，組織全体にわたる是正処置を必要とするような傾向及び改善の機会を特定するために，全ての内部監査の結果をレビューするプロセスを確立することが望ましい．

　組織は，是正処置のためのフィードバックとして，第二者監査及び第三者監査のような他の監査の結果を活用することが望ましい．また，そうした監査結果を，不適合の解決を容易にすることを意図した，又は特定された改善の機会を実施するための，適切な計画の実施における進捗状況を監視するために，活用することもできる．

　　　注記　マネジメントシステム監査に関する追加の手引については，
　　　　　JIS Q 19011 を参照．

　(3) 推奨事項の解説

① **内部監査は，組織のマネジメントシステムの実施，有効性及び効率を評価することが望ましい**

　内部監査では，マネジメントシステム，すなわち"方針及び目標，並びにその目標を達成するためのプロセスを確立するための，相互に関連する又は相互

に作用する，組織の一連の要素”が規定や手順どおりに実施されているか，狙ったとおりの結果が得られているか，達成された結果と使用された資源との関係から見て無駄の多い活動になっているかを評価するのがよい．

② **複数のマネジメントシステム規格に対する監査，及び利害関係者，製品，サービス，プロセス又は特定の課題に関連する固有の要求事項を取り扱う監査を含むことができる**

内部監査の基準となり得るマネジメントシステム規格には，ISO 9001，ISO 14001，ISO/IEC 27001，ISO 45001 など様々なものがある．また，利害関係者，製品，サービス，プロセス又は特定の課題に関連する固有の要求事項がある場合も少なくない．これらの要求事項について別々に内部監査を行うのではなく，複数の要求事項を総合的に捉えて監査を計画・実施するのが効率的である．

③ **内部監査は，組織の監査計画に従って力量のある人々が，整合性のある方法で実施することが望ましい**

監査は思いつきで行っても効果はない．監査の目的，範囲及び手順を明確にした計画を立て，意図した結果を達成するための知識及び技能，並びにそれらを適用する能力をもった監査員が，一貫性のある方法で行うことが大切である．このためには，監査員の育成を含めた監査プログラムを確立し，それを基に監査をマネジメントするのがよい．

④ **内部監査は，以前に特定された問題及び不適合の解決に関する進捗状況を監視するだけでなく，問題，不適合，リスク及び機会を特定する**

内部監査では，前回の監査の指摘事項への対応状況を評価する．ただし，これだけに限定するのではなく，監査対象となっている部門・チーム（被監査者）が現在抱えている問題は何か，要求事項を満たしていない活動は何か，このままの状態で活動を継続すると好ましくない影響を与えそうなものは何か，現在の活動で改善できるものは何かなどを特定するのがよい．

⑤ **監査報告書は，マネジメントレビューへの必要不可欠なインプットである**

監査報告書は，トップマネジメントが組織の品質マネジメントについて見直

10　組織のパフォーマンスの分析及び評価　　191

し，強化すべき点を把握するための貴重な情報となるので，事実に基づいた報告を行うことが大切である．また，監査プログラムの問題点についても報告することが内部監査プロセスの改善につながる．

(4) 推奨事項に基づく実践

内部監査は，次のステップで行うと効果的である．

① 内部監査の目的を明確にする

内部監査を実施するには，次に示すような目的を明確にする必要がある．目的を明確にすることによって，内部監査を受ける人及び行う人の内部監査の重要性に関する認識を高めることができる．

- 被監査者のマネジメントシステム又はその一部の，監査基準への適合の程度の判定
- 法令，規制及び契約上の要求事項への適合を確実にするためのマネジメントシステムの能力の評価
- 特定の目的を満たす上での，マネジメントシステムの有効性の評価
- マネジメントシステムの改善が可能な領域の特定

② 方針，戦略及び目標を考慮した内部監査計画を策定する

方針，戦略及び目標は，中長期を見通したものになっているので，内部監査もこのことを考慮した計画を策定する必要がある．この内部監査計画には，監査目的，監査時期などを明確にする．なお，内部監査の時期は，事業計画との整合性を考慮し，事業計画の進捗状況を考慮した計画を策定する．例えば，新製品の設計・開発時期が5月から9月，製造が10月から開始の場合には，設計・開発プロセスの内部監査の時期を9月，製造プロセスの時期を10月にすることで，効果的な内部監査を実施できる．

③ 監査チームを選定する

監査を受ける部門・チームと独立しており，その部門・チームの業務を理解しかつ監査に関する能力のある内部監査員を選定し，監査チームを編成する．内部監査員はマネジメントシステムや監査を受ける部門・チームが行っている

192   第 3 章　ISO 9004 の解説

マネジメント活動を監査する必要があるので，一般的に次に示すような能力が
必要である.

- 業務知識：業務を行うためのプロセス及びその運営管理に関する知識
- 品質マネジメントの原則：品質第一，顧客志向，プロセス重視，重点志向，
  事実に基づく管理，管理のサイクル，ばらつきの管理，変化点管理，見え
  る化などの考え方及び応用に関する知識
- プロセスの設計方法：業務機能展開などでプロセスのインプット，プロセ
  スの資源・活動・管理，プロセスのアウトプットを明確にする方法に関す
  る知識
- 管理・改善のための管理技術：是正処置，未然防止，QC ストーリー，方
  針管理，日常管理などの知識
- 組織で使用している統計的方法の知識
- 標準化に関する知識
- ISO 9001，ISO 9004，ISO 14001 などのマネジメントシステム規格の
  知識
- 内部監査技法：事前準備の方法，チェックシート及びチェックリストの使
  い方，質問の仕方，事実の確認の仕方，記録の書き方などの知識

④　**監査チームリーダーが，監査個別計画を立案する**

　監査チームのリーダーは，監査員の役割分担を含め，当該の監査に関する全
体的な計画を立てる.

⑤　**監査の確認事項を抽出する**

　監査員は，監査を行う部門・チームが行っているプロセスの実施状況を事前
に把握する.

⑥　**被監査者との初回ミーティングを行う**

　監査の目的，監査対象，監査時間などの確認を行う.

⑦　**監査個別計画に基づいて監査する**

　監査では，前回の監査で特定された不適合の是正処置の進捗状況，問題，リ
スク及び機会について調査する.

10 組織のパフォーマンスの分析及び評価 193

⑧ **監査結果をチームでまとめる**

　監査結果においては，監査基準に対する適合，不適合，問題，リスク及び機会を明確にする．

⑨ **被監査者との最終ミーティングを行う**

　被監査者に監査結果を報告し，承認を得る．

⑩ **監査報告書を作成する**

　最終ミーティングで説明した内容を文書化し，報告する．

⑪ **監査結果の分析を行い，トップマネジメントへ報告する**

　監査プログラムを所管する部門が，監査結果の分析を行い，トップマネジメントへ報告する．分析では，監査した結果からプロセスパフォーマンスに関する強み・弱みを明確にする．

10.6　自己評価

(1) 目　的

　組織が様々な環境変化に適応して持続的成功を収めていくためには，変化に対応できる，変化を生み出せる組織能力が備わっている必要がある．このため，持続的成功を図るためには，自組織のマネジメント活動の成熟度を評価し，着実に向上していくことが大切である．自己評価は，組織の成熟度に関する，組織の活動及びパフォーマンスの包括的及び体系的レビューのためのツールであり，組織のマネジメント活動の強み・弱み及びベストプラクティスを明確にするために，組織自身で行うものである．ここでは，自己評価を行う場合の推奨事項を述べている．

(2) 推奨事項

──── **JIS Q 9004:2018** ─

　10.6　自己評価

　自己評価は，組織全体のレベル及び個々のプロセスレベルの両方における，組織のパフォーマンスの強み・弱み及びベストプラクティスを明確に

194   第 3 章　ISO 9004 の解説

するために利用することが望ましい．自己評価は，必要に応じて，組織が，
改善及び／又は革新の優先順位を付け，計画し，実施することの手助けと
なり得る．

　プロセスが相互依存している場合には，マネジメントシステムの要素を
独立して評価しないほうがよい．これによって，要素と，要素が組織の使
命，ビジョン，価値観及び文化に与える影響との関係を評価できるように
なる．

　自己評価の結果は，次の事項を支援する．

a)　組織の全体的なパフォーマンスの改善

b)　組織の持続的成功の達成及び維持に向けた進展

c)　必要に応じた，組織のプロセス，製品及びサービス並びに組織構造の
　　　革新

d)　ベストプラクティスの認知

e)　改善のための更なる機会の特定

　自己評価の結果は，組織及びその今後の方向性についての理解を共有す
るのに利用するため，組織内の関連する人々に伝達することが望ましい．

　この規格に基づいた自己評価ツールを，**附属書 A** に記載する．

(3)　推奨事項の解説

① **自己評価は，組織全体のレベル及び個々のプロセスレベルの両方における，**
　 組織のパフォーマンスの強み・弱み及びベストプラクティスを明確にするた
　 めに利用することが望ましい

　自己評価は，組織が実施しているマネジメント活動について，組織が定めた
組織能力についての基準に基づいて全体及び要素ごとの評価を行い，成熟度レ
ベルを判定し，その強み・弱みを明確にするツールである．ここでいうベスト
プラクティスとは，組織の様々な部門の中で行われている中で，他の部門が参
考にするとよい事例のことである．

10　組織のパフォーマンスの分析及び評価　　195

② **自己評価の結果は，次の事項を支援する**

　自己評価の結果を用いることで，促進されるものがa)～e) の5項目にまとめられている．

- 自己評価は，その結果を基に，マネジメント活動を総合的に捉えて改善・革新することで，組織の全体的なパフォーマンスの改善を達成するのに役立つ．
- 自己評価によって現在の成熟度レベル，次に進むべき成熟度レベルが明確になり，次のステップへの足がかりとなる．
- 改善・革新を図るべき個別のプロセス，製品及びサービス，組織構造などを特定する際の情報として活用できる．
- 組織の多くの部門が行っている活動の中で，他の部門の参考になるベストプラクティスを特定するのに役立つ．
- 自己評価では，マネジメント活動及び関連するプロセスの強み・弱みを特定できるので，改善の機会を明確にすることができる．

(4) 推奨事項に基づく実践

　自己評価は，次のステップで行うと効果的である．

① **自己評価の基準を決める**

　成熟度レベルを何段階にするのか（ISO 9004 の附属書Aに示された5段階の一般モデルを採用するのか，それともこれ以外の段階を採用するのか）を決める．次に基準（ISO 9004 の附属書Aに示された基準の一般モデルを採用するのか，この基準に追加，修正するのか，新たな基準を作成するのか）を決める．

　ISO 9004 の附属書Aの一般モデルを採用しない場合には，成熟度レベルと基準を設計する．

② **自己評価の責任者及び自己評価の実施時期を決める**

　自己評価の責任者は，自己評価の範囲で決まってくる．自己評価の対象がISO 9004 の箇条全てが対象の場合には，これらの要素に責任をもっている人

が責任者になるとよい．例えば，中小企業であれば，トップマネジメント又は
それに準じる人が該当する．

自己評価の時期は，自己評価の結果がマネジメント活動を見直すためのイン
プットとなることから，マネジメント活動を見直す時期がいつなのかを考慮す
るとよい．また，自己評価結果を基に改善・革新を計画するので，方針，戦略
及び目標を策定する時期の前に完了しなければならないことを踏まえて決める
とよい．

③ **自己評価の方法，自己評価者及び自己評価の支援者を決定する**

自己評価は，部門横断的なチームで行うのか，個人で行うのかを決める．
チームで行う場合には，適切な判断を行うために，自己評価対象の要素を理解
している人を選定する．また，自己評価に精通している人を自己評価の支援者
とすることで，より適切な自己評価を行うことが可能になる．

④ **自己評価対象の要素の成熟度レベルを決定する**

組織が策定した自己評価表と現在の活動との比較を行う．まず，レベル1に
示された該当する基準と現在の活動とを比較し，その基準を満たしている場合
には，その基準にマーキングを行う．レベル1に示された全ての基準を満た
している場合には，次にレベル2の基準と現在のパフォーマンスとの比較を
行う．このような方法で，順次レベルを上げて自己評価を行う．あるレベルの
多くの基準と現在の活動とが一致した場合，そのレベルが現在の成熟度になる．

決定した成熟度レベルにおける活動の強み・弱みを明確にする．

⑤ **自己評価結果を報告書にまとめる**

自己評価結果は，改善及び/又は革新のためのインプットとなる．また，自
己評価した要素の成熟度レベルがどのように変化してきたのかを時系列で分析
できる．この結果はグラフ化することで，関係者の理解が得られやすい．

⑥ **改善及び/又は革新すべき領域を特定する**

自己評価結果から，改善及び/又は革新すべき領域を特定する．自己評価が
完了し，改善及び/又は革新すべき領域を特定した場合には，これを基に改善
及び/又は革新計画を策定する．

10 組織のパフォーマンスの分析及び評価 　197

⑦ **自己評価から得られた情報を活用する**

自己評価から得られた情報，次の事項のために活用する．

- 組織全体で自己評価した要素を各部門間で比較し，その活動状況を互いに学習する．
- 定期的に自己評価を行うことで，長期間にわたって成熟度レベルがどのように進化してきているのかを把握する．
- 改善及び/又は革新の領域を特定することで，優先順位を付ける．

10.7 レビュー

(1) 目　的

ISO 9001 ではマネジメントレビューだけに焦点が当たっているが，トップマネジメントだけが今後見直し，強化を図るべき点を理解するだけでは不十分である．組織の適切な階層及び部門全てにおいてレビューが行われ，マネジメント活動について今後見直し，強化を図るべき点が組織の内部で共有されてはじめて，次の方針，戦略及び目標の策定やそれらに基づく活動が適切に行われる．ここでは，箇条 10.1〜10.6 で述べてきた評価や分析を総合し，マネジメント活動の見直し・強化，組織における改善，学習及び革新の促進，方針，戦略及び目標の改訂につなげるための推奨事項を述べている．

(2) 推奨事項

──── **JIS Q 9004:2018** ────

10.7　レビュー

パフォーマンスの測定，ベンチマーキング，分析及び評価，内部監査並びに自己評価についてのレビューを，組織の適切な階層及び部門，並びにトップマネジメントが実施することが望ましい．レビューは，その傾向を明確にできるよう，また，組織の方針，戦略及び目標の達成へ向けた進捗状況を評価するために，あらかじめ定められた，定期的な間隔で実施することが望ましい．レビューにおいては，組織の使命，ビジョン，価値観及

198   第 3 章   ISO 9004 の解説

び文化との関連における適応性，柔軟性及び応答性の側面を含め，それまでに実施した改善，学習，革新活動の診断及び評価に取り組むことが望ましい．

　組織は，その方針，戦略及び目標を適応させる必要性を理解するため，レビューを利用することが望ましい（箇条 **7** 参照）．また，レビューは，組織のマネジメント活動の改善，学習及び革新の機会を明確にするために利用することが望ましい（箇条 **11** 参照）．

　レビューによって，証拠に基づく意思決定及び望ましい結果を達成するための処置の策定を可能にすることが望ましい．

(3)　推奨事項の解説

① **パフォーマンスの測定，ベンチマーキング，分析及び評価，内部監査並びに自己評価についてのレビューを実施する**

　各階層及び各部門，並びにトップマネジメントは，箇条 10.1〜10.4 で述べた，ベンチマーキングを含むパフォーマンスの分析及び評価から得られた情報，箇条 10.5 で述べた内部監査から得られた情報，箇条 10.6 で述べた自己評価から得られた情報を総合し，組織のマネジメント活動について今後見直し，強化を図るべき点について明確にする．

② **レビューは，あらかじめ定められた，定期的な間隔で実施する**

　レビューは組織の様々な部門・階層でタイミングよく行う必要がある．このため，あらかじめ時期を定めて，定期的に行うことで，情報の共有・活用が容易になり，迅速な対応を実施することが可能になる．

③ **レビューにおいては，組織の使命，ビジョン，価値観及び文化との関連における適応性，柔軟性及び応答性の側面を含め，それまでに実施した改善，学習，革新活動の診断及び評価に取り組むことが望ましい**

　持続的な成功を収めるためには，変化へ対応できる，変化を生み出せる組織の能力を向上することが重要であり，その意味では，改善，学習及び革新をど

れだけ活発に行えているかが一つのポイントとなる．レビュー結果に基づいて実施された改善，学習，革新が活発に行われているかどうかを診断・評価し，それらの活動を更に活性化するために何を行うべきかを明らかにすることが大切である．

(4) 推奨事項に基づく実践

パフォーマンスの分析・評価，内部監査，自己評価などの結果を活用し，マネジメント活動について今後見直し，改善を図るべき点を明らかにし，その内容を組織の中で共有し，次の活動につなげることが大切である．このためには，4.3節で解説されている方針管理における"期末のレビュー"等の仕組みを活用するのが効果的である．

レビューでは，組織のマネジメント活動について今後見直し，強化を図るべき点を明らかにしなければならない．今のままで十分であるという結論しか出てこないレビューは十分機能しているとはいえない．また，改善，学習及び革新が活発に行えているかどうかの診断及び評価と密接に関連付け，これらの活動を更に活性化するための方策に結び付けることが大切である．さらに，レビュー結果を基に，環境変化に応じて方針，戦略及び目標を改訂することも重要である．

参考文献

1) JIS Q 9000:2015, 品質マネジメントシステム—基本及び用語

箇条 11　改善，学習及び革新

　変化する組織の状況のもとで持続的に成功していくためには，組織の状況を的確に把握し，組織のアイデンティティを踏まえて，方針，戦略及び目標を策定し，その実現に向けプロセスや資源をマネジメントするとともに，組織のパフォーマンスを分析及び評価し，その中で活発な"改善"及び"改革"を行い，その過程を通して"学習"を促進し，得られたノウハウを組織の知識として蓄積・活用していく必要がある．

　"改善（improvement）"は，ISO 9000:2015（JIS Q 9000[1)]）の定義に従えば，"パフォーマンスを向上するための活動"である．パフォーマンスを向上するためには，問題・課題などを発見し，目標を設定し，様々な分析・検討を通じてプロセスやシステムに対する是正処置又は予防処置につなげる活動であり，繰り返し行われることも，又は一回限りであることもあり得る．

　また，"学習（learning）"は，ISO 9000:2015 では定義されていないが，一般の辞書によれば，"経験によって新しい知識・技能・態度・行動傾向・認知様式などを習得すること，及びそのための活動"（広辞苑）である．学習というと個人としての活動をイメージしやすいが，ISO 9004:2018 では，組織としての学習，及び個人の能力を組織の能力に統合する学習に焦点が当てられている．

　他方，"革新（innovation）"は"価値を実現する又は再配分する，新しい又は変更された対象"である．改善や学習を通して結果として生み出されるものであり，一般に，その影響が大きい．革新は結果であるが，革新を生むには，そのためのプロセスをマネジメントすることが必要である．

　箇条 11 で述べられている改善，学習及び革新は，方針・戦略・目標の策定，それに基づくプロセスのマネジメント，資源のマネジメント，組織のパフォーマンスの分析及び評価，さらには改善，学習及び革新自身を変えていくためのインプットを与える．組織の状況を分析した結果に基づいた方針・戦略・目標であっても，組織の状況の変化に伴いその有効性を失う可能性は高い．組織の

11 改善，学習及び革新　　201

状況が予測不可能なレベルで変化していく中では，改善，学習及び革新の対象
は箇条8〜11のプロセスのマネジメント，資源のマネジメント，組織のパ
フォーマンスの分析及び評価，並びに改善，学習及び革新の内容にとどまらず，
時として，箇条7の方針・戦略・目標，あるいは組織のアイデンティティや
品質マネジメントの全体の構造の修正を必要とする場合も出てくる．

　箇条11は，このような改善，革新及び学習に関する推奨事項を述べている
が，箇条8〜10と比較すると，全体を包含したやや抽象度の高い記述となっ
ている．

11.1　一　　般

(1) 目　的

　外部及び内部の課題，並びに利害関係者のニーズ及び期待が絶えず変化する
中で持続的成功を達成しようとすると，製品，サービス，プロセス及びマネジ
メントシステムを変えていくことが必要である．また，このような変化に対応
できる組織の能力を向上することが必要である．ここでは，改善，学習及び革
新の実践に当たっては，まず，このような改善，学習及び革新の果たす役割を
明確に認識することが大切であることを述べている．

(2) 推奨事項

JIS Q 9004:2018

> **11.1　一般**
>
> 　改善，学習及び革新は，相互に依存しており，組織の持続的成功に貢献
> する重要な側面である．これらは，製品，サービス，プロセス及びマネジ
> メントシステムへのインプットを生み出し，望ましい結果の達成に貢献する．
> 　組織は，その外部及び内部の課題，並びに利害関係者のニーズ及び期待
> における変化を絶えず受ける．改善，学習及び革新は，持続的成功の達成
> を支援するだけでなく，組織がその使命及びビジョンを満たすことができ
> るよう，こうした変化に対応する組織の能力を支援する．

第3章
JIS Q 9004
箇条11

202 第 3 章 ISO 9004 の解説

(3) 推奨事項の解釈

① 改善，学習及び革新は，製品，サービス，プロセス及びマネジメントシステムへのインプットを生み出し，望ましい結果の達成に貢献する

　利害関係者のニーズ及び期待を効果的・効率的に満たせないと様々な"望ましくない結果"が生じる．例えば，不適合が発生したり，コストが増加したり，納期に間に合わなかったり，さらには，狙いどおりの売上げが得られなかったり，従業員がやる気を失ったり，供給者やパートナとの連携がうまくいかなかったりする．このような望ましくない結果が発生するのは，その要因である製品，サービス，プロセス，マネジメントシステムなどが適切に設計，実現，運営できていないためである．また，これらの不適切さが生じるのは，製品，サービス，プロセス，マネジメントシステムなどに関わる"組織の知識"が不足している，又はその活用が不十分なためである．

　改善，学習及び革新から新たに得られた組織の知識は，製品，サービス，プロセス，マネジメントシステムなどへのインプットとなり，それらの修正に活かされることによって，望ましい結果の達成に役立てられることになる．

　なお，改善，学習及び革新は，特定の領域に関することではなく，組織のあらゆる結果と活動において考慮すべき事項である．場合によっては，組織のアイデンティティや方針・戦略・目標もその対象範囲に含まれる．

② 改善，学習及び革新は，外部及び内部の課題，並びに利害関係者のニーズ及び期待における変化に対応する組織の能力を支援する

　顧客及び密接に関係する利害関係者のニーズ及び期待，それらを満たすためのシーズは常に変化しており，一般には，成熟社会になるにつれてその変化はますます早くなる．したがって，この変化に対応して，必要な組織の知識を獲得し，それを基に製品，サービス，プロセス，マネジメントシステムなどを変えていくことが求められる．このような変化に対応する能力，変化を生み出す能力が組織に備わっていないと，変化に追随できず，結果として望ましくない結果が発生する．

　製品，サービス，プロセス，マネジメントシステムなどを変えていくのは，

11 改善，学習及び革新　　203

組織やその供給者・パートナで働いている人たちである．したがって，これらの人たちが，協力・連携し，望ましくない結果に着目し，目標を設定し，様々な分析・検討を通じてプロセス／システムに対する是正処置又は予防処置につなげることのできる能力を，個人及び集団としてもっている必要がある．

　ただし，このような能力は，いくら集合研修で教えても身に付けることのできるものではない．改善，学習及び革新に関する基本的な知識やスキルの研修が必要なのは当然であるが，その上で，実際に取り組んで，経験し，その有効性や大切さを実感することが必要である．改善，学習及び革新を組織の中で実践することは，このような場や機会を組織やその供給者・パートナで働く人たちに与え，それらの人たちが改善，学習及び革新に取り組むための能力を獲得することを促進する．これによって，組織に，変化に対応して，必要な改善，学習及び革新を実践できる能力が養われる．

(4) 推奨事項に基づく実践

① トップマネジメントが，持続的成功と改善，学習及び革新の関係を正しく認識し，改善，学習及び革新を重視し，挑戦する組織風土づくりを行う

　組織の状況の変化に迅速に対応するためには，改善，学習及び革新を必要とするタイミングを的確に把握し，改善，学習及び改革を迅速，かつ確実に実施する必要がある．組織は，競争環境の中でその優位性を活かしながら持続的成功を目指し活動しているが，この優位性は何もしていないと状況の変化に伴って刻一刻と希薄化していく．トップマネジメントは，このような持続的成功と改善，学習及び革新の関係を正しく認識し，組織の状況の変化によるリスクの増大や新しく台頭しつつある機会の発見，及びこれらのリスク及び機会への対応の手段として，改善，学習及び革新の重要性を広く組織内に伝達すべきである．トップマネジメントは，組織の現状に対する危機感，改善，学習及び革新の必要性を訴え続け，強烈なビジョンを展開して，改善，学習及び革新を尊ぶ風土を醸成する必要がある．

② 改善及び革新のための仕組みを作り，推進に必要な資源を投入する

204　　　　　　　　第 3 章　ISO 9004 の解説

　組織内で改善及び革新を進めていくには，一人だけの努力では限界がある．
また，これらは自然発生的に推進されるものでもない．このため，組織は，改
善及び革新を奨励し，必要な資源を提供し，また，その改善及び革新に全員が
参画できる仕組みを作るとよい．それらの例としては，以下のようなものが挙
げられる．

- 方針管理：方針・戦略・目標を展開し，取り組むべき問題・課題を明らか
  にすることで，組織的に改善及び革新を進める仕組み（4.3 節参照）
- 小集団改善活動：問題・課題を選定し，複数の人がチームを編成し，自律
  的に運営しながら改善及び革新を進める仕組み（4.4 節参照）
- 提案制度：全員がいろいろなレベルでいろいろな観点から改善及び革新の
  必要性を訴え，その実現を進める仕組み
- 問題登録制度：部門ごと又は職場ごとに，改善及び革新すべき事項を登録
  しそれを進めていく制度

③　**組織として学習を推進する基盤を整備する**

　組織全体の中で，製品，サービス，プロセス，マネジメントシステムなどに
関する有益なノウハウを蓄積していくための仕組みを整備する．それには，
データベースの構築のようなハードウェアの整備だけでなく，成功・失敗事例
を報告するための仕組みや報告様式の整備，それらを整理整頓するスタッフの
配置，さらにはそれらを報告することが評価されるような仕組みと風土づくり，
これらを改善及び革新につなげるための仕組みの構築・運用，改善及び革新を
通して得られたノウハウが製品，サービス，プロセス，マネジメントシステム
などの設計，実現，運営において確実に活用されるようにすることなども含ま
れる．

④　**改善，学習及び革新のための教育を行う**

　改善，学習及び革新を進めていくためには，無手勝流では限界がある．必要
性を把握し，十分な教育を長期的な視野に基づいて進めていくべきである．そ
れぞれの組織において必要な固有技術に関する教育は当然のこととして，例え
ば，第一線の人々を対象とした，QC ストーリーのような問題解決・課題達成

法や，QC 七つ道具のような基礎的な手法の体系的・組織的，継続的な教育が有効であることは既に実証されている．また，他部門の改善，学習及び革新を支援するようなスタッフ部門には，より高度な手法を体得した人材を配置するような教育システムも必要である（4.5 節参照）．

11.2 改　善

(1) 目　的

"改善"という言葉はいろいろな意味で使われるため，誤ったイメージを抱いている人も少なくない．改善を行うためには，まず，改善とは何かについて正しく認識する必要がある．その上で，個々の改善活動を進める上でのポイントを理解すること，組織の中で改善活動が活発に行われるようにしていく上でのポイントを理解することが必要である．ここでは，組織として改善を実践していく上での推奨事項を示している．

(2) 推奨事項

――― JIS Q 9004:2018 ―――

11.2　改善

改善とは，パフォーマンスを向上させる活動である．パフォーマンスは，製品若しくはサービス，又はプロセスと関係し得る．製品若しくはサービスのパフォーマンス又はマネジメントシステムの改善は，組織が，利害関係者のニーズ及び期待を予想し，満たし，経済的効率を上げるために役立ち得る．プロセスの改善は，有効性及び効率の増加につながり，結果として，コスト，時間，エネルギー及び無駄の削減などの便益をもたらし，更には，利害関係者のニーズ及び期待をより効果的に満たすことにつながり得る．

改善活動は，小さな継続的改善から組織全体の大きな改善まで広範囲にわたり得る．

組織は，そのパフォーマンスの分析及び評価の結果を活用して，その製

品又はサービス，プロセス，構造及びマネジメントシステムの改善目標を
定めることが望ましい．

　改善プロセスは，構造化されたアプローチに従うことが望ましい．この
方法論は，全てのプロセスに対して整合して適用することが望ましい．

　組織は，改善が，次の事項によって，組織文化の一部として確立される
ようになることを確実にすることが望ましい．

a）　人々が改善の取組みに参加し，その達成の成功に貢献するための権限
　　委譲

b）　改善を達成するために必要な資源の提供

c）　改善に対する表彰制度の確立

d）　改善プロセスの有効性及び効率を改善するための表彰制度の確立

e）　改善活動へのトップマネジメントの積極的参加

　（中略）

　　注記　改善に関するより詳細な指針を定めた規格として，**JIS Q
　　9024** がある．

(3) 推奨事項の解説

① 改善とは，パフォーマンスを向上させる活動である

　改善は，製品，サービス，プロセス，システム又は組織のマネジメントに関
連した測定可能な結果をより望ましいものにするための活動であり，小さな継
続的改善から組織全体の大きな改善まで様々な範囲のものが含まれる．

　小さな継続的改善としては，非正規社員も含めた現場第一線の従業員によっ
て，職場に密接に関連した問題・課題を対象とし，比較的制限された資源の枠
内で行われるものがある．このような小さな継続的改善は，職場の隅々に隠れ
ている問題・課題の解決・達成によって直接的な効果が上がるだけでなく，そ
のような活動を通して，それに携わる人々が成長し，モチベーションが高まり，
職場自体が明るく活気のあるものとなるのに役立つ．日本で生まれ，世界中の

国々に広がった QC サークル活動などはその典型的な例である.

　他方，その実施や効果が組織全体に関わるような大きな改善もある. この種の改善は，トップマネジメントや上位の管理者のリーダーシップにより，組織の方針・戦略・目標を達成する上でその解決・達成が必要になるような問題・課題を取り上げ，関連する複数の部門が連携して行われる.

　小さな継続的改善から組織全体の大きな改善までの広範囲の改善が行われることが重要であり，一方に偏った改善を行うだけでは，顧客及びその他の密接に関係する利害関係者のニーズ及び期待を満たす十分でないことを認識しておく必要がある.

② **パフォーマンスの分析及び評価の結果を活用して，改善目標を定める**

　改善は，パフォーマンスを向上させる活動であるが，できるだけ向上させるというのでは，どのくらいの資源を投入し，どのくらいの範囲の改善を行えばよいのかが曖昧となる. また，改善がうまくいったかどうかの評価も難しくなる. このため，改善に当たっては，結果として達成したい目標を定めておくことが重要である. 目標は，何を，いつまでに，どうするのかを定めることによって明確となる.

　目標を設定するに当たっては，パフォーマンス（製品，サービス，プロセス，システム又は組織のマネジメントに関連した測定可能な結果）に関する情報を収集し，分析し，評価するのがよい. これによって，現状を踏まえた目標の設定が可能となる. 低すぎる目標は，期待する効果が得られず，達成感の喪失につながるし，高すぎる目標は，挑戦する意欲を消失させる. 組織の方針・戦略・目標から期待されている成果が得られ，利用可能な資源を活用し努力することで達成可能な目標の設定が求められる.

③ **改善プロセスは，構造化されたアプローチに従う**

　改善は，科学的アプローチに基づいて行うのがよい. ここでいう "構造化されたアプローチ" とは，問題・課題の選定から改善を実施し，その効果を確認し標準化するまでを，定型のステップで進める枠組みのことをいう. 定型のステップを踏むことによって，実施事項に抜けがなくなり，確実な改善が可能に

なる．加えて，組織内で共通のアプローチを採用することで，改善を通し獲得
した知見や学習した内容の，組織内での横展開が容易になる．

"PDCA（Plan, Do, Check, Act）サイクル"は最も一般的に採用されて
いるアプローチである．また，日本では，問題解決型 QC ストーリー[2]，課題
達成型 QC ストーリー[3]，施策実行型 QC ストーリー，未然防止型 QC ストー
リー[4]と呼ばれる標準的なアプローチ方法が提唱され，QC サークル活動だけ
でなく多くの改善活動の道しるべとして普及している．さらに，QC サークル
活動を参考にして米国で生まれた，部門横断型の改善活動の典型であるシック
スシグマ（Six Sigma）活動では，DMAIC（Define, Measure, Analyze,
Improve, Control）というアプローチが活用されている[5]．個々の改善活動
では，問題・課題のタイプに応じてこのような構造化されたアプローチを柔軟
に活用するのがよい．

④ 改善が組織文化の一部として確立されるようになることを確実にする

組織文化とは，一般には，組織の人々が共有する，規範，価値観，理念のよ
うな抽象的な概念と，それらを反映した行動，仕事のやり方，スタイルなどを
統合したものと捉えられる．改善が"組織文化の一部"となるとは，改善の概
念，重要性が組織全体で理解され，組織の人々全てが，改善活動に参加するこ
とによって組織の一員として自覚できるような組織環境を指している．

"人々が改善の取組みに参加し，その達成の成功に貢献するための権限委譲"
とは，QC サークル活動や改善チーム活動，改善提案制度などを活用し，従業
員が自分の仕事として改善に取り組めるようにすることである．また，"改善
を達成するために必要な資源の提供"とは，改善のための時間・工数を確保す
ることが該当する．さらに，"改善に対する表彰制度の確立"や"改善プロセ
スの有効性及び効率を改善するための表彰制度の確立"は，優秀な改善内容や
改善の進め方に対する表彰制度を設けて，改善を行った人が組織において正当
に評価され達成感を得られるように，他の人たちが参考にできるようにするこ
とである．また，"改善活動へのトップマネジメントの積極的参加"も重要で
ある．これは，トップマネジメントが改善活動の発表や表彰の場に出席したり，

全社的な部門横断チームの編成に関わったりすることを指している．これによって，改善の重要性が組織の全員に理解され，改善が組織文化の一部となることを促進できる．

(4) 推奨事項に基づく実践

① 広範囲にわたる改善活動が展開できる仕組みを構築する

組織全体の大きな改善を推進するためには，"方針管理"のような枠組みに従って組織の方針・戦略・目標を組織の中の展開する中で，それぞれの階層の管理者がリーダーシップを発揮し，問題・課題や目標を設定し，当該の改善を行うのに必要な知識・スキルをもった人を集めてチームを編成し，チームが改善を行うのに必要な支援を行う仕組みを構築することが大切である．

他方，小さな継続的改善を推進するためには，それぞれの職場において，QCサークルのような現場第一線の従業員が参画するチームを編成し，自律的な運営を行いながら，当該職場における問題・課題を取り上げ，その解決・達成に取り組めるような仕組みを構築するのがよい．これによって，組織全体の大きな改善ではカバーできないような領域の問題・課題の解決・達成が可能となるとともに，活動に参画する一人ひとりがチームを運営する方法，問題・課題の解決・達成に科学的に取り組む考え方・方法を身に付けることができる．

これらの小集団改善活動の推進については，JSQC-Std 31-001（小集団改善活動の指針）が参考になる．この規格の内容については，本書の4.4節で概説されている．

② 改善をサポートする体制を整備する

人，モノ，金，情報に加え時間などが適切に提供されるようにすることによって，改善を支援するのがよい．このような支援は，結果として，組織内における改善の重要性に対する認識を高め，ひいては改善活動への参画意識を向上させることにもつながる．

改善を進めるためには，参画する一人ひとりが事実・データに基づいて決定を行う行動様式や問題解決・課題達成のための手順や手法に関する知識・スキ

210   第3章   ISO 9004 の解説

ルを身に付けていることが大切である．改善のために必要となる知識・スキル
を整理するとともに，有効なツールパッケージを整備し，これらに関する研修や
実践教育を階層別・分野別教育体系の中に組み込み，計画的に実践するのがよい．
　いざ改善に取り組んでみると，思ったようで進められない場合が少なくない．
これは，リーダーやメンバーにチームの運営や改善の進め方についての十分な
知識・スキルがないことに起因する場合が少なくない．このような場合の支援
を提供する責任はまずは管理者にあるが，管理者自身がこれらの知識・スキル
を十分持ち合わせていないことも多い．したがって，チームが困難さを感じた
場合に適切にアドバイスを与えてくれる要員やより専門的なデータ解析などを
行う際の支援要員を指名しておくことで，広く，かつ効率よく改善の推進が可
能になる．また，このような体制を整えることは，同時に，改善に関する専門
的な知識・スキルをもった人員の育成にもつながる．

③　改善の進捗及び成果を共有する場を設定する

　改善がうまく進んでいるかどうかは，組織の問題・課題の解決・達成，ひい
ては方針・戦略・目標の達成に影響を与える．このため，計画どおり進捗して
いるかどうか，期待した効果が得られているかどうかを確認し，必要な処置を
とることが大切である．また，改善の内容や改善のプロセスを組織の中で共有
することは，改善への意欲を高め，改善の進め方のレベルアップを図る上で役
立つ．

　QCサークル活動のような現場第一線の従業員による改善については，管理
職や推進部門がその進捗を定期的に確認し，必要な支援を提供するのがよい．
また，組織や供給者・パートナの従業員が参加する発表会を開催し，活動成果
の共有や活動の進め方に関する学習の場として場として活用するのがよい．さ
らに，これらの機会を通して，行われている改善を総合的に見直し，推進方法
の見直しにつなげるのがよい．

　チーム改善活動の場合は，方針管理の枠組みを活用しながらその進捗を確認
し，問題・課題の解決・達成状況確認し，他部門の協力を得たり，新たなメン
バーを追加したりするなど，必要に応じた処置をとる．場合によっては，新た

                    11 改善，学習及び革新   211

な改善チームの編成が必要となる場合もある．推進部門は，これらの状況を定
期的に集約し，推進方法を広範囲な視点で見直すのがよい．

11.3　学　　習

(1) 目　的

　持続的成功を達成するためには，組織内外の状況の変化に迅速に対応しなけ
ればならない．組織やそこで働く人々がこれを実現できる能力を獲得し，維持
し，強化していく必要がある．学習はこのための基盤となる．学習を持続的成
功に役立てていくためには，学習の果たす役割を理解するとともに，組織とし
ての学習を促進する上でのポイント，学習する組織の育成に関する要因を知る
必要がある．ここでは，組織として学習を促進していく上での推奨事項を示し
ている．

(2) 推奨事項

――― **JIS Q 9004:2018** ―――

11.3　学習

11.3.1　組織は，学習を通した，改善及び革新を奨励することが望ましい．
学習へのインプットは，経験，情報の分析，並びに改善及び革新の結果を
含む多くの情報源から得られる．

　組織は，学習アプローチを，個人の実現能力を組織の実現能力へ統合し
たレベルで採用するだけでなく，組織全体として採用することが望ましい．

11.3.2　組織としての学習は，次の事項を考慮することを含む．

a)　成功事例及び失敗事例を含む，様々な外部及び内部の課題並びに利害
　　関係者に関連する，収集した情報

b)　収集した情報の徹底的な分析から得られた洞察

　個人の実現能力を組織の実現能力へ統合する学習は，人々の知識，思考
パターン及び行動パターンと組織の価値観とを組み合わせることによっ

212　　　　　　第3章　ISO 9004の解説

て達成される.

　知識には,形式知又は暗黙知があり得る.知識は,組織内外から生じる可能性がある.知識は,組織の資産としてマネジメントし,維持することが望ましい.

　組織は,その組織の知識を監視し,組織全体を通じて,知識を獲得する,又はより効果的に共有する必要性を明確にすることが望ましい.

11.3.3　学習する組織を育成するため,次の要因を考慮することが望ましい.

a) 組織の使命,ビジョン及び価値観と一貫性のある組織文化

b) トップマネジメントがそのリーダーシップを発揮することによって,及びその行動を通じて,学習への取組みを支援すること

c) 組織の内外におけるネットワーク作り,人々のつながり,相互作用及び知識の共有の促進

d) 学習及び知識の共有のためのシステムの維持

e) 学習及び知識共有のためのプロセスを通じて,人々の力量の改善を認め,支援し,褒賞を与えること

f) 創造性を認め,組織における異なる人々の意見の多様性を支援すること

　組織の知識に迅速にアクセスし,利用することは,組織がその持続的成功をマネジメントし,維持する能力を高めることができる(**9.3**参照).

---

(3)　推奨事項の解説

①　学習へのインプットは,改善及び革新の結果を含む多くの情報源から得られる

　学習とは,経験によって新しい知識・技能・態度・行動傾向・認知様式などを習得すること,及びそのための活動である.学習には,個人が自分の能力を向上するために行うものと,組織がその業務遂行能力や変化対応力を向上するために行うものがある.このうち,個人としての学習は,研修や実務経験を通

して行われるのに対して，組織としての学習は，一般的に，組織内外の成功及び失敗事例を収集し，それら事例を徹底的に分析することによって，その奥に潜む勝因又は敗因，若しくは，成功又は失敗のパターンを浮き彫りにし，得られたノウハウを"標準（共通の取り決め）"として定めることで業務の遂行や変化への対応に活かす形をとる．

改善及び革新を促進するには，そのベースとして，個人としての学習を活性化することが大切となる．これによって組織で働く一人ひとりが改善及び革新に取り組む能力を獲得できる．また，改善及び革新を組織のパフォーマンス向上に役立てるには，改善及び革新によって得られた新たなノウハウを，組織としての学習につなげることが大切となる．このような改善及び革新と学習との相互関係を理解した上で，学習を組織の能力向上に役立てる工夫を行うことが必要である．

② **学習アプローチを，個人の実現能力を組織の実現能力へ統合したレベルで採用するだけでなく，組織全体として採用する**

組織で働く一人ひとりの能力の向上は，個人の総体としての組織の能力の向上に貢献する．このため，組織の能力を向上するには，業務や研修を通した個人としての学習を促進すること，能力の向上した個人を適切に活用すること，さらには，個人が学習を通して身に付けた知識，思考パターン及び行動パターンを顕在化し，構造化し，組織として再利用可能な形にすることが大切である．このような"個人の能力を組織の能力へ統合した学習"は，人々の知識，思考パターン及び行動パターンの望ましい姿を組織の価値観として明文化し，浸透させることで，より効果的に達成される．

ただし，"個人の実現能力を組織の実現能力へ統合した学習"だけでは，十分な効果が得られない．"学習アプローチを組織全体として採用する"とは，様々な職場や階層で改善及び革新のための活動が活発に行われるようにするとともに，そこから得られた新たなノウハウが確実に標準に反映され広く活用されるようにすること，さらに，方針・戦略・目標の展開やプロセスの運用を通して問題・課題が顕在化され共有されるようにすることなどにより，業務の遂

行や変化への対応に必要なノウハウの獲得・蓄積・活用を組織的に推進することである.

③ **組織の知識を監視し,組織全体を通じて,知識を獲得する,又はより効果的に共有する必要性を明確にする**

組織の知識とは,それぞれの組織に固有の知識であり,一般的に経験によって得られ,組織のビジョン・使命や方針・戦略・目標をより効果的・効率的に達成するために活用され,共有される情報である.組織の知識は,知的財産,経験から得た知識,成功及び失敗から学んだ教訓,文書化されていない知識及び経験の取得と共有,製品及びサービス,プロセス,システムなどの改善及び革新の結果などの内部の情報源からも,規格,学会,業界団体,外部提供者,パートナ,顧客などの外部の情報源からも得ることができる.このような知識は,組織の資産としてマネジメントし,維持することが望ましい.組織で働く人が組織の知識に迅速にアクセスし,利用できるようにすることは,組織がその持続的成功をマネジメントし,維持する能力を高めることができる.

組織が所有している知識を把握し,これと現在及び将来のニーズを満たすために必要な知識とを比較することで,新たに知識を獲得する必要性を明確にするのがよい.また,所有している知識がどのように活用・共有されているかを評価し,改善すべき点を明らかにするのがよい.その上で,これらの不足している知識,十分に活用・共有できていない知識をどのようにして獲得するか,どのようにすればより効果的・効率的な活用・共有ができるかを検討するのがよい.

④ **学習する組織を育成するための要因を考慮する**

学習する組織とは,"個人の実現能力を組織の実現能力へ統合した学習"や"組織としての学習"を活発に行っている組織である.このような組織を育成する上では,以下の要因を考慮した取組みを行うのがよい.

   a) 組織の使命,ビジョン及び価値観は組織のアイデンティティの中核をなす部分であり,その中で学習の大切さを明確にし,これと一貫性のある組織文化を醸成すること

11 改善，学習及び革新 215

b) トップマネジメントが，リーダーシップを発揮し，自分の行動を通じて，学習への取組みを支援すること

c) 組織の内外におけるネットワーク作り，様々な人々や部門，外部提供者・パートナ，顧客の間の連携や相互啓発，知識の共有を促進すること

d) 学習及び知識の共有のためのシステムを構築し，改善し，維持すること

e) 学習及び知識共有のためのプロセスを通じて，人々の能力の改善を認め，支援し，褒賞を与えること

f) 一人ひとりの創造性を大切にし，組織における異なる人々の意見の多様性を認め，支援すること

(4) 推奨事項に基づく実践

① 使命，ビジョン及び価値観を基に，学習する組織文化を醸成する

組織が向かう方向を明確に示すことで，組織全体がその実現に向かって有機的に機能するようになり，変化へ挑戦する組織風土の基盤ができる．

② トップマネジメント自らが，学習に対するリーダーシップを示す

トップマネジメント自身が，個を尊重し，新しい挑戦と，それを通した学習を推奨する姿勢を示す．これには，学習のためのリソースの提供，学習のためのシステム，例えば，品質管理教育の仕組み（4.5 節参照）や小集団改善活動の仕組み（4.4 節参照）の構築・改善を指示すること，学習のプロセスや成果に対して関心を示すことなどが含まれる．

③ 組織内外のネットワークを構築し，交流によって人々の創造性の発揮を促し，知識の共有を促進する

物事に対する多面的な見方が新しい発見につながる．物事に対する多面的な見方は，異なる環境，専門分野の人々と交流することによって得られる．学習の機会は人々が交流するあらゆる場面に存在することを認識し，交流のための場を設ける工夫をするのがよい．交流のための場は，方針管理，日常管理，小集団改善活動などを組織的に推進することで増やすことができる（4.3 及び 4.4 節参照）．

④ 知識及び能力の形式化を推進し，共有のためのシステムを構築する

業務を通し獲得した知識及び能力は個人に蓄積される．これら個人の能力を統合し，誰でも，どこでも，どのような場面でも活用できるようその形を整え，組織として蓄積することが重要である．また，製品及びサービス，プロセス，システムなどの改善及び革新を促進するとともに（箇条 11.2 参照），改善及び革新を通して得られた業務の遂行や変化への対応に関するノウハウを標準として定め，広く活用されるようにするのがよい（4.3.2 項及び 4.4.1 項の基本 3 参照）．さらに，方針管理や日常管理を行う中で組織として取り組むべき問題や課題が顕在化され，共有されるようにすることも大切である（4.3.3 項及び 4.3.2 項参照）．また，以上のような取組みやその結果としての組織の知識の状況について定期的に見直し，不十分な点を改善することが必要である．

⑤ 人々の能力の向上を認め，支持し，表彰する

人々は，自身の行為を評価されることでその行為の重要性を認識する．人々の創造性及び学習する意欲を高めるためには，個を尊重し，学習によって得られた成果に対する評価を十分に行うことが重要である．

11.4 革 新

(1) 目 的

改善及び学習が，既存の基盤を前提にした活動と捉えられる一方で，革新は既存の基盤の一部又は全体を否定して新しい枠組みを創設することと捉えられる．社会の成熟化やグローバル化が進んでいる状況においては，持続的成功のためには改善及び学習だけでは限界があり，革新を必要とする組織が増えてきている．トップマネジメントは，強い意思とリーダーシップをもって革新を成功に導かなければならない．革新を成功させるためには，革新を促進し，支援するために何を行うべきか，革新がどのようなところに適用できるか，革新のタイミングと革新に伴うリスクについて注意すべき点を理解しておくことが必要となる．ここでは，組織として革新を目指す上での推奨事項を示している．

11　改善，学習及び革新　　　217

(2) 推奨事項

―― **JIS Q 9004：2018** ――

11.4　革新

11.4.1　一般

　革新は，価値の実現又は再配布を可能にする，新規又は変更された製品若しくはサービス，プロセス，市場における位置付け，又はパフォーマンスにつながる改善をもたらすことが望ましい．

　組織の外部及び内部の課題，並びに利害関係者のニーズ及び期待における変化によって，革新を必要とすることがある．

　組織は，革新を支援し，促進するために，次の事項を行うことが望ましい．

a) 革新に対する固有のニーズを特定し，全般的な革新的思考を奨励する．

b) 効果的な革新を可能にするプロセスを確立し，維持する．

c) 革新的なアイデアを実現するために必要な資源を提供する．

11.4.2　適用

　革新は，次の事項の変化に応じて，組織の全ての階層で適用することができる．

a) 技術，又は製品若しくはサービス（すなわち，利害関係者の変化するニーズ及び期待に応えるだけでなく，組織及びその製品又はサービスのライフサイクルに起こり得る変化を先取りする革新）

b) プロセス（すなわち，製造及びサービス提供の方法における革新，又はプロセスの安定度を改善し，ばらつきを減少させる革新）

c) 組織（すなわち，組織体質及び組織構造の革新）

d) 組織のマネジメントシステム（すなわち，組織の状況に変化が起こっている場合に，競争優位を維持し，新たな機会を活用することを確実にするための革新）

e) 組織のビジネスモデル（すなわち，利害関係者のニーズ及び期待に

従った，顧客への価値の分配又は変化する市況への対応における革新）

11.4.3　タイミング及びリスク

組織は，革新活動のための計画に関連するリスク及び機会を評価することが望ましい．組織は，変更のマネジメントに対する潜在的な影響を考慮し，必要な場合には，（不測の事態に対する対応を含む）そうしたリスクを軽減するための実施計画を準備することが望ましい．

革新を行うタイミングは，その革新の実施に関連するリスクの評価と一貫させることが望ましい．そのタイミングは，通常，革新が必要とされる緊急性と，革新の展開のために利用可能とすべき資源とのバランスが保たれていることが望ましい．

組織は，そのパフォーマンス評価の結果に基づいてレビューし，改善し，革新することが望ましい（箇条 **10** 参照）．

組織は，その戦略的方向性と一貫しているプロセスを用いて革新への取組みを計画し，その優先順位を付けることが望ましい．

学習を経験し，組織の知識を増加させるため，革新の結果をレビューすることが望ましい．

(3) 推奨事項の解説

① 革新を促進し，支援する

革新は様々な取組みの結果として生み出されるものであるが，必要な革新をタイミングよく生み出すためには，まず，革新の必要性を明確にすることが重要である．組織の競争優位要因は，顧客及びその他の利害関係者のニーズと当該組織が保有するニーズを満たすためのシーズに立脚しており，それらが変化すれば，競争優位要因も変わってくる．顧客及びその他の利害関係者のニーズやそれを満たすシーズは，社会環境，経済環境，技術，製品のライフサイク

11 改善，学習及び革新　　　　　219

ル，競争関係等の変化に影響を受ける．組織は，これらの変化を敏感に感じと
り，自組織の競争優位要因に対する影響を分析し，その強化あるいは新たな競
争優位要因の獲得の必要性を明確にする必要がある．これによって，組織が必
要とする革新が明確になる．

　また，革新を成し遂げるためには，既存の方法を否定することに対する抵抗
をいかに小さくするかも大切となる．組織の中で革新的な考え方が認められ，
評価されるようにするのがよい．

　さらに，効果的な革新を可能にするには，組織のパフォーマンス，改善及び
学習の状況などのレビューに基づいて革新の必要性を明確にし，人を集めて取
り組ませ，革新的なアイデアを実現し持続的成功につなげるためのプロセスを
確立し，維持すること，このようなプロセスが必要とする資源を提供すること
が重要である．このようなプロセスは，組織の戦略的な方向性と一貫したもの
である必要があり，方針・戦略・目標の展開に沿って革新への取組みを計画し，
その優先順位を付けることが望ましい．なお，革新は，新たに生み出されたり，
大幅に変更されたりしたもので，一般にその影響が大きいものであるが，何も
ないところから突然生み出されるものではなく，改善や学習の積み重ねを通し
て初めて可能となるものであることに注意する必要がある．

② **革新は組織の全ての階層で適用することができる**

　革新は，顧客に提供する価値の源泉である組織の競争優位そのものに迫りく
る危機に対応するための活動であり，技術，製品，サービス，プロセス，組織
及び組織のマネジメントシステム，さらにはニーズとシーズをどのように結び
付けて価値を生み出すのかというビジネスモデルなど，顧客価値の源泉である
競争優位要因が存在する領域及びそれを実現している全ての階層に適用できる．
例えば，新しいデバイスや新技術を活かした新しい概念の製品の導入，新しい
理論のもとに展開されたサプライチェーンマネジメントの導入，人を活かすた
めのネットワークに基づいた組織運営の導入，及びそれらを実現するために解
決しなければならない各所に存在する各種課題への適用などである．

③ **革新活動のための計画に関連するリスク及び機会を評価し，そうしたリス**

クを軽減するための実施計画を準備する

革新は，新たなものの導入や既存の基盤の大幅な変更を伴うため，様々なリスクを伴うのが普通である．革新を行うプロセスに内在するリスクを洗い出し，それらのリスクを軽減するために講じるべきアクションの計画を立てておくのがよい．

既存の基盤を否定し新しい枠組みを創造する革新を成功させるためには，乗り越えなければならない障害が多く存在する．それらの障害を乗り越え革新を実現するためには，それをやり遂げる意思，共有された危機感及び実現するための資源が必要である．大規模な革新は，これらのタイミングを見計らって実施しなければならない．失敗を恐れては革新を進めることはできないが，失敗のリスクは最小限に抑えた上で，革新の実施に移さなければならない．

④　組織の知識を増加させるため，革新の結果をレビューする

革新は，新しいものの導入や既存のものの大幅な変更であるが，そのプロセスを通して従来気づいていなかった新たな発見が数多く得られる機会でもある．したがって，革新の結果については，方針・戦略・目標の展開に沿ってレビューを行い，得られたノウハウを組織の知識として蓄積し，今後の取組みに活用するのがよい．

(4) 推奨事項に基づく実践

① 革新の必要性を明確にする

革新の必要性を明確にするために，価値の変化を監視する（顧客及びその他の利害関係者のニーズと期待の変化を見る）．また，競争優位要因の変化を監視する（製品，コスト，ラインナップ，取引条件など）．これらの変化の兆しを捉え，革新の必要性を明確にする．

② 必要性が明確になった革新の優先順位付けを行い，革新のタイミングを決定する

必要性が明確になった革新について，実現の可能性を，利用可能な技術及び資源を含め検討する．また，革新に伴う各種のリスクを考慮する．その上で，

革新の優先順位付けを行う．リスク，実現の可能性及び必要の度合いを考慮して，革新のタイミングを決定する．方針管理の枠組みを活用することで，組織の戦略的方向性と一貫したものにすることができる（4.3節参照）．

③ **革新の目標を定め，推進体制を確立する**

革新の推進責任者は，その影響範囲を考慮して決めるのがよい．ただし，トップマネジメントの革新に対するコミットメントは不可欠である．必要に応じ，組織全体に及ぶ意識改革あるいはそのための広報活動が重要になる．

④ **革新を実施する**

大規模な革新の場合は，マイルストーンを設定し，定期的な進捗管理を行う．計画の実施に対する障害が発生したり，大幅な経営環境の変化があったりした場合に，計画の見直し・変更を行う．方針管理の枠組みを活用することで，抜け落ちのない進捗管理を行うことができる．

⑤ **革新の結果をレビューする**

革新の結果をレビューし，革新のプロセスを通して得られた新たなノウハウを標準化したり，次期の方針・戦略・目標に反映したりすることで，組織の知識として活用されるようにする．方針管理における期末のレビューの中で行うことが有効である．

参考文献

1) JIS Q 9000:2015，品質マネジメントシステム－基本及び用語
2) 細谷克也（1989）：『問題解決力を高める QC 的問題解決法』，日科技連出版社
3) 狩野紀昭監修・新田充編（1999）：『QC サークルのための課題達成型 QC ストーリー』，日科技連出版社
4) 中條武志（2018）：『こんなにやさしい未然防止型 QC ストーリー』，日科技連出版社
5) ダイヤモンドシックスシグマ研究会（1999）：『図解 コレならわかるシックスシグマ』，ダイヤモンド社

第4章

ISO 9004 から TQM へ

　第3章では，ISO 9004:2018 の各箇条について，その目的，記されている推奨事項の中で理解が難しいと思われる事項の解説，実践に当たってのポイント・注意事項を解説した．他方，第1章で述べたように，ISO 9004:2018 は全体として見ると TQM（Total Quality Management：総合的品質管理）の方法論と重なる部分が多い．そのため，ISO 9004:2018 の活用を進めていくと，TQM の方法論を活用することが一つの有効な選択肢として浮かび上がってくる．本章では，TQM に関する関連する JIS や日本品質管理学会規格（JSQC 規格）を参照しながら，実践に向けたより具体的な推奨事項を示す．

4.1 TQM とその構造

TQM とは何か，どのような構造をもつ方法論なのかについては，様々な考え方があるが，ここでは JIS Q 9023（方針管理の指針），JIS Q 9026（日常管理の指針）及び JIS Q 9027（プロセス保証の指針）の附属書，並びに日本品質管理学会規格（JSQC 規格）に示されている定義や解説を基に，その全体像を示す．

(1) 事業と変化と TQM

事業（business）とは，単純に考えれば，製品・サービスを提供することで利益を得ることである．利益を上げるためには，売上げを上げ，コストを下げればよい．ここで，売上げは顧客・社会のニーズを満たす製品・サービスを提供できるかどうかにより，コストは自組織のシーズ（技術や人材など）を革新・活用できるかによって決まる．このため，顧客・社会のニーズと自組織のシーズを結び付けて顧客・社会にとっての価値を創造することが事業の本質といえる．しかし，ニーズやシーズが大きく変化する時代にあっては，変化に対応して，さらには変化をチャンスと捉えて，仕事のやり方を変えていくことのできる能力が組織に備わっていないと，持続的な成功を収めることが難しくなる．

TQM は，ニーズとシーズを結び付けて価値創造を行うことを事業の基本としながら，組織がその存在意義をもち続けるためには，変化に対応する・変化を活かせる組織能力を獲得することが重要との認識のもと，そのための方法論を体系化したものである（図 4.1.1 参照）．JSQC 規格では，TQM を "顧客及び社会のニーズを満たす製品・サービスの提供と，働く人々の満足を通した組織の長期的な成功を目的とし，プロセス及びシステムの維持向上，改善及び革新を，全部門・全階層の参加を得て行うことで，経営環境の変化に適した効果的かつ効率的な組織運営を実現する活動" と定義している．TQM は，1960〜70 年代の日本において，欧米から導入された QC（Quality Control）の考え方・方法を実践する中で生み出されたもので，多くの組織がこれを活用し世界

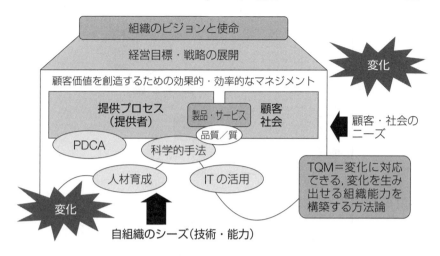

図 4.1.1 TQM とは

的競争力をもつ組織へと発展していった．現在では，日本だけでなく世界中で，製造業だけでなくサービス，小売，エネルギー，通信，運輸，医療・福祉，教育，金融などの様々な分野で活用され，効果を上げている．

(2) TQM の中で中核となる活動

TQM の中で核となる活動は，プロセス及びシステムの維持向上，改善及び革新である（図 4.1.2 参照）．これらは，JSQC 規格においてそれぞれ以下のように定義されている．

- **維持向上**（狭い意味の管理）：目標を現状又はその延長線上に設定し，目標からずれないように，ずれた場合にはすぐに元に戻せるように，さらにはここから学んだ知識を活用し，現状よりもよい結果が得られるようにする活動．ずれの原因となるプロセスの変化に着目することが重要となる．
- **改善**：目標を現状又はその延長線上より高い水準に設定して，問題・課題を特定し，問題解決・課題達成を繰り返す活動．問題・課題とプロセスとの間の因果関係を明らかにし，それに基づいてプロセスの大幅な変更を行うことが重要となる．

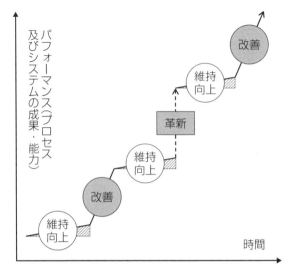

図 4.1.2　維持向上と改善と革新

- **革新**：組織の外部や組織内の他部門で生み出された新たな固有技術を導入・活用し，プロセス及びシステムの不連続な変更を行う活動．

なお，このうち，革新の定義は，ISO 9000:2015 の定義と異なっているので，注意を要する（ISO 9000 では，活動ではなく，改善等を通じて生み出された結果と定義している）．

改善・革新と維持向上は，両方を行うことでプロセス及びシステムの絶え間ないレベルアップが可能となる．改善・革新だけを行って，得られたプロセスやシステムに関するノウハウを日常の業務で活かし，定着させる活動を行っていないと，改善・革新に対する熱意が次第に失われていく．他方，維持向上だけを行っていると，人の入替りとともに担当しているプロセスやシステムに対する関心が次第に薄れ，次第に現状を維持することが難しくなる．

(3) TQMの原則

TQMの全体像を理解するためには，"原則"，"活動要素"，"手法"の三つに分けて捉えるとわかりやすい．

原則とは，一人ひとりの行動の基本となる考え方である．図4.1.3にTQMの原則の主なものを示す．これらは大きく，顧客重視や後工程はお客様のように目的を考える際に重要となるもの，プロセス重視，PDCAサイクル，重点指向のように達成手段を考える際に重要となるもの，全員参加や人間性尊重のように組織運営を考える際に重要なものに分かれる．これらの三つは密接に結び付いており，顧客重視に徹して，プロセス重視やPDCAサイクルを，全員参加で実践することで，相乗効果を引き出すことができる．

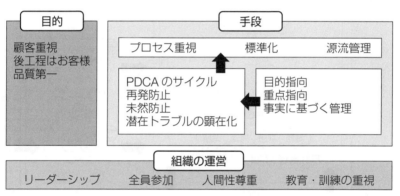

注1) 顧客重視：顧客の中に入って，顧客のニーズを把握し，これを満たす製品・サービスを開発・製造・提供する．
注2) プロセス重視：結果のみを追うのでなく，結果を生み出すプロセス（仕事のしくみ・やり方）に着目し，これを管理し，向上させる．
注3) 全員参加：全階層が，全部門が，全員参加して品質マネジメントを行うことが必要である．

図 4.1.3 TQMの原則

(4) TQM の活動要素

原則は汎用性が高くあらゆる場面で役立つが，これだけだと具体的な取組みを一から考えなければならない．活動要素とは，特定の目的・狙いをもった，実施することが望ましい，組織としての行動である．図 4.1.4 に TQM の活動要素を示す．

ニーズやシーズの変化に対応するためには従来の仕事のやり方を"改善・革新"することが必要になる．改善・革新とは，目標を現状より高い水準に設定して，問題解決・課題達成を繰り返す活動である．このためには，第一に，問

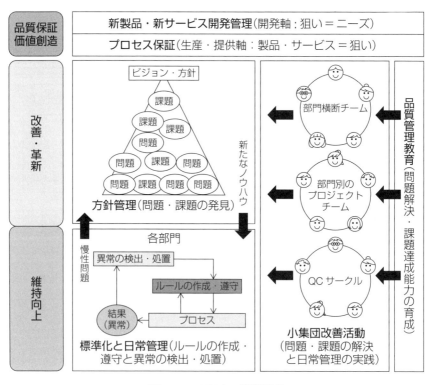

図 4.1.4　TQM の活動要素

4.1 TQMとその構造

題・課題を明確にする必要がある．問題・課題は目標と現状のギャップとして認識できるため，目標を組織の階層に沿って展開することが有用である．これが方針管理である．

また，特定された問題・課題を解決・達成するためには，当該の問題・課題に関係のある人たちが集まって検討を行い，具体的な方策を検討・実施する必要がある．この場合，一人や大人数では難しいため，少人数によるチームを編成して取り組むのがよい．これによって参画する人が自分の役割を認識し，能力を発揮するとともに，その過程で相互に学び合うことが容易となる．これが小集団改善活動である．

さらに，改善・革新を通して生み出されたノウハウは，日常の業務の中で活用される必要がある．"維持向上"とは，目標を現状又はその延長線上に設定し，目標からずれないように，ずれた場合にはすぐに元に戻せるように，さらには現状よりもよい結果が得られるようにする活動である．このためには，ルールを定めて守ってもらう必要がある．これが標準化である．他方，プロセスの中では，人の交替や機器の故障などの変化が常に生じている．これらの変化を見逃すと，後で重大なトラブル・事故に発展する可能性がある．このため，プロセスにおける変化を明確にするとともに，変化に伴う異常を確実に検出し処置する仕組みを構築しておくことが必要となる．標準化と異常の検出処置をあわせたものは日常管理と呼ばれる．

改善・革新と維持向上は，経営環境の変化に応じて組織を変えていく上で基本となるが，これらを顧客・社会のニーズを満たすことにつなげることができなければ価値を生み出せない．このためには，顧客のニーズ，特に顧客自身も気がついていないような潜在ニーズを把握し，新たな製品・サービスの企画を行う必要がある．また，把握したニーズを満たすために必要となる新技術をタイミングよく開発するとともに，設計において既存技術を失敗なく適用することも必要となる．さらには，開発中のトラブル，顧客満足やクレーム・苦情を分析し，商品企画や設計・開発の進め方を見直すことも大切である．これが新製品・新サービス開発管理である．他方，狙いと製品・サービスを一致させる

230　　　　第4章　ISO 9004 から TQM へ

ためには，狙いどおりの製品・サービスを継続的に生み出す能力をもったプロセスを確立することが重要となる．標準化や日常管理に基づいて維持向上を徹底するとともに，プロセスのもつ，狙いどおりのものを提供できる能力を把握し，不十分な場合には，方針管理や小集団改善活動に基づいて改善・革新を図る必要がある．また，それでも不十分な場合には，検出すべき不適合を特定し，それを確実に検出できる検査・検証を系統的に計画・実施することが必要になる．これがプロセス保証である．

　最後に，以上の活動，すなわち方針管理，小集団改善活動，日常管理と標準化，新製品・新サービス開発管理，問題解決・課題達成が成功するためには，これらの活動に参画する一人ひとりに必要な能力が身に付いている必要がある．これに対応するのが品質管理教育（品質マネジメント教育）である．

(5) TQM の手法

　上記に示した七つの活動要素に取り組む場合，具体的な道具が必要となる．手法とは，活動要素を効果的・効率的に進めるための支援技法・ツールである．
　TQM では様々な分野で考案された手法を活用しているが，方針管理や小集団改善活動で使われる代表的なものとしては，科学的に問題を解決するためのステップを定めた QC ストーリー，パレート図や特性要因図などの QC 七つ道具，実験計画法や多変量解析法などの統計的手法，KJ 法などの言語データ解析法などがある．
　また，標準化や日常管理のための手法としては，プロセスフロー図（業務フロー図とも呼ばれる）や作業標準書などの標準化技法，スキルマトリックスなどの教育・訓練のための手法，エラープルーフ化などの人のミスを防ぐための手法，QC 工程表や工程異常報告書などの異常を迅速に検出し，処置するための手法などがある．
　さらに，新商品開発管理やプロセス保証のための手法としては，顧客の潜在ニーズを把握し設計につなげるための QFD（品質機能展開），FMEA・FTAやワイブル解析などの信頼性技法，頑健な設計条件を見つけるためのタグチメ

4.1 TQM とその構造

ソッド，ばらつきを評価するための工程能力指数，検査・検証による保証の仕組みを構築・評価するための QA ネットワーク（保証の網）などがある.

参考文献

1) JIS Q 9023：2018，マネジメントシステムのパフォーマンス改善 – 方針管理の指針
2) JIS Q 9026：2016，マネジメントシステムのパフォーマンス改善 – 日常管理の指針
3) JIS Q 9027：2018，マネジメントシステムのパフォーマンス改善 – プロセス保証の指針
4) JSQC-Std 00-001：2018，品質管理用語　ほか
5) 日本品質管理学会・標準委員会（2009）:『日本の品質を論ずるための品質管理用語 85』，日本規格協会
6) 日本品質管理学会・標準委員会（2011）:『日本の品質を論ずるための品質管理用語〈Part 2〉』，日本規格協会
7) 日本品質管理学会・標準委員会（2006）:『マネジメントシステムの審査・評価に携わる人のための TQM の基本』，日科技連出版社

232　　　　第4章　ISO 9004からTQMへ

4.2　品質保証と顧客価値創造

　品質保証とは，"顧客・社会のニーズを満たすことを確実にし，確認し，実証するために，組織が行う体系的活動"である．ただし，ここでいう，①"確実にし"は，顧客・社会のニーズを把握し，それに合った製品・サービスを企画・設計し，これを提供できるプロセスを確立することであり，②"確認し"は，顧客・社会のニーズが満たされているかどうかを継続的に評価・把握し，満たされていない場合には迅速な応急対策・再発防止対策をとることである．また，③"実証する"は，どのようなニーズを満たすのかを顧客・社会との約束として明文化し，それが守られていることを証拠で示し，信頼感・安心感を与えることである．ここでは，JSQC-Std 22-001（新製品・新サービス開発管理の指針）及びJSQC-Std 21-001（プロセス保証の指針）に示されている推奨事項を基に，その概要について解説する．

4.2.1　基本的な考え方

(1)　狙いの品質と合致の品質

　品質保証のためには，顧客・社会のニーズを把握してこれを製品・サービスの狙いに反映することと，狙いどおりの製品・サービスを実現することの二つが必要となる．製品・サービスの狙いが顧客・社会のニーズを満たす程度を"狙いの品質"といい，製品・サービスが狙いに合致している程度を"合致の品質"という．

　狙いの品質を保証するためには，まず，顧客・社会のニーズを把握する必要がある．成熟社会においては，明示されたニーズや暗黙のニーズに対応するだけでは不十分であり，潜在しているニーズを満たすことが重要となる．ここでいう潜在ニーズとは，顧客・社会自身が認識していない，認識できていないニーズであり，一般には，それを満たすような製品・サービスがまだ存在していない場合が多い．したがって，このような潜在ニーズを満たすことで顧客・社会にとっての新しい価値を生み出すことができる．新製品・新サービス開発

の中で，特に潜在ニーズを把握し，これを満たす活動は顧客価値創造と呼ばれる．

他方，合致の品質を保証するためには，狙いの品質を備えた製品・サービスを継続的に作り出す能力をもったプロセスの整備が必要となる．このプロセスの整備には，単にプロセスを作るだけでなく，人・モノ・金，技術，情報等の経営資源の確保も含まれる．

(2) プロセス品質保証

狙いの品質及び合致の品質を効果的・効率的に確保するには，そのためのプロセスを確立することが大切である．プロセス保証とは，"プロセスのアウトプットが要求される基準を満たすことを確実にする一連の活動"(JSQC-std 00-001) である．

プロセス保証の基本は，図 4.2.1 に示すように，各々のプロセスについて，達成すべきアウトプットを明確にした上で，そのアウトプットが定められた基準を確実に満たすようにするために，①部品・材料・情報などのインプット，②人・設備・技術ノウハウなどの経営資源，及び③業務・作業の手順に関する要件を規定し，そのとおりに実施するとともに，得られたアウトプットを確認し，必要に応じて処置を行うことである．

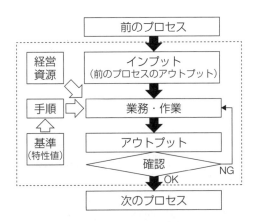

図 4.2.1 プロセス保証

プロセス保証を有効に働かせるためには，プロセスをより細かく分解した上で，それぞれのプロセスに対して上記の基本を適用し，プロセス保証の連鎖を実現するのがよい．

(3) 品質保証体系

顧客・社会のニーズを満たす製品・サービスを開発・提供するためには，企画から設計，生産・提供，販売，アフターサービス，回収・再利用・廃棄までの一連の活動についてプロセス保証を確実に実践することが重要である．このためには，各種のプロセス，分担する組織とその役割，実施の順序，節目の決定会議体などの相互関係を明らかにし，それに沿った活動が確実に行えるようにするためのシステムが必要となる．これが"品質保証体系（品質保証システム）"であり，図示したものが"品質保証体系図"である．

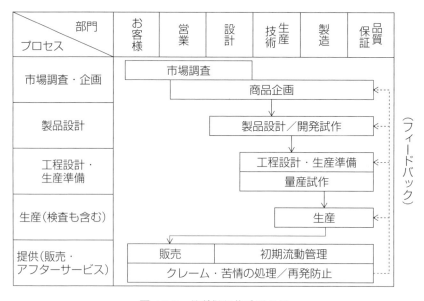

図 4.2.2　品質保証体系図の例
出典：日本品質管理学会編（2009）：『新版　品質保証ガイドブック』，
日科技連出版社，p.27 を基に作成

4.2 品質保証と顧客価値創造 235

品質保証体系図は，一般に，縦軸に開発・提供の時間的な流れを，横軸に関連する部門を表し，製品・サービスを開発していく個々のプロセスとその連携を示したものである．図4.2.2に品質保証体系図の簡略化した例を示す．品質保証体系図によって，いつ（When，どの段階の），どこで（Where，どの構成要素で），誰が（Who，どの部門が），何を（What，どの活動を），何のために（Why，どんな目的で），どのように（How，どの基準と方法で）行うかがわかる．基準や方法に関しては，構成要素ごとに活用する方法・ツール（帳票，詳細な基準・標準類）を明らかにしておくとよい．これらによって，構成要素の過不足や順序の適正化，インプットとアウトプットの明確化，関連する部門の適正化などの検証と改善に役立てられるようになる．

（4）顧客価値創造

顧客価値創造は，広く捉えれば，ニーズとシーズを結び付け，価値を創造することである．

ニーズには，顧客にとって顕在化しているニーズと潜在化しているニーズがある．顕在ニーズに着目し，顧客価値創造を行うことは当然であるが，潜在ニーズへの着目が特に重要である．なぜなら，顧客の潜在ニーズを先取りすることで，顧客の期待を超える価値を提供でき，この状態を継続できれば，製品・サービスに対して多くの顧客の信頼を獲得し，企業・組織の持続的な成長が可能となるからである．潜在ニーズは，表面には見えないがどこかに潜んでいるニーズであるため，やみくもなアプローチでニーズを探索するよりも，体系的（構造的）にニーズに関する仮説を構築しながら，その仮説検証を定性・定量的に行うとよい．また，潜在ニーズは顧客も意識していないニーズであり，シーズと結び付けること，すなわち具体的な実現手段を示すことによって表層化・具体化するため，ニーズの探索プロセスでは，示された実現手段に対して顧客が感じるベネフィットによってニーズを把握するとよい．

他方，シーズは，アイデア，技術，材料，サービス，システムなど，導出された潜在ニーズに結び付けることで，価値を開花させる種となるものである．

そのため，シーズについては，総合的な価値としてニーズを満たす手段や，顧客の期待を超えるレベルとなる独創的なアイデアの付加，新しい技術や仕組みの開発・調整が求められる．特に，技術の開発に時間がかかる業種では，研究開発部門や設計部門において，開発済み要素技術や知見をまとめ，いつでも取り出せるようにする "技術の棚" を整備しておくのがよい．また，日頃から通常のプロジェクト業務とは別に，新たな技術開発に取り組むことが望まれる．現時点では，実用化につながらなくても，技術の棚に収めておくことで，将来ニーズと合致することもある．

顧客価値創造においては，どのような顧客が，どのような価値を，どの程度重要視するかを考えるのがよい．これにより，顧客価値の構成要素が整理でき，この構成要素を調査・分析し，顧客の価値の構造や重視点などを把握することで，早期から，新製品・新サービス開発の取り組むべき重点領域や投資領域が明確になる．そしてこれらが明確になることで，結び付ける適切なシーズが考えやすくなり，ニーズとシーズの適合度も上昇する．さらにこれらの結果は，次期新製品・新サービス開発や他の新製品・新サービス開発にも役に立つ．

また，顧客価値創造を実現するためには，長期的な視点に立って顧客との信頼関係を築くことが重要である．顧客と良好な関係を構築することで，顧客の特性・価値観の変化・要望・不満などが，敏速かつ直接的に理解しやすくなる．信頼関係を築けた顧客からは，能動的・好意的に，提供側が気づきにくい問題の指摘や協働・共創による価値創造が期待でき，潜在ニーズの発掘やシーズの創発・開発に役立つ．一般的なニーズ調査では，製品・サービスに関する評価に偏向してしまうことが多いが，信頼関係を築けた顧客からは，自社・自組織が直接関わっていないプロセス全体や詳細についても情報を収集できる可能性が高くなる．

4.2.2　新製品・新サービス開発管理

新製品・新サービス開発管理は，品質保証体系に基づいて新製品・新サービスに関わるプロセス保証を効果的・効率的に運営するためのマネジメントであ

4.2 品質保証と顧客価値創造

る．その取り扱う領域は，図 4.2.3 に示す開発軸と生産・提供軸であるが，特に，開発軸に関わる領域が重要となる．

新製品・新サービスを開発するためのプロセスは，組立製品（家電製品，自動車など），プロセス製品（鉄鋼，化学材料，紙など），一品一様製品（建築，土木，造船など），サービス（飲食・宿泊，運輸，医療・福祉，教育，金融など），ソフトウェア（パッケージソフトウェア，アプリケーションソフトウェア，組込ソフトウェアなどを含む）など，製品・サービスの種類により大きく異なる．ただし，細部を無視すると，企画，研究開発，製品・サービス設計，生産・提供準備などの共通性の高い幾つかの機能（要素となるプロセス）にまとめることができる．また，これらのプロセスにおいて品質保証のために重要となるマネジメント活動としては，様々なものがある．主なものとしては，開発プロセスの見える化，プロジェクトマネジメント，ボトルネック技術の特定とブレークスルーの実現，設計の標準化，デザインレビューなど，多くのプロセスに共通する重要なマネジメント活動がある．表 4.2.1 は，新製品・新サービス開発プロセスと品質保証のための重要なマネジメント活動との関係を示したものである．

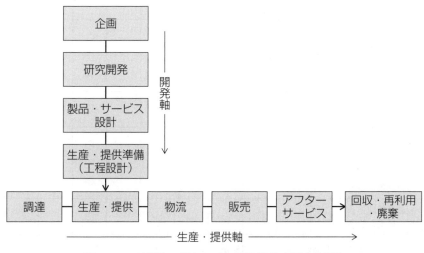

図 4.2.3　新製品・新サービス開発管理の領域と機能

表 4.2.1　新製品・新サービス開発プロセスと品質保証のための
重要なマネジメント活動との関係

プロセス ＼ 重要なマネジメント活動	(a) 開発プロセスの見える化	(b) 新製品・新サービスの企画と潜在ニーズの把握	(c) プロジェクトマネジメント	(d) ボトルネック技術の特定とブレークスルーの実現	(e) 設計における標準化	(f) デザインレビュー	(g) ばらつきに対して頑健な設計	(h) 部門間連携と情報・知識の共有化	(i) 初期流動管理・市場・客先における品質情報の収集・活用	(j) 新製品・新サービス開発プロセスの見直し・改善と顧客満足度調査
個別　企画	◎	◎	○			○		◎	○	○
研究開発	◎		○	◎				◎	○	○
製品・サービス設計	◎		◎	○	◎	◎	◎	◎	○	○
生産・提供準備（工程設計）	◎		◎	○	◎	◎	◎	◎	◎	○
生産・提供	◎	◎ (注2)	○						◎	○
調達	◎		◎						◎	○
物流	◎		○						◎	○
販売	◎	◎	○						◎	◎
アフターサービス	◎	◎	○						◎	○
回収・再利用・廃棄	◎		○						◎	○
全体　品質保証体系の構築と改善	◎		○		○	○		◎	○	◎

注 1）◎：密接な関係がある．　○：関係がある．
注 2）サービスの場合は，サービス提供の際に顧客の反応を通してニーズを把握できる．

4.2 品質保証と顧客価値創造　　239

（1）開発プロセスの見える化

　新製品・新サービス開発プロセスで扱われているものは，情報であり目に見えにくい．このため，何らかの工夫をしないと，やるべきことが何なのか，やるべきことがやられているのかどうかがわかりにくい．したがって，開発プロセスを"見える化"するのがよい．開発プロセスの見える化とは，各々のプロセスを"適切な"大きさに分解し，分解された各サブプロセスのa）インプット，b）インプットが満たすべき条件，c）アウトプット，d）アウトプットに対する基準，などを明確にするとともに，開発の状況を様々な図，表などで表し，その内容及び進捗が関係者にすぐにわかるようにすることである．

　新製品・新サービス開発プロセスをどのくらいの大きさに分解するのがよいのかは，新製品・新サービスの複雑さ，技術的な難しさ，標準化の度合いなどに依存して決めるのがよい．一般には，図 4.2.3 に示した各プロセスを更に幾つかに細分するのがよい．例えば，製品設計では，構想設計，基本設計，詳細設計などに分解するのがよい．また，各サブプロセスにおいて a）〜d）を定める場合，製品・サービスをその構成要素に分解し，それぞれに対応した a）〜d）を定めることが役立つ（例えば，組立製品においては，最終的なアウトプットとしての新製品・新サービスを分解すると，ユニット，モジュール，部品，材料などの構成要素に細分化される）．

　新製品・新サービス開発プロセスの実施に当たっては，リスクの軽減のために，インプット及びアウトプットを企画書や仕様書等の文書として定めるとともに，マイルストーンを設けて，期限までに条件を満たしたインプット及びアウトプットが用意できているかどうかを確認するのがよい．顕在化した問題については，速やかに分析を行い，必要に応じて応急処置を施すとともに，再発防止を行うのがよい．分析に当たっては，起因となるプロセスを明確にした上で，プロセスが十分な細かさで明確にできていたか，プロセスが適切な内容であったか，プロセスに必要なリソースを配分していたか，実施者はそのプロセスを正しく理解しておりそのプロセスを実施する技能をもっていたかなどを事実に基づいて明らかにするのがよい．

(2) 新製品・新サービスの企画と潜在ニーズの把握

新製品・新サービスの企画とは, "顧客・社会のニーズを発掘し, それにふさわしい製品・サービスのコンセプトを考案・決定すること"である. ここでいうコンセプトは, 誰の, どのようなニーズを, どのような手段, どのレベルまで満たすのかを簡潔に記述したものである. 企画には, ニーズを発掘するために, またコンセプトを考案・決定するために必要な調査も含まれる.

企画は, 個人の技量に任されることが少なくないが, その結果が以降の新製品・新サービス開発プロセスに多くの制約を与えてしまうので, 企画のためのプロセスを確立し, 進めるのが望ましい. 新規性の高い新製品・新サービスや潜在ニーズに着目した新製品・新サービスを企画する場合には, 以下の手順に従って進めるとよい.

① 市場情報を用いて, 新製品・新サービスに関する仮説を洞察・設定する.

② 調査を行い, 仮説を検証し, ニーズの明確化と整理を行う.

③ ニーズに基づく独創的なアイデアを創発し, 新製品・新サービスのコンセプト案を作成する.

④ コンセプトテスト案に関する調査を行い, 最終のコンセプトを決定する.

⑤ 最終のコンセプトを用いて, マーケティング要素の統合を行う.

⑥ 顧客の要求項目を, 抜け・漏れなく的確に研究開発や設計に伝達する.

新製品・新サービスの企画においては, 顧客の潜在ニーズ, すなわち顧客自身もまだ気づいていない, もしくは気づいていてもそのイメージが曖昧であることの中に潜んでいるニーズを把握することが重要である. これらのニーズは, 顧客から発言された要望だけを考察していても, 適切に把握することは難しい. そのため, 上記のステップを繰り返しながら, 徐々に潜在ニーズを明確化するのがよい. 有望な新製品・新サービスのコンセプトに関する仮説を構築するためには, 徹底的に顧客やその行動プロセスを洞察し (観察して, その本質や奥底にあるものを見抜き), または顧客になりきり, そのニーズを考え, その上で顧客に接近し, あるいは顧客を引き寄せて価値を創造するのがよい.

4.2 品質保証と顧客価値創造　　　241

(3) プロジェクトマネジメント

　製品・サービス又はその要素を設計し，それに必要となる技術を開発するために実施される有期性の活動はプロジェクトと呼ばれる．プロジェクトマネジメントとは，プロジェクトの要求事項を効果的・効率的に満足させるために，人，モノ，金，情報，知識（ツールと技法など）をどのようにプロジェクト活動へ適用するかに関する計画，実施，チェック及び処置をいう．

　プロジェクトマネジメントにおいては，まず，a) 利害関係者のニーズ，b) プロジェクトの目的と目標，c) マイルストーンとスケジュール，d) 組織，e) 環境に関する制約条件や前提条件（人数が限られている，地理的に離れた場所で行う，他社との連携が必要であるなど），f) 投資収益率を含めたプロジェクトの妥当性を示す情報，h) 予算などを明確にした文書を作成するのがよい．

　次に，プロジェクト計画を立てる．必要な能力を有する人をどう集めるか，集めた人をどのようなチームとして編成するか，作るべき成果物（仕様書，設計書など），必要な資材・資源は何か，これらをどうやって入手（購入を含む）するか，どこに金が必要か，資金はどう手当てするか，プロジェクト運営のために必要な情報は何かなどを明らかにするのがよい．この際，プロジェクトで行うべき作業を大まかなレベルで検討し，WBS（Work Breakdown Structure：作業工程の分解）を作成するのがよい．また，併せて，プロジェクトにおいて発生し得るリスクを洗い出し，その事前の対応策を検討しておくのがよい．リスクを洗い出すに当たっては，類似プロジェクトにおける失敗等を参考にするのがよい．

　プロジェクトの実施に当たっては，QCDなどの実績を計画と比較し，計画から大きく外れないよう，また，外れてきたら，どのような対策が必要かを検討し，仕事のやり方を変更することが大切である．このため，実績と計画とのギャップやその兆候がすぐ見えるように工夫するのがよい．また，プロジェクトに関するリスクの状況（事前に洗い出したもの以外のリスクを含む）が見える仕組みを考えるのがよい．さらに，上司の現場訪問など，開発管理責任者（プロジェクトマネージャ）と上司とが密接にコミュニケーションを行い，上司が

242 　第4章　ISO 9004 から TQM へ

状況を把握できるようにする仕組み，開発管理責任者が問題を上司へエスカレーションする仕組みを明確にしておくのがよい．

（4）ボトルネック技術の特定とブレークスルーの実現

　顧客価値の創造を目的として新製品・新サービスを開発するためには，顧客の顕在ニーズはもちろんのこと，潜在ニーズを把握した上で，製品・サービスに独創的なアイデアを付加する必要がある．この独創的なアイデアを実現するためには，既存の技術あるいはその延長線だけでは困難が伴う場合も多く，今までにない新しい技術が必要となる．このような技術をボトルネック技術という．ボトルネック技術は，新製品・新サービスの開発プロセスの早い段階で特定し，計画的にブレークスルーを図る必要がある．

　ボトルネック技術が現れてくる場合には幾つかのパターンがある．例えば，顧客ニーズの高度化・多様化に対応するのが困難である場合，設計品質の水準や公差の大幅なレベルアップに対応するのが困難である場合，ある品質特性を改善すると他の品質特性が悪化してしまうような二律背反する現象を解決するのが困難である場合，新規機構や新規機能の導入に伴って品質確保が困難である場合などである．そのため，これらのパターンを整理した上で，ボトルネック技術を特定する際に活用するのがよい．また，品質機能展開などの方法を活用するのがよい．

　ボトルネック技術のブレークスルーの実現を図る際には，

　a)　関連会社やパートナに解決する手段が存在する，

　b)　競合他社・競合組織に解決する手段が存在する，

　c)　他分野では解決する手段が存在する，

　d)　世の中に解決する手段がない，

のいずれに該当するかを考えた上で最適なアプローチを探るのがよい．関連会社やパートナに技術がある場合には，各々の果たす役割を明確にした上で，密接な連携を図るとよい．また，競合他社・競合組織や他分野に技術が存在する場合には，独自技術を開発する，相互にライセンスを活用できるようにする，

4.2 品質保証と顧客価値創造 243

技術を買うなどの選択肢を考えて，最も適切な方法を選ぶのがよい．世の中には技術がない場合には，自社・自組織のリソースを考慮した上で，取り組むかどうかを決めるのがよい．ブレークスルーの実現では，

a) 実験計画法・タグチメソッド

b) TRIZ（Theory of solving inventive problems，発明的問題解決理論）

c) PDPC（Process Decision Program Chart，過程決定計画図）

のような手法を適切に活用し，科学的にアプローチすることが重要である．

(5) 設計における標準化

設計とは，新規技術や既存技術を活用し，企画段階で定めたコンセプトや要求を実現する手段を考えるプロセスである．設計には，新規技術の開発が必要となる部分もあるが，既存技術を活用することで実現できる部分も多い．したがって，標準化を進めることが大切である．

新製品・新サービスの設計においても，新規に設計しなければならない部分ばかりではなく，従来と共通する構成要素が多くある．したがって，設計のモジュール化・部品化を行うのがよい．モジュール・部品とは交換可能な構成単位や標準化された構成要素を指し，モジュール化・部品化はモジュール・部品を用意し，これを継続的に使うことを意図している．設計のモジュール化・部品化を進めるに当たっては，以下の点を考慮するのがよい．

- 基本的な方針や基準，モデルを決めて取り組む．
- できるだけ現在の資産を有効活用する方法を検討する．
- 新製品・新サービスの構成要素を固定部と変動部に分けて捉える．
- 細かく分けることによる設計の手間と大きく分けることによる余剰の機能・性能のトレードオフを考慮し，適切な大きさにする．
- 他からの影響をなるべく受けないよう，一つの機能が一つのモジュール・部品に対応するようにする．
- 場合によっては，一切変更できないモジュール・部品だけではなく，一部を変更すれば広く活用できるようなモジュール・部品を考える．

第4章 JIS Q 9004

244　　　　　　第4章　ISO 9004 から TQM へ

また，モジュール・部品を活用するに当たっては，モジュール・部品の検索シ
ステムを用意するとともに，各モジュール・部品の機能や仕様を明確にしてお
くのがよい．また，設計者は独自のものを作りたがる傾向があるので，標準化
されたモジュール・部品を使わざるを得ないような仕組みを設けるとともに，
再利用率の目標値を決めておくのがよい．さらに，新規部分や他のモジュー
ル・部品との関わり，標準化されたモジュール・部品の修正によって不具合が
発生しないよう，適切なレビューや検証を行うのがよい．

　設計を効果的・効率的に行うためには，設計に関する技術の蓄積と伝承が重
要であり，設計プロセスを標準化するのがよい．設計プロセスの標準化とは，
設計者が作業を迷わず進めるためのルールを定めることであり，設計プロセス
の段階（概念設計，基本設計，詳細設計など）を決めたり，技術標準（コンポー
ネントの分解の仕方，基準・規格の決め方，評価方法などを定めた標準）を設
定・管理したり，仕様書・設計文書の様式を決めたりすることが含まれる．設
計プロセスの標準化を進める場合，以下の事項を考慮するのがよい．

- 現在のやり方を文書化し，問題があれば改訂することを基本にする．改訂
  の際には，合理的な理由があるか，副作用がないかを確認する．
- 似た標準が別々に作成されないよう，主管部門を設けて統括・調整する．
- 標準に従っていないと承認されないなどの仕組みを工夫する．
- 設計現場の状況を無視した標準化や，行き過ぎた標準化に注意する．
- 各職場で適用する必要のある標準をリスト化し，明確にしておく．また，
  各新製品・新サービスについて，適用すべき標準を明確にしておく．

(6) デザインレビュー

　新製品・新サービスの開発においては，どうしても担当者の知識不足や誤解
による誤りが発生したり，後工程について十分思いが至らないために，製造容
易性や信頼性・保守性，使用性，環境への影響などについての検討不足が発生
したりする．デザインレビュー（DR）とは，新製品・新サービスの開発活動
の適切な段階で必要な知見をもった人々が集まって，企画・設計のアウトプッ

4.2 品質保証と顧客価値創造 245

トやプロセスを評価し，担当者が気づいていない問題を指摘する，及び／又は
次の段階への移行の可否を確認・決定する組織的活動である．

DR は，新製品・新サービスの開発のプロセスに沿って，それぞれの段階で
必要に応じて行うのがよい．特に，設計については，基本設計，詳細設計など，
幾つかの段階に分けた上で，目的・範囲を絞った DR を行うのがよい．例えば，
基本設計段階では，新規開発技術と既存技術の使い分けが適切か，企画段階に
決めたコンセプトが実現できているか，実現可能な内容かどうか，などがポイ
ントとなる．また，詳細設計段階では，基本設計で定めた内容が実現できてい
るかどうか，既存の問題に対する対応が適切に行われているか，設計検証や試
作評価などの条件・範囲が適切かどうか，などがポイントとなる．なお，開発
の重要度・難易度に応じてクラス分類を行い，重要度・難易度の低い新製品・
新サービスについては幾つかの段階の DR を省略した計画を考えるのがよい．
また，新規点・変更点，設計の複雑さ・難しさ，影響の大きさなどに応じて特
定の部分に重点化した DR を行うのがよい．

各段階の DR については，インフォーマルデザインレビュー（ピアレビュー）
とフォーマルデザインレビュー（公式レビュー）とを適切に組み合わせるのが
よい．また，レビューアは，DR の目的・範囲に関する専門的な知見をもった
人を選ぶのがよい．さらに，問題に気づく工夫をすることが重要である．この
ため，企画・設計の内容をわかりやすく可視化するためのツール，例えば 3D
画像やシミュレータなど，を活用するのがよい．また，FMEA（Failure
Mode and Effects Analysis：故障モード影響解析）などを活用して故障モー
ドに基づく DR を行ったり，品質機能展開などを活用し要求と実現手段との対
応関係に着目した DR を行ったりするのも効果的である．

(7) ばらつきに対して頑健な設計

新製品・新サービスの典型的な失敗として，開発時にはうまく機能していた
ものが，使用・利用方法や使用・利用環境の相違，生産・サービス提供時の材
料や作業のばらつき，製品・サービスやそれを取り巻く条件の経時的な変化な

どにより，市場や客先，生産・サービス提供の現場では設計で狙ったとおりに機能しないケースがある．このため，相違・ばらつき・変化に関する情報を収集し，これを十分考慮した設計を行う必要がある．

　使用・利用環境を限定したり，生産・サービス提供時のばらつきなどをコントロールすることは，利便性を損なったり，コストの増大を招く．したがって，新製品・新サービスの設計に当たっては，使用・利用方法や使用・利用環境の相違，生産・サービス提供時のばらつき，製品・サービスやそれを取り巻く条件の経時的な変化などがあっても，その製品・サービスが確実にその機能・性能を果たすようにするのがよい．これは頑健な設計と呼ばれる．

　頑健な設計を実現するためには，a）ばらつきの系統的な整理，b）対象とする目標・機能と仕様・設計条件の明確化，c）頑健性を実現する仕様・設計条件の決定という手順に従うとともに，タグチメソッドなどの手法を活用するとよい．

　製品・サービスの使用・利用方法や使用・利用環境は，設計部門が想定しているものとは異なる可能性があるので，顧客に近い営業部門，サービス部門，関係会社，パートナなどと連携し，これらに関する情報を積極的に収集し，まとめるとよい．この際，実物を集めたり，写真や動画を活用したりすることを考えるとよい．また，ICT を活用し，情報を自動的に収集できる装置を製品・サービスに組み込むのもよい．収集した情報の活用に当たっては，顧客や使用・利用場面を適切に分類し，製品・サービスの使用者・利用者が，どのような目的でどのような機能を使用・利用しているかなどを表すユースケースを明確にするとよい．また，生産・サービス提供において用いられる部品・材料や設備・機器，生産・サービス提供時の作業や環境条件などのばらつきに関する情報についても，同様に積極的に収集・活用するのがよい．

(8) 部門間連携と情報・知識の共有化

　新製品・新サービスの開発には多くの部門が関わる．また，顧客ニーズの多様化に伴ってより多くの新製品・新サービスを短期間に開発することが求めら

4.2 品質保証と顧客価値創造　　　　247

れるようになるにつれて，関連会社やパートナとの連携も重要となっている．
したがって，組織は，新製品・新サービス開発管理を効果的・効率的に行うた
め，関連する部門が連携し，広範囲にわたる情報・知識を集め，共有・活用す
るのがよい．連携に当たっては以下を考慮するのがよい．

- 目指すべき姿を描き，共有する．
- 会議体などの場を設定する．
- どの部門の間でどの情報・知識を共有するかを明確にする．
- ICT を活用する．
- 共有した情報・知識を基に，各々の部門が行うべき活動をすり合わせる．
  また，得られた結果を集約し，活動の見直しを行う．
- 一つの部門では実現できなかったような深い分析やより効果的・効率的な
  実施を目指す．
- 開発後に横断的な視点で見直しを行い，部門間連携に関わるプロセスの総
  合的なレベルと一貫性を高める．

部品・材料の納期，コストなどは，製品・サービスの早期立上げあるいは製
品・サービスのコストダウンに大きく影響する．このため，調達先との連携が
重要となる．また，物流会社，仲卸会社，販売店など，製品・サービスを顧客
に届ける手助けをするパートナとの連携も重要である．したがって，調達先及
びパートナとの情報の共有や密なコミュニケーションを図るのがよい．この際，
以下の事項を考慮するのがよい．

- どのような技術を自社・自組織で保有するかを明確にした上で，調達先・
  パートナの保有する技術及びノウハウを適切に活用する．
- 連携先は特定のところに限定せず，広く可能性のあるところを候補とする．
  その上で，連携の深さによって幾つかのタイプ分けを考える．
- 長期的な視点に立って，ビジョン・価値観を共有し，各々の組織の長所・
  欠点を補い合う，Win-Win の関係の構築を図る．
- ビジョン・価値観を達成する上で有効と考えられる，TQM などの組織運
  営の方法を相互に教え合う，学び合う取組みを促進する．

248 第4章 ISO 9004からTQMへ

- 技術のブレークスルーの実現を共同で進める場合には，人の交流（常駐や出向などを含む）や設計情報の提供なども考慮して連携を図る．

(9) 初期流動管理，市場・客先における品質情報の収集・活用

新製品・新サービスの開発においては，市場・客先に出す前の検討では予測できなかった事象（市場・客先での不具合など）が発生することがある．これらの事象については，その発生を待つのではなく，なるべく早い段階で顕在化させ取り除くことが，顧客満足や目標どおりの安定した質・量・コストの達成につながる．このため，組織は，新製品・新サービスを市場・客先に提供し始めた後の一定期間（例えば，3か月，生産台数1,000台など），市場品質情報の収集，検査・確認，問題解決などについて日常とは異なる特別な組織的活動を実施することが望ましい．この特別な組織的活動を初期流動管理と呼ぶ．

新製品・新サービスが市場・客先のニーズに合致している度合いや市場・客先の困りごと・課題を解決できている度合いを評価し，当該の新製品・新サービスの改善を図るとともに，市場・客先の新たな困り事や期待・要望を適時に的確に把握して今後の新製品・新サービス提供につなげるために，市場・客先における品質情報を収集・活用するとよい．代表的なものはクレーム・苦情であるが，これらについては，現地調査・現物調査を行い，修理や交換などの応急処置を実施し，顧客の不満を迅速に解消するとよい．また，その原因を特定するには，当該の問題を再現できることが重要になるため，クレーム・苦情となった新製品・新サービスの識別番号（製造番号や顧客番号など）や使用・利用開始時期，不具合が発生した部位，その内容などの現象を把握するとともに，使用・利用されていた状況や使用・利用環境に関する情報を把握するのがよい．さらに，顧客・社会に与える影響が大きい場合には，同一及び類似の製品・サービスに対してリコール・回収などの処置を速やかに検討する必要がある．

市場・客先におけるクレーム・苦情の発生状況や製品・サービスの稼働状況・不具合発生状況に関する情報を定常的に監視し，潜在的な問題が存在していないかどうかを把握するのがよい．監視に当たっては，監視対象，監視項目，

4.2 品質保証と顧客価値創造　　　249

監視インターバル，アクション判断基準などを明確にしておくのがよい．監視対象・監視項目・監視インターバルを決めるに当たっては，監視コストと得られる品質情報の価値のトレードオフを検討するのがよい．また，製品・サービスの使用・利用状態を監視する機器や SNS などの IT を積極的に活用するのがよい．さらに，これらの品質情報は，一元管理するためにデータベース化し，必要に応じて活用できるようにするとよい．また，初期故障・不具合や劣化故障・不具合が発生していないかどうか，故障・不具合モードや故障・不具合発生率の変化が起こっていないかどうかについて，ワイブル解析等を使用して分析するのがよい．

（10）新製品・新サービス開発プロセスの見直し・改善と顧客満足度調査

初期流動管理や市場・客先における品質情報の監視は，新製品・新サービスに残存する問題を顕在化させ，迅速な処置をとるために有用であるが，これを繰り返すだけでは，次の新製品・新サービスの開発において同じ失敗を繰り返すことになる．このため，新製品・新サービス開発を進めてきた中で経験した個々の失敗や成功について深く掘り下げ，次の新製品・新サービスの開発に活かすことが大切である．

新製品・新サービスの開発における失敗には，開発が途中で中止になる，設計段階での不具合・手戻りが発生し開発が遅れる，生産やサービス提供段階での不適合・手直しが多く原価目標を達成できない，市場・客先におけるクレームや苦情が多発する，新製品・新サービスが計画どおり売れないなど様々なものがあり得るが，大きく，a) 不具合・不適合，手戻り・手直し，クレーム・苦情などの問題が多く発生する，b) 新製品・新サービスが計画どおり売れない，の二つに分けられる．

このうち，a) については，さらに，技術の不足に起因するもの，技術はあるものの，その伝達・活用に失敗したものに分けられる．前者に対しては，どのような領域の技術が不足しているかを明らかにした上で，人材の育成を含め，不足している技術を獲得するための取組みを計画的に進める必要がある．他方，

250　　　第4章　ISO 9004からTQMへ

後者に対しては，どのプロセスにおける発生防止の活動が弱いのか，どのプロセスにおける問題を検出し処置をとる活動が弱いのかを明らかにし，それら弱い部分の改善を図る必要がある．Ｔ型マトリックスなどの手法を活用するのが有効である．

　またb）については，広告・宣伝に起因する場合もあるが，開発・提供した新製品・新サービスに顧客が満足していないことに起因する場合が多い．顧客による製品・サービスの評価にはプラス面の評価とマイナスの面の評価がある．マイナス面の評価についてはクレーム・苦情などから情報を得ることができるが，これだけを分析していると，マイナスの評価だけを受け止めていることになる．したがって，プラスの面を含めた一般的な顧客の評価を体系的に把握していくことが大切である．顧客満足度調査の主な目的は，新製品・新サービスを企画・開発し世に出した後に，企画段階で想定したとおりに使用・利用され，顧客に満足し受け入れられているかを把握することである．プロダクトポートフォリオなどの手法を用いて顧客満足度調査の結果と企画時の狙いを比較し，不一致が見られた場合には，不一致を生じた原因が開発プロセスのどこにあるのかを明らかにし，改善するのがよい．

4.2.3　生産・提供のプロセス保証

　生産・提供では，設計どおりの製品・サービスの実現が目的となる．ここでいう生産・提供とは，製品・サービスを実現するためのプロセスの設計・計画に基づいて，調達，生産，販売，提供，アフターサービス，回収・再利用・廃棄を行うことを指す．生産・提供においてプロセス保証を具現化するための主な構成要素は，標準化，工程能力の調査・改善，トラブル予測・未然防止，検査・確認，工程異常への対応の五つである．これらの概要をまとめたものを，図4.2.4に示す．プロセス保証の質が向上していくと，無駄な検査・確認が減り，設計どおりの製品・サービスが確実に実現できるようになる．これが，生産・提供のプロセス保証の目指すところである．なお，生産・提供のプロセス保証を効果的・効率的に行うためには，製品・サービスの設計や生産・提供プ

4.2 品質保証と顧客価値創造　　251

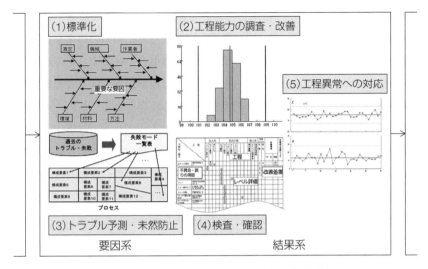

図 4.2.4　生産・提供のプロセス保証の構成要素

ロセスの設計・計画の段階からこれら五つの活動を行うことが必要である．

(1) 標準化

　プロセス保証のためには，プロセスのアウトプットが安定していて，かつ，好ましい水準にある必要がある．プロセスのアウトプットを安定させるためには，まず作業，設備，材料などのプロセスの 5M1E（Man, Machine, Material, Method, Measurement, Environment）に関する条件を一定に保つ必要があり，これらを標準化するのがよい．標準化とは，"効果的かつ効率的な組織運営を目的として，共通に，かつ繰り返して使用するための取り決めを定めて活用する活動"（JSQC-Std 00-001）を指す．プロセス保証において，標準化は，プロセスが標準で定められているとおりに運用できるようにし，アウトプットを安定させるための役割をもつ．

　標準化のためには，標準を作成しただけでは不十分で，それが遵守できるように教育・訓練し，うっかりミスに対するエラープルーフ化などを併せて行う

ことが重要となる．また，標準化においては，本当に必要な標準を必要な範囲で作成することで，その実質的な活用が可能となる．類似の標準を重複して作成することは，資源の無駄になるばかりか，標準類を軽視するきっかけになりかねないので，避けなければならない．さらに標準がある時点で有効であっても，時間の経過とともにその有効性が失われる場合もある．このため，業務環境に応じて見直し，維持・改訂する必要がある．

標準化を進める場合，プロセスが何かを定義し，一定に保つべき要因を洗い出すことが第一段階となる．プロセスを大まかに定義していたのでは，望ましい結果を得るために一定に保つべき要因の洗い出しが困難になる．そのため，プロセス保証を確実にするためには，プロセスを細分化して定義し，それぞれのプロセスについて抑えるべき要因を洗い出す必要がある．その際，それぞれの要因がアウトプットに与える影響を評価するためには，最終的に保証すべきアウトプットと細分化したプロセスの相互関係や連鎖（インプットとアウトプットのつながり）を明確にする．また，洗い出したそれぞれの要因ごとに，アウトプットが好ましくなるように，水準，管理方法を決める必要がある．さらに，プロセスが安定しているかどうかを確認するためには，それぞれのプロセスで保証すべきアウトプットを明確にする必要がある．そのうえで，それぞれのアウトプットに関する判定方法，基準を明確にする必要がある．

(2) 工程能力の調査・改善

作業，設備，材料などのプロセスの要因に関する条件の標準化を行い，プロセスのアウトプットが安定していても，例えば，慢性的な不良が発生している状況のように，アウトプットが要求事項を満たしているとは限らない．このため，アウトプットのばらつきを要求事項と対比し，望ましい水準にあるかどうかを判定するとともに，必要に応じて改善する必要がある．工程能力とは，プロセスが均一な製品・サービスを提供することができる程度であり，一般にはプロセスのアウトプットのばらつきの大きさで表される．また，工程能力の調査とは，品質保証上重要な品質特性を選定した上で，プロセスから製品・サー

4.2 品質保証と顧客価値創造　　253

ビスをサンプリングして品質特性を計測し，工程能力を明らかにすることである．これには，工程能力を規格などの要求事項と対比して，十分な能力があるかどうかの評価を含む．この評価は，工程能力指数を用いて行うのが一般的である．工程能力の調査結果は，製品設計や工程設計のための基礎資料を与える．また工程改善の必要性や，発生すると考えられる不適合に対する検査・確認の必要性，妥当性を検討するのに用いられる．

　工程能力の調査では，ばらつきを評価するのに適切なデータを収集することが第一段階になる．ばらつきには，標準が守られている場合のばらつきと，守られていない場合のばらつきがある．工程能力調査で評価すべきなのは，標準が守られている場合のばらつきである．そのばらつきを評価できるように，適切に群分けされたデータを適切な期間収集し，分析する必要がある．アウトプットのばらつきが十分小さいかどうか，アウトプットが望ましい水準にあるかどうかは，アウトプットの分布と規格とを比較することより確認できる．このためには，指数化が有益である．プロセス保証のためには，プロセス設計において工程能力を確保することが重要である．そのためには，検討中のプロセスの工程能力調査結果とともに，過去の工程能力調査結果もプロセス設計で活用するとよい．工程能力が不十分な場合には，プロセス設計を見直す．プロセスの条件と工程能力の関係が不明確な場合には，技術的な検討を中核に実験などにより，最適な条件を求める．

(3) トラブル予測・未然防止

　工程能力はプロセスが計画どおり実施されているときのものであり，計画どおりに活動が行われない場合には工程能力の評価結果どおりにはならない．トラブル予測とは，プロセスにおける 5M1E の標準・基準からの逸脱，及び標準・基準に定められていない部分の変化の可能性を洗い出し，それらに伴う影響を評価する活動である．なお，洗い出し評価するべきものとしては，人の意図しないエラーや意図的な不遵守，設備の劣化や故障，部品・材料の仕様からの逸脱，及びそれらによって引き起こされる不適合品，クレーム，事故の発生

などがある．また，未然防止とは，トラブル予測を行い，これに基づき容認できないトラブルの可能性又は影響をゼロ又はミニマムに抑えるための対策を立案し，実施することである．

　様々なトラブルを横断的に眺めてみると，"同じようなトラブルを別の場所で起こしている"場合が多い．このため，過去に発生したトラブルの事例を多数集め，そこから共通するトラブルの型（パターン）を抽出・整理することができる．これを検討中のプロセスに適用することによって，起こり得るトラブルを系統的に洗い出し，トラブル予測における漏れを減少させることができる．共通するトラブルの型は，"不具合モード"と呼ばれる（トラブルの内容により，故障モード，エラーモード，失敗モードなどと呼ばれる場合もある）．他方，不具合モードをプロセスに適用する場合，プロセスをより細かい構成要素に分けておくことが大切である．これはプロセスを大きく捉えていると見方が粗くなり，漏れが生じるためである．さらに，洗い出したトラブルについては全てを対策の対象とするのは現実的でない．このため，QCDなどに与える影響を評価し，対策が必要かどうかを判断する必要がある．これらのことを行うための代表的な手法に，FMEAがある（図4.2.5参照）．

　予測されたトラブルのうち，対策が必要と判断されたものについては，具体

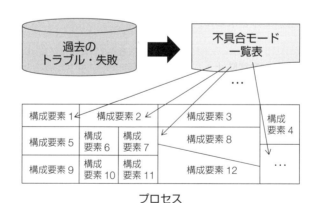

図4.2.5 トラブル予測の基本的な方法

4.2 品質保証と顧客価値創造 255

的な対策を立案し，実施する必要がある．予測されたトラブルの多くは類似の
プロセスにおいて経験済みのものであり，有効な対策が既に存在している場合
が多い．このため，対策の立案に当たっては，過去の有効な対策を発想チェッ
クリスト（対策案を考えるヒントをリスト化したもの）や対策データベース（事
例集）等として整理し，これを活用するのがよい．

(4) 検査・確認

検査・確認とは "対象の1つ以上の特性値に対して，測定，試験，ゲージ合
わせ又は見本との照合などを行って，規定要求事項に適合しているかどうかを
判定する行為" である．なお，ここでいう対象とは，最終製品・サービス（顧
客や後工程に提供されるもの）だけでなく，その元となるプロセスの中間生成
物やプロセスへのインプットを含む．また，物理的なものに限らず，データや
ソフトウェアなども含む．さらに，検査・確認というと，生産・提供と独立し
た人が行うものと捉えている人が少なくない．しかし，作業の中に組み込まれ
た自動的な検査（要求事項に適合していないと作業ができない等）のように，
生産・提供に携わる人が，自分の行った作業の結果をその場で確認することや，
設備によりプロセスのアウトプットと基準値との比較確認を行っていることも
検査・確認に含めるのがよい．

検査・確認の本来の目的は，"正しいこと"，すなわち規定要求事項に適合し
ていることを確認することである．ただし，有限の検査・確認回数では "正し
いこと" を確認できない．例えば，入力 X に応じて出力 $Y = 5X + 3$ を出すソ
フトウェアを考える．検査・確認の対象となる製品・サービスがどのような生
産・提供プロセスを経て得られたものかに関する情報が全くなければ，$X = 1.0$ でこのソフトウェアが要求事項に適合していることを確認したからといっ
て，$X = 1.1$ で正しい結果が得られると期待する合理的な根拠はなく，無限回
の確認が必要ということになる．検査・確認では，上記の問題を回避するため
に，"発見すべき典型的な不適合" を考え，その不適合がないことを確認する．

検査・確認は，発見すべき典型的な不適合の範囲を限定するほど，効果的・

効率的になる．これは，不要な検査・確認を省略することや，的を絞った検査・確認を行うことが可能になるためである．したがって，効果的・効率的な検査・確認を行うためには，プロセスの標準化，工程能力の調査・改善，トラブル予測・未然防止などを徹底して行うのがよい．これらを徹底することで，アウトプットについて予測可能なプロセスが得られ，検査・確認の工数を大幅に削減することができる．逆に，最後に検査・確認を行うのだから，生産・提供のプロセスはどうでもよいと考えると検査・確認のための膨大な工数がかかることになり，有限の検査・確認工数しか利用できない状況では数多くの見逃しが発生することになる．

　検査・確認を適切に計画・実施するためには，a）発見すべき典型的な不適合，b）当該の不適合を効果的・効率的に発見するための方法を明らかにしておくことが大切である．このうち，a）を明らかにするためには，工程能力調査やトラブル予測の結果が役に立つ．他方，b）については，プロセス中のどこで検査・確認を行うか，どのような対象のどのような特性を測定するか，測定方法，合格判定基準などを決める必要がある．候補となり得るものを系統的に列挙した上で，検査・確認に必要となる費用，検査・確認で発見できる可能性などを考慮して，最適なものを選ぶのがよい．また，これらの検討の結果を一覧表にまとめ，顧客・後工程に対する保証の度合いを評価するのがよい．

(5) 工程異常への対応

　プロセス保証を効果的，効率的に行うためには，標準化，工程能力の調査・改善，トラブル予測と未然防止などが重要である．しかし，これらを完全に実施することは現実的に困難である．このため，工程異常が発生する場合がある．工程異常とは，“プロセスが管理状態にないこと”（JSQC-Std 00-001）である．なお，ここでいう管理状態とは，プロセスが安定していて，かつアウトプットが好ましい水準にある状態である．工程異常が発生すると，プロセスのアウトプットが望ましい状態であることが確保できず，プロセス保証ができていないことになる．

4.2　品質保証と顧客価値創造　　257

　工程異常の発生は，プロセスにおいて決められた状態から何らかの逸脱や変化により生じるからである．このため，工程異常への対応を考える必要がある．

　工程異常への対応のためには，工程異常の発生が一目でわかるような検出方法を検討し，発生時には即座に応急処置をとり，そののち再発防止をとる体制を作る必要がある．工程異常の検出については，どのような工程異常が起こり得るのかを検討し，それが適切に検出できるように管理項目とその管理水準を決め，管理図やグラフなどを用いて視覚化することが要点となる．また，応急処置においては，工程異常の影響が他に及ばないよう，即座にプロセスを停止するなどの処置をとるのがよい．さらに，異常が発生したということは，5M1E の標準・基準からの逸脱，及び標準・基準に定められていない部分の変化が生じたということなので，その原因を追究し，再発防止を検討することが必要になるが，その際には，設定された標準どおりに実践されているかどうか，標準の設定が適切であるかどうかなどの視点から検討を行うのがよい．また，発生した工程異常のタイプ（突発型，傾向型，周期型など）に関する情報を適切に活用することも大切である．

　工程異常の検出，工程異常に対する処置は，日常的に実施するべき事項であるので，日常的な業務（朝礼，引継ぎ，業務打合せなど）の中に適切に取り込むのがよい．また，異常の原因が複数の部門にまたがる場合もあるので，関連すると思われる部門が連携できる仕組みを構築しておくのがよい．

参考文献

1)　JIS Q 9027：2018，マネジメントシステムのパフォーマンス改善−プロセス保証の指針
2)　JSQC-Std 22-001：2019，新製品・新サービス開発管理の指針
3)　日本品質管理学会（2006）：『新版　品質保証ガイドブック』，日科技連出版社

258　　　　　　第 4 章　ISO 9004 から TQM へ

4.3　方針管理と日常管理

4.1 節で述べたように，TQM の中核である "プロセス及びシステムの維持
向上と改善・革新" を組織の中で推進していくためには，何らかの仕組みが必
要となる．その代表が "日常管理" と "方針管理" である． "日常管理" と "方
針管理" は，目標管理やバランスト・スコア・カードなどの経営管理手法と比
較されながら，TQM の原則に基づく有用な方法論として多くの組織で導入さ
れ実践されてきた．また，その長い実践の歴史の中で，業種・業態や各組織の
実情に適したものにするための工夫が行われ，その考え方や方法が進化してき
た．反面，結果として，考え方や用語から具体的なツール類に至るまでその内
容が人により組織によりに異なっており，中には， "方針管理" や "日常管理"
という名称を使っているものの，本来の目的や意図とは全く異なる活動を展開
している例もある．ここでは，JIS Q 9023（方針管理の指針）及び JIS Q
9026（日常管理の指針）を基にその全体像を示す．

4.3.1　TQM における日常管理と方針管理の役割・位置付け

事業目的を達成するためには，組織として行うべき活動を "事業計画" とし
て明文化するのがよい．ここでいう事業計画には，中長期経営計画，それを達
成するための事業戦略，年度事業計画，更にそれらを各部門に展開した計画や，
それぞれの部門が日常の業務を行うための実行計画なども含まれる．

事業計画が定まると，その達成のためには組織の各部門では次の二つを行う
ことが必要となる．

　a）既に実現できている部分を確実に担保する活動（維持向上）

　b）不足している部分について新たに取り組む活動（改善及び革新）

このうち，a）に対応するのが "日常管理" であり，b）に対応するのが方針
管理，すなわち日常管理だけでは足りない部分について，取り組むべき課題及
び問題を目的指向及び重点指向の原則に沿って明らかにし，達成及び解決する
ために行う活動である．言い換えれば，日常管理及び方針管理はセットで事業

4.3 方針管理と日常管理　　　259

図 4.3.1　事業計画と日常管理と方針管理との関係

計画を実現させるための活動であると考えるのがよい（図 4.3.1 参照）.

　三者の関係を別な表現で表すと図 4.3.2 のようになる．ある組織・部門では，事業目的から展開されてくる，売上げ・生産量・品質レベルなどの求められるパフォーマンスのレベルを"期末必達目標"として事業計画を立てる．この目標に対して，従来の実績から a)"既存のプロセスを確実に行うことでカバーできる部分"を明確にすることによって，b)"既存のプロセスを確実に行うことでは足りない部分"が明確にできる．この a) の部分をカバーするのが日常管理であり，b) の部分をカバーするのが方針管理である．なお，b) には，期

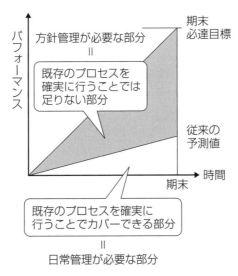

図 4.3.2　目的から見た日常管理と方針管理との関係

の始めに予測できたギャップを埋める活動だけでなく，さらに事業環境の変化に合わせて，組織内の全体あるいはしかるべき部門がタイムリーに対応したり，より積極的に従来の延長にないプロセス及びシステムを構築したりする取組みが必要な場合の活動も含んでいる．

進め方から見れば，SDCA（Standardize-Do-Check-Act）サイクルに沿って"日常管理"を行っていた業務について，目標を達成する上での不足が明確となると，日常管理に加え，PDCA（Plan-Do-Check-Act）サイクルに沿って"方針管理"として課題達成及び問題解決に取り組むことになる．また，課題達成及び問題解決が終了すると，得られた成果を基に標準化を行い，日常管理に活かすことになる（図4.3.3参照）．

上記の考え方に従うと，既存の仕事の大部分は日常管理でカバーすることとなり，方針管理は真に変えなければならない少数の重要な項目を扱うこととなる．例えば，従来と同程度の拡大を狙う売上高，利益などは日常管理の範囲と捉える．製造部門などで，年間200件程度の改善・革新を進めてきた組織が来年度も同程度の改善・革新を進めるのは，日常管理の範囲内で扱うことにな

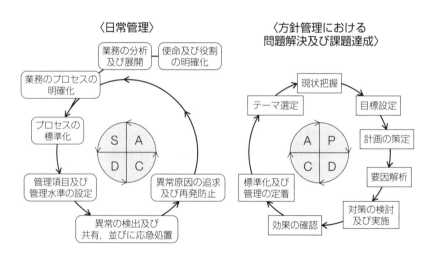

図4.3.3　進め方から見た日常管理と方針管理との関係

4.3 方針管理と日常管理　　261

るし，技術部門など新商品開発を進めること自体を業務としている部門で従来の仕組みに則って従来と同程度の質と量の新商品開発を進めることも日常管理の範囲内で扱うことになる．このように考えると，方針管理の対象となる項目数が多くなったり，毎年毎年同じ方針を掲げたりすることはなくなる．真に変えるべきことを方針として取り上げて，重点的な取組みを行い，変化を加速させ，その実現性を高めることができる．

4.3.2　日常管理の要点

（1）日常管理の基本概念

　日常管理の概念は，"シューハート管理図"から発展した（図4.3.4参照）．管理図では，まず，プロセスのできばえを評価するための特性を決める．次に，当該の特性の統計的な分布を調べ，その結果に基づいて計算した中心線及び管理限界線を引いたグラフを用意する．その上で，適切な頻度でデータをとり，点をプロットしていく．プロットした点が管理限界線の中に入っており，点の並び方に偏った傾向がない場合には，特に追究する必要のある原因はないと考え，そのまま業務を続ける．点が管理限界線の外に飛び出したり，点の並び方に偏った傾向が見られたりした場合には，見逃せない原因が発生していると考え，応急処置をとるとともに原因を追究して再発防止の処置をとる．突き止めて取り除く必要のある原因によって結果が通常の安定した状態から大きく外れる事象は，"工程異常"又は"異常"と呼ばれる．このようなことを繰り返すことで，安定したプロセスを実現するための方法が管理図である．

　管理図が有効に機能するためには，プロセスのできばえを評価するための特性が一定の分布に従うことが重要となる．このため，作業，設備，資材，計測など，結果に影響を与える原因に関する取決め（標準）を定め，それに従って業務を行う体制を確立すること（標準化）が前提として求められる．また，異常を発見した後の原因追究及び再発防止においては，標準に着目することが重要となる．管理図と，管理図を有効に機能させるためのこれらの一連の活動とが一体となって生み出されてきたのが日常管理といえる．

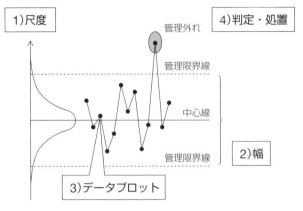

図 4.3.4　管理図の基本概念

(2) 日常管理の進め方

　維持向上を行う場合に役立つ考え方がSDCAサイクルである．これは，標準化（Standardize），実施（Do），チェック（Check），処置（Act）のサイクルを確実かつ継続的に回すことによって一定の結果が確実に得られるようなプロセスやシステムを作り上げるという考え方である．維持向上，改善及び革新を行う方法をより包括的に表したものにPDCAサイクルがあるが，SDCAサイクルは，PDCAサイクルの中の計画（Plan）において，目標を現状又はその延長線上に設定するとともに，現状の業務のやり方を組織の取決め（標準）として定めて活用することで"維持向上"を図る方法をわかりやすく示したものといえる．

　図4.3.5は，一つの部門（ひとまとまりの業務を行う最小単位の管理組織であり，典型的には管理者1人，構成員数人〜数十人の組織）における日常管理の進め方の流れを示したものである．この図をSDCAサイクルと対応付けると，"1) 部門の使命・役割の明確化"から"5) 管理項目・管理水準の設定と異常の見える化"までがS（標準化）に当たる．ただし，このうちの"4) プロセスの標準化"と"5) 管理項目・管理水準の設定と異常の見える化"はD（実施）の中で繰り返し実施され，補強されていく．また，"6) 異常の検出

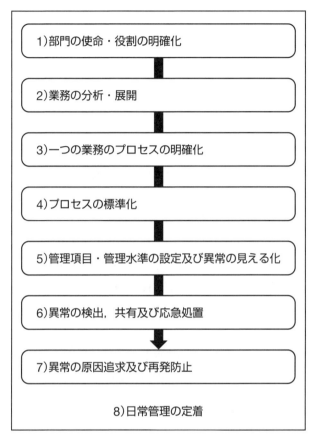

図 4.3.5　一つの部門の日常管理の進め方

と共有及び応急処置"から"7) 異常の原因追究及び再発防止"までが C（チェック）と A（処置）に当たる．これらを支えるのが"8) 日常管理の定着"である．

(3) 部門の使命・役割の明確化と業務の分析・展開

　部門の日常管理を効果的かつ効率的に実践するために，当該部門の使命・役割（組織が経営目標を達成するに当たって必要となる機能を分解し，部門又はその構成員に割り当てたもの）を明確にする．この際，誰に対して何を提供す

るのかを規定するのがよい.

次に,部門が行う業務(使命・役割を達成するために行う必要のある活動及び行為)を実行可能なレベルにまで具体化する.業務は,対象(名詞)と作用(動詞)とを組み合わせて記載するのがよい.このような表現は,機能表現と呼ばれる.業務は,1次機能,2次機能,3次機能などに分析・展開(機能展開)することによって,その内容を具体化することができる.

(4) 一つの業務のプロセスの明確化とプロセスの標準化

業務の分析・展開を通して得られた各業務については,それを行う手順をプロセスフローとして明確にする必要がある.ここでいうプロセスフローとは,複数のプロセスが,一つのプロセスのアウトプットが次のプロセスのインプットになる関係を構成することで,狙いとする価値を提供するようにしたものであり,一つのプロセスのアウトプットが複数のプロセスのインプットになる場合もあれば,複数のプロセスのアウトプットが一つのプロセスのインプットとなる場合もある(図 3.8.1 参照).

個々のプロセスについては,そのアウトプットが安定して要求事項を満たすようプロセスの要因の条件を一定の範囲内に維持するために,標準化を行うことが必要である.対象となる要因には,プロセスへのインプット,プロセスにおける作業及び担当者,並びに使用する経営資源が含まれる.

(a) 重要な要因の特定及び条件の設定

プロセスを標準化するためには,プロセスのアウトプットに対する要求事項を基に,アウトプットに与える影響が大きな要因(インプット,作業,担当者及び使用する経営資源)を特定する必要がある.これらの要因については,アウトプットが要求事項を満たすために必要な条件を設定するのがよい.

(b) 標準の作成と改訂

アウトプットが要求事項を満たすために必要な条件については,その実現方法を検討し,標準としてまとめる必要がある.この際,新たな知見を

見いだした人又は当該分野の専門家と，当該の作業に精通している人とが協力してまとめるのがよい．作業の手順や方法を明記するとともに，その急所・勘所を併せて表現する．また，品質，作業安全，生産性などの観点から，なぜその手順ややり方がよいのかという理由を明記するとともに，結果の評価の方法と基準も含める．これによって担当者が応急処置やプロセスの改善の必要性を判断できるようになる．さらに，不適合・異常が発生した場合の対応方法も明記する．なお，作成した標準は，より効果的かつ効率的な内容となるよう，定期的な見直し又は不適合・異常の解析に基づいて改訂する必要がある．

（c）教育及び訓練

教育・訓練に当たっては，新人及び応援者を含め，業務に従事する全員に，事前に標準を周知徹底する必要がある．また，技能・スキルを要する作業については，各作業の資格要件を明確にして，それらを評価する方法を定めた上で，作業に従事させてもよいかどうかの判定基準を明確にしておくこと，事前に訓練を行って習熟度が基準を満たした人に限定して作業に従事させることが重要である．

（d）遵守の徹底及びエラー防止

標準の遵守を徹底するためには，標準を守らなかったために発生したトラブルの事例を用いて，なぜそうしなければならないのか，さらに守らなかった場合の影響について教育するのがよい．また，現場巡回などを行い，標準が守られていない場合には，指摘及び指導を行うのがよい．さらに，標準を自分で作るだけの能力を身に付けさせ，その作成及び改訂に参加してもらうとともに，標準で定めた作業に対する担当者からの意見を日常的に集めて検討するのがよい．

意図しないエラーを防止するためには，設備，資材，指示書，手順などを改善し，間違いにくくしたり，間違えると気づくようにしたり，影響が大きくならないようにしたりする工夫を行うのがよい．この場合，エラーが発生しやすい基本的にメカニズムを研究し，作業に潜在するエラーを洗い出し，事前に対

266　　　第4章　ISO 9004 から TQM へ

策をとっておくのがよい．また，過去に行った有効な対策を共有して活用するのがよい．

(5) 管理項目・管理水準の設定及び異常の見える化

プロセスの結果は様々な原因によってばらつくが，原因の中には，結果に与える影響が小さく，技術的あるいは経済的に突き止めて取り除くことが困難又は意味のない原因も少なくない．他方，プロセスの結果に影響を与える原因の中には，標準を守らなかった，原料が変わった，設備の性能が低下したなど，安定した結果を得る上で見逃してはならないものもある．このような異常を見つけるためには，管理項目（目標の達成を管理するために，評価尺度として選定した項目）を設定し定常的に監視することが有効である．

(a) 管理項目

管理項目は，網羅的に設定する必要はなく，後工程又は顧客にとって重要で，当該プロセスの状態を最もよく反映するものを選ぶのがよい．また，4M〔人（man），機械（machine），方法（method），材料（material）〕に関する異常の原因を，特性要因図などを用いて整理した上で，各原因による異常を効果的に検出できる管理項目を選ぶのがよい．

(b) 管理水準

管理項目を用いて異常の発生を検出するには，管理項目について管理水準（中心値及び管理限界）を設定し，得られたデータと管理水準とを対比するのがよい．管理水準は，望ましい水準を基に設定する規格値とは区別し，通常達成している水準を基に設定するのがよい．また，好ましくない側だけでなく，好ましい側にも設定する．管理水準を合理的に定めるためには，品種の切替え，環境の変化などのプロセスに関する変更及び変化を考慮した上で，現行のプロセスに関するデータの収集を行い，明らかな異常のデータを除いた上で，管理図などの統計的手法を用いるのがよい．統計的に定めることが難しい場合には，異常を見逃した場合の影響，発見した異常について応急対策及び原因追究を行うために必要となる工数などを

考慮して定めるのがよい.

(c) 管理の間隔・頻度

　管理項目を集計及びチェックする間隔・頻度は, 異常の発生頻度, データ収集の工数などを考慮して決定するのがよい. 集計及びチェックの間隔が短ければそれだけ異常の発見も早くなる.

(d) 異常の見える化

　選定した管理項目については, 時系列の推移状態を示す管理図又は管理グラフを作成して定常状態にあるかどうかを判断するのがよい. 異常の発生がすぐにわかるようにするという意味では, 管理グラフに加えて, 異常警報装置（例えば, あんどん）などを活用することも効果的である.

(e) 管理項目の登録

　選定した管理項目は, 管理水準, 管理の間隔・頻度などとともに, "管理項目一覧表" 又は "QC 工程表" としてまとめ, 組織として共有しておくのがよい. この際, 異常判定者（異常の判定に責任をもつ人）, 処置責任者（異常が検出された場合の処置に責任をもつ人）なども明確にしておくのがよい.

(6) 異常の検出, 共有及び応急処置

　異常を検出する方法には, 管理項目による方法と管理項目によらない方法とがある. プロセスで発生する異常を的確に把握するためには, 管理項目についての日々のデータを管理図, 管理グラフなどにプロットするのがよい. 他方, 管理項目としては見ていないが, いつもと違うという意味で異常に気がつく場合もあるため, 日ごろから一人ひとりの作業に対する品質意識を高めておくことも大切である. さらに, どんなに標準化を行っていても, 人の欠勤, 部品・材料ロットの切り替え, 設備の保全などがあり, これらに伴って異常が発生する場合が少なくない. このため, プロセスにおける人, 部品・材料, 設備などの変化点を明確にし, 特別の注意を払って監視することにより, 異常の発生を未然に防止したり, 早期に発見したりできる. このような管理は, 変化点管理

と呼ばれる.

異常が発生した場合には,直ちに発生事実を関係者で共有し,対応の仕方を明確にする必要がある.このためには,毎日決まった時間に,定例の全員参加によるミーティングを実施し,異常について作業の状況(作業者の交替,設備の故障など)と照らし合わせて意見交換を行うのがよい.また,異常の発生を組織として共有化するために,異常発生の状況,応急処理の対応・未対応,再発防止の対応・未対応,関係部門への連絡状況などを工程異常報告書にまとめて記録として残すことも大切である.

応急処置としては,異常の影響が他に及ばないように処置をする.例えば,製造では,直ちに作業を停止して,部品の入替えや代替品の提供などにより異常品を取り除く.また,サービスの場合には,作業を停止し,当該のサービスを受けていた人に対する緊急処置をとる.その上で,異常の発生原因を特定して,プロセスの要因の諸条件を元の条件に戻す処置をする必要がある.このような応急処置については,起こり得る異常を想定した上であらかじめ標準を定め,教育・訓練しておくとよい.

(7) 異常の原因追究及び再発防止

異常が発生した場合,その根本原因を追究し,原因に対して対策をとり,再発を防止するのがよい.再発防止に効果的であることがわかった対策は,標準の改訂,教育及び訓練の見直しなどによって,プロセスに反映するのがよい.

異常の原因を追究する場合には,プロセスにおいて"通常と異なっていたのは何か"を調べることが重要である.また,いつ異常が発生したか,どのような異常の形(単発型,継続型,傾向型,周期型など)かを調べ,その情報を有効に活用すべきである.さらに,異常は,人,部品・材料,設備などの条件が変わることで発生する場合が多い.このため,プロセスで発生している人,部品・材料,設備,標準などの変化点を明確にし,異常を検出するための管理図や管理グラフの近くに貼りだしておくことで,発生した異常の原因の追究が容易になる.

4.3　方針管理と日常管理　　　269

　プロセスの立ち上げ段階などで異常が多い場合には，全ての異常を一度に取り扱うと原因追究・再発防止が困難になる．このような場合には，個別的に対応するものと，まとめて対応するものを区分した上でランク分けするのがよい．また，まとめて解析する場合には，標準化の視点から分類（例えば，標準がない場合，標準があったが標準どおり行わなかった場合，標準があり標準どおり行った場合に大別するなど）した上で，根本原因を掘り下げるのがよい．

（8）日常管理の定着

　各部門の管理者は，構成員と協力して 1)〜7) の内容を継続的に実施するとともに，日常管理の定着に向けて，仕組み・ツールの整備及び見直し並びに人材育成及び職場風土作りに注力するのがよい．また，SDCA サイクルを回していくための，仕組み・ツールが十分機能しているか，及び過不足がないかを定期的に見直すのがよい．さらに，日常管理のための人材の育成及び職場風土作りにおいて，職場で何が起こっているのかについて常に関心を払い，構成員のモチベーションを維持及び向上させる必要がある．

（9）上位管理者の役割

　上位管理者（例えば，部長，事業部長，役員など，複数の部門の管理者を束ねる職位の人）の中には，日常管理は第一線の活動であるため，自分の役割ではないと思っている人が少なくない．しかし，上位管理者は幾つかの部門を統括する立場にあり，

- 日常管理のための経営資源の確保及び提供
- 使命・役割及び管理項目・管理水準の体系化
- 日常管理の実施状況の確認及び指導

に留意し，下位において日常管理が適切に行われるようにする必要がある．また，経営環境の変化に応じた事業の見直し及び革新（4.3.3 項参照）と日常管理との整合化を図る必要がある．

　下位の部門の使命・役割及び管理項目・管理水準を横断的に見ると，場合に

よっては，部門間で重複がある場合がある．このときは，どちらの部門が担当するかを決める必要がある．また，自組織の使命・役割に照らすと下位の部門の使命・役割及び管理項目・管理水準に抜けがある場合もある．この時は，抜けている部分についてどの部門が担当するかを決める必要がある．その上で，下位の部門の管理項目において異常が発生した場合には，当該の部門の管理職に自分の役割の範囲で適切に対応させるとともに，上位の管理者に報告させ，その内容を確認し，必要な場合には支援・指示・承認するのがよい．

　また，上位管理者は，定期的に又は日頃から自分が統括している下位の部門において 1)〜8) の内容が適切に実施されているかどうかを見極めるために，それぞれの部門に出向いて自らの目で確認するのがよい．例えば，管理項目のグラフや管理図を見て，異常が適切に判定されているかどうかを確認する，検出された異常に対してその部門の管理者がどんなことを行っているのか確認する，安全な作業が行われているか，スムーズに作業が行えているかどうか，メンバーが活き活きとして働いているかどうかなどに気をつけるなどである．これらの内容が適切でないと感じられた場合には，当該の部門の管理者の話を聞き，必要な指導を行うのがよい．

4.3.3　方針管理の要点

（1）方針管理の基本概念

　経営環境の変化に対応するためには，既存のプロセスを改善及び革新する必要がある．改善・革新に取り組むためには，解決すべき問題や達成すべき課題を明らかにし，組織として共有することが必要となる．問題・課題は現状（将来の予測）と目標とのギャップとして認識されるため，問題・課題を明らかにするためには，目標が与えられることが重要となる．このため，目標を組織の階層に従って展開するという方法が生まれた．

（a）方針の構成要素

　　方針管理でいう"方針"とは，トップマネジメントによって正式に表明された，組織の使命，理念及びビジョン，又は中長期経営計画の達成を目

指して，具体化した期単位の事業計画を達成するための，従来の活動では足りない部分に関する組織及び部門の全体的な意図及び方向付けである．このためには，"目標"を示すことが重要となるが，これだけだと十分な共通認識が得られないということで，目標に"重点課題"と"方策"を加えたものを方針と呼んでいる（表 4.3.1 参照）．

- **重点課題**：組織として重点的に取り組み，達成すべき事項とそれを取り上げた背景及び目的．組織及び部門の全体的な意図及び方向付けを誤解なく理解するためには，具体的な目標だけでなく，何に取り組むのか，何のために取り組むのかが明確になっている必要がある．

- **目標**：重点課題の達成に向けた取組みにおいて，追求し，目指す到達点．達成すべき事項，並びにその背景及び目的が明らかでも，いつまでに何を達成するのかについては人によって理解が異なるのが普通である．到達したかしないかを客観的に判断できるようにする必要がある．

- **方策**：目標を達成するために選ぶ手段．目標を達成する手段は一つではない．各自がばらばらに手段を考えたのでは，部門間の連携が難しくなる場合も多い．このため，方策についての意図及び方向付けを行うことも必要である．

表 4.3.1 重点課題，目標及び方策の例

重点課題	目標	方策
新製品開発の強化	新製品開発件数 3件（倍増）	・新製品開発におけるデザインレビューの充実 ・顧客訪問によるニーズの把握 ・C社との共同開発体制の整備
市場クレームの低減	A事業分野の市場クレーム件数 10件以下（30% 減）	・未然防止活動の徹底による製造品質の向上 ・調達先の開拓・育成 ・部門横断改善活動のさらなる推進
顧客支援サービスの強化	サービス満足度 4.0以上（25% 向上）	・新たなサービスの提供 ・サービスセンターの整備・拡充

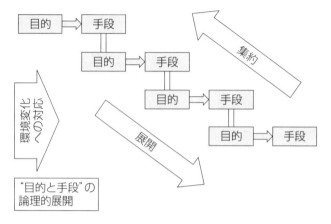

図 4.3.6　方針管理の三つの流れ

(b) 方針管理の三つの流れ

　方針を組織の階層に従って展開することが方針管理の基本であるが，これだけだと，問題・課題やその因果関係，改善・達成のための方策に関して，上位と下位の相互理解が十分図れない．また，変化に対する迅速な対応が不足する．このため，方針管理は，次に示す三つの流れで構成されている（図 4.3.6 参照）．

- **展開**：組織の階層に沿って，使命，理念，ビジョンなどの組織の最上位の目的を，目的－手段のつながりを基に，より具体的な手段へと展開する．基本的には，組織の階層の上位から下位に向かって展開するが，上下左右の密接なすり合わせが必要になる．
- **集約**：各部門における方針管理の実施状況を確認及び評価し，目的－手段のつながりを基に下位の課題及び問題を上位の課題及び問題へと集約するとともに，上下間で展開時に想定，設定及び仮定した整合性を確認及び評価する．
- **環境変化への対応**：組織の各階層において，方針に関係する外部及び内部の環境条件を定常的に監視し，自部門の方針の達成及び実施に影響を

4.3 方針管理と日常管理 273

与えるような変化が確認された場合は，上位及び下位の方針との整合性を保ちながら，臨機応変に方針を変更する．

(c) **方針管理を構成する様々なタイプの PDCA**

方針管理は，基本的に，PDCA サイクルを継続的に回すことによって，一定の結果が確実に得られるようなプロセス及びシステムを作り上げるという考え方に基づいて実施する．方針管理で回すべき PDCA サイクルは，次のような幾つかのタイプがある．

- 期（年度など）を単位とする，組織全体での PDCA
- 期中において，月，週，日などのより短い単位で行う，各部門・各階層での PDCA
- 期中における予想外の環境変化に迅速に対応するための PDCA

(2) **方針管理の進め方**

方針管理のプロセスを図 4.3.7 に示す．方針管理のプロセスは，中長期経営計画を踏まえて実施される次の四つから構成される．

- 組織方針の策定
- 組織方針の展開
- 方針の実施及びその管理
- 期末のレビュー

組織方針の策定では，中長期経営計画，経営環境の分析，前期の期末のレビューの結果などを踏まえて，当該の期（年度など）において組織として達成すべき方針（重点課題，目標及び方策）を定める．

組織方針の展開では，策定した組織方針を，組織の階層に従って下位の方針に展開する．この際，上位の管理者と下位の管理者（複数）等が集まってすり合わせを行い，上位の方針と下位の方針が一貫性のあるものになるようにする．このため，上位の管理者は自分の方針を説明し，下位の方針への分解・具体化を行うとともに，下位の管理者は自分が担当する部門の状況を踏まえて提案を行い，上位方針に対する追加・修正を行う．さらに，下位に展開された方針(方

第4章　ISO 9004 から TQM へ

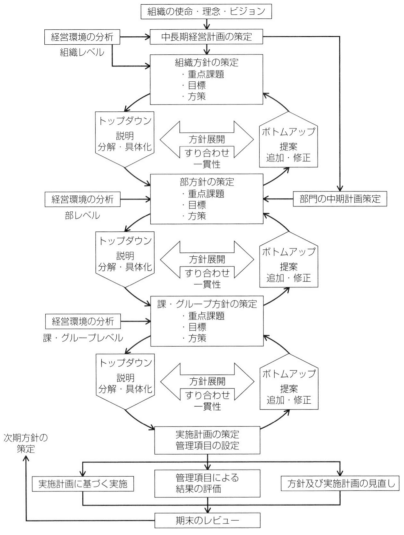

注1）この図では，組織全体が組織－部－課・グループという3階層によって構成される場合を例示している．組織によっては，2階層の場合もあれば，より多くの階層に分かれている場合もある．

注2）下位については，実施計画のみで，方針を策定しないこともある．また，上位の組織や部が，方針を下位に展開せず，実施計画を直接策定することもある．

図 4.3.7　方針管理のプロセス

4.3 方針管理と日常管理 275

策）が確実に実施されるよう，具体的な実施計画，その進捗状況を評価するための管理項目を設定する．

　期中においては，実施計画どおり活動を進め，計画どおり進んでいないことが明らかになった場合には，原因を追究し，方針及び実施計画の変更を含む必要な処置をとる．

　期末においては，各方針・実施計画の達成状況・実施状況を評価し，その期における組織方針の達成状況・実施状況を総合的にレビューする．レビューの結果については，経営環境の変化などを考慮した上で，次期の方針に反映する．

(3) 中長期経営計画の策定と期ごとの組織方針の策定

　方針管理の基本は，期ごとに，組織方針を策定し，これを組織全体に展開して実施し，期末にレビューを行って次期の組織方針に反映することである．ただし，これだけでは，経営環境の変化に伴って期により方針が大きく変わる可能性があり，技術開発，人材育成，新事業開拓など，成果が数年後に出るような活動については適切な方向付けが難しくなる．このため，組織は，中長期経営計画を策定し，これを基に期ごとの組織方針を策定するのがよい．中長期経営計画とは，組織によって正式に策定された，事業を将来的にどう進めるかに関する計画であり，顧客に対してどのような価値を提供するのか，それをどのような方法で実現するのかに関する戦略である．中期は3〜5年，長期は5〜10年を意図している場合が多い．また，技術開発，人材育成，新事業開拓などの活動を担当する部門は，中期経営計画に対応し，当該の活動に関する3年程度の中期計画を策定するのがよい．これらの中長期経営計画及び中期計画については，時期を決めて見直しを行うのがよい．

　その上で，次の事項を考慮し，組織全体として目指す方向をより具体化した組織方針を期ごとに策定するのがよい．これによって，中長期経営計画の達成に向けた着実な取組みと経営環境の変化への迅速な対応が可能となる．

- 中長期経営計画の中で当期に実施すべき項目
- 組織が置かれている経営環境の分析において特定された機会及びリスク

（顧客のニーズ・期待の変化など），並びに組織能力の分析又は競合する他の組織との能力比較において明らかとなった組織の強み・弱み（技術，人材，財務などの強み・弱み）．

• 前の期において，目標未達となった重点課題，並びに期末のレビューや過去数年間の実績の分析によって明らかになった組織の課題．

組織方針の策定に当たっては，その内容をより具体的なものにするために，重点課題，目標及び方策の三つを明確にするのがよい．重点課題，目標及び方策を組で示すことで，組織として目指す方向が明確となる．

(4) 組織方針の展開

部門を統括する管理者は，上位方針，部門の中期計画，前期のレビューの結果，部門を取り巻く経営環境の分析の結果などに基づいて，次の三つを策定又は作成するのがよい（図 4.3.8 参照）．なお，ここでいう部門とは，部，課・グループなどに対応する．

• **部門の方針**：部門が当該の期に取り組む重点課題，達成すべき目標，及び目標を達成するための方策をまとめたもの

• **実施計画**：部門が実施する各々の方策について実施する項目を時系列に展開し，実施できるレベルまで具体化したもので，誰が，何を，いつ，どこで，どのように行うかを示したもの

• **進捗を管理するための管理項目，管理水準及び管理帳票**：方針及び実施計画が計画どおり進捗しているかどうかを評価するための尺度として選定した項目，その達成状況が適切かどうかを判断するための基準として設定した水準，更にこれらの水準及び実際の値，並びに水準が未達成の場合の原因及び処置を書き込み，関係者が進捗の状況をすぐに把握できるよう，グラフ又は表にした帳票

部門の方針は，上位の方針，関連する他部門及びパートナの方針，並びに下位の方針と一貫性がなければならない．また，前期のレビューの結果，及び部門を取り巻く経営環境の分析の結果を考慮したものでなければならない．

4.3 方針管理と日常管理

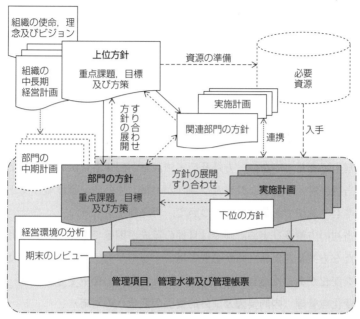

注) 一点鎖線は自部門を示す．

図 4.3.8 方針の策定及び展開における主なアウトプット及び相互関係

　実施計画は，そのとおり実行することで，対応する方針の目標が達成できるものになっていなければならない．また，その実現のために必要となる資源を確保していなければならない．

　管理項目は，期末における目標の達成の可能性を高める視点で選んだもので，対応する方針及び実施計画の進捗を期中に適宜評価できるものでなければならない．また，管理水準は実施計画の内容と時間的に整合のとれたものでなければならない（実施計画の進行に応じて段階的に変わっていかなければならない）．

(5) 方針の実施及びその管理

(a) 実施状況確認結果に対する処置

　部門を統括する管理者は，方針及び実施計画の管理項目が管理限界値か

ら外れたり，外れることが懸念されたりする場合，次の事項を行うのがよい．

- 原因を究明する．その上で，その時点までの差異及び遅れを挽回するための処置をとる．
- 必要に応じて，上位管理者又は関係者に必要資源の投入などの支援を要請する．
- 方針管理の運営管理の側面での原因（実施計画を作っていない，資源の割当てをしていない，方針及び実施計画が関係者に伝わっていない，担当者に対する必要な教育及び訓練が不足している，管理項目及び管理水準が不適切であるなど）について，再発防止を行う．
- 当初の方策及び実施計画では目標の達成が困難であることが判明し，新たな方策及び実施計画が必要な場合，また，内的要因・外的要因の大きな変化があった場合には，方策及び実施計画の変更を考慮する．

(b) 変化点管理（内的要因及び外的要因の変化への対応）

　組織が方針管理で対象とする期間は，半年間又は1年間が一般的である．この期間に，次の変化に対応して，当初の方針，方策及び実施計画を変更する必要が生じることが考えられる．

- 内的要因の変化：上位の方針の変化，合併などによる組織の変化，計画した経営資源の確保の支障，想定していなかった問題及び固有技術的な課題
- 外的要因の変化：為替レートの大幅な変動，競合状況の変化，顧客及び社会のニーズ及び期待の変化，供給者，パートナなどの変更，地震，台風などの自然災害

部門を統括する管理者は，このような兆候を感度よく把握するとともに，その影響を評価し，部門の方針の達成に可能な限り影響しないように，方策及び実施計画を変更するのがよい．また，部門の方針を変更することが必要な場合には，そのことを上位管理者及び関係部門に速やかに伝え，方針の策定及び展開と同様なプロセスで連携を図るのがよい．

４.３　方針管理と日常管理　　　279

　　トップマネジメントは，組織の人々に方針を浸透させ，参画意識をもたせる
ために，各部門における方針の展開状況及び実施状況の診断を行うのがよい．
この診断は，現場，現物及び現実による診断を通じて，トップマネジメントが，
各部門の課題及び問題，方針達成のためのプロセス，並びに方針の達成状況を
把握するためにも有効である．

(6) 期末のレビュー

　　期末には，組織方針及びその展開に基づく各部門又は部門横断チームの実施
計画の実施状況及び方針の達成状況を集約し，次期の組織方針の策定及び展開
に反映させるのがよい．これによって，実施結果を踏まえて期単位でPDCA
サイクルを回すことが可能となる．

　　部門を統括する管理者は，部門の方針管理の状況について集約して総合的に
レビューし，次期に取り組むべき課題を明確にする．レビューに当たっては，
次の事項を行うのがよい．

- 部門の方針のうち，下位に展開したものについて，期末の報告書を基にレ
  ビューする．
- 部門の方針について，目標と実績との差異を分析する．
- 目標の達成状況と方策及び実施計画の実施状況との対応関係に基づいて，
  部門の方針管理の運営について見直す．
- 部門の期末のレビューの結果を報告書にまとめて，上位管理者によるレ
  ビューを受ける．

　　部門を統括する管理者は，各々の重点課題に対して，当期の目標を達成した
かどうか，対応する方策及び実施計画が計画どおり実施されたかどうかを組合
せで評価するのがよい．また，評価結果に基づいて，表4.3.2に示す四つのタ
イプ（タイプA〜D）のいずれであるかを判定し，それぞれのタイプに応じた
分析を行うのがよい．

- **タイプA**：方策及び実施計画を計画どおり実施し，目標も達成したタイ
  プ．成功要因を分析する．目標を達成するために取り上げた方策及び実施

計画のうち，目標の達成に大きく寄与したものは何か，方策及び実施計画が計画どおり実施できたポイントは何かを明らかにする．

- **タイプB**：方策及び実施計画を計画どおり実施しなかったにもかかわらず，目標を達成したタイプ．策定した方策及び実施計画以外の要因で目標を達成したのであるから，結果よければ全てよしとはせずに，方針策定時点で考慮し損なった要因及びその目標への寄与の度合いを把握する．例えば，考慮し損なった要因としては，経営環境の変化，為替変動のような外的要因などが考えられる．方針策定段階でこれらをなぜ考慮し損なったのかを追究する．また，なぜ方策及び実施計画が計画どおり実施できなかったのか又はしなかったかの要因を追究する．

- **タイプC**：タイプBとは反対に，方策及び実施計画は計画どおり実施したが，目標が未達成なタイプ．方策及び実施計画は計画どおり実施したのであるから，目標達成のための方策及び実施計画が見当違いであったのか，寄与の度合いが予想より小さかったのかなどを明らかにする．目標が未達成の理由を外的要因又は他部門の責任に帰することは避け，自責要因の部分に着目することを基本とする．

- **タイプD**：タイプAとは反対に，方策及び実施計画を計画どおり実施せず，目標も未達成だったタイプ．方策及び実施計画を計画どおり実施できなかった又はしなかった原因を追究する．

部門を統括する管理者は，上記の判定及び分析の結果を部門として総合的に分析し（分布，推移など），自部門における方針管理のプロセスについてレ

表4.3.2　方針の達成状況及び実施状況のタイプ

	目　標	方策及び実施計画
タイプA	○（達成）	○（実施）
タイプB	○（達成）	×（未実施）
タイプC	×（未達成）	○（実施）
タイプD	×（未達成）	×（未実施）

4.3　方針管理と日常管理　　　281

ビューする．レビューに当たっては，次の点に着目するのがよい.

- 上位の方針，自部門の中期計画，前期のレビュー，経営環境の分析などを踏まえて，重点課題を絞り込んだか，明確な目標を設定したか
- 自部門の特徴及び組織能力を十分に考慮して目標を設定したか
- 目標を達成するための方策が，目標と方策との関係を正しく考慮したものであったか，具体的であったか
- 方策の実施に当たって，完了予定日，役割分担などを明確にした実施計画を定めていたか
- 目標の達成状況，並びに方策及び実施計画の実施状況を正しく評価できる管理項目を定めたか．途中の確認及び処置を確実に行ったか
- 必要な経営資源が適時かつ適切に充当できたか
- 関連する部門との連携はよかったか

組織全体の方針管理に責任をもつ人は，表4.3.2の判断基準に基づいて，方針管理の展開並びに方針管理の実施及びその管理の実態を把握するのがよい．組織全体として，タイプA～Dの分布を明らかにすることで，方針の展開並びに方針の実施及びその管理の方法の弱さが明らかとなる．また，部門及び階層による層別を行うことで，どの部門又はどの階層の展開及び実施が弱いのかを明らかにすることができる．原因追究によって明らかとなった方針の展開及び実施のプロセスにおける弱さについては，その克服のための方法を検討し，次期の方針の展開及び実施にいかすのがよい.

　トップマネジメントは，当期末に，各部門による期末のレビューの報告を受け，次期の組織方針の策定及び中長期経営計画の見直しに反映させるべき事項を把握するのがよい．この際，単に成果だけを見るのではなく，そのための各部門の取組みのプロセスにも着目するのがよい．また，顧客の満足，その他の利害関係者（従業員，関係組織，供給者など）の満足，人材育成，関連固有技術及び情報通信技術の獲得及び活用，組織の社会的責任などの多面的な視点から今後取り組むべき事項を把握する機会とするのがよい.

4.3.4　日常管理・方針管理の推進

　日常管理を実践するのは，各部門であるが，各部門に任せていただけでは十分な効果が得られない．このため，組織全体の日常管理の推進を計画し，実施するのがよい．一方，方針管理は日常管理のベースの上で，これを適用しようとする組織全体で実践していく必要がある．このため，日常管理・方針管理を推進するための，中長期及び短期の推進計画を立案し，そのもとで PDCA サイクルを回していくのがよい．このような日常管理・方針管理の推進は，組織のトップマネジメントが率先して行う必要がある．

（1）推進のための仕組みづくり

　日常管理は，各部門がその業務内容に応じて行うのが基本である．しかし，多くの場合，各部門に任せておくと実施しない部門が出てきたり，間違った方法で実施して形骸化したり逆効果を出してしまったりする部門が出てきたりする．一方，方針管理は，上下間の一貫性や部門間の連携が重要となるため，それぞれの部門が別々のやり方で実施するのは好ましくない．

　このため，組織は日常管理・方針管理の進め方を規定，指針などに定めて展開するのがよい．また，経営企画部門や TQM 推進部門などの事務局組織を設けて，その実施状況を集約し，トップマネジメントがその状況を把握しリーダーシップを発揮できるような仕組みを作るとよい．

（2）標準，帳票及びツールの整備

　日常管理は部門が担当する業務によって当然実施内容が異なってくるし，方針管理でも方針の内容によってその管理方法を変えるのがよい．しかし，日常管理・方針管理を組織として推進するためには，柔軟に活用できる帳票及びツールをある程度整備するのがよい．

　日常管理を効率的に進めるには，データの電子化及び管理図を書くためのソフトウェアなどの適切なツールを使うのがよい．また，技能評価にスキルマップなどのツールを共通的に活用すると，部門間の情報共有が容易に行える．

4.3 方針管理と日常管理　　283

　他方，方針管理を効率的に進めるためには，方針書，実施計画書，実施状況確認書，期末のレビュー報告書などの帳票が必要となる．また，方針管理に関する実施計画の進捗状況及び管理項目の推移状況を確認し，計画どおりに進んでいない場合及び管理水準を外れている場合，組織全体に共通する原因を追究したりするためには，様々な情報を横断的に見る必要がある．このため，情報システムを整備し，上記の帳票類及びそれに関するデータ全体が，これらの上で一括管理できるようにしておくのがよい．

(3) 推進のための施策

　日常管理・方針管理の推進を加速するためには，全社的な施策（行事など）を行うのがよい．内容は，各組織の状況に応じて考えるのがよいが，代表的なものとしては次のものがある．

- 標準の棚卸し
- 日常管理と方針管理の相互研鑽，事例研修会
- 経営者による現場巡回又は診断
- 表彰制度

(4) 各部門のレベル評価

　各部門の日常管理・方針管理レベルを向上させるために，その実施状況について定期的及び体系的な評価を行うのがよい．評価に当たっては，業務の結果が安定して得られているか，異常が少なくなったかなどの日常管理による成果や方針の目標達成度などの成果だけでなくその活動の状況も評価するのがよい．JIS Q 9023，JIS Q 9026 の附属書には，それぞれのプロセス評価項目とその評価レベルの例が掲載されているので参考にするとよい．

(5) 部門及び個人の評価とのリンク

　日常管理・方針管理は事業又は業務プロセスの改善及び革新を促進するものであること，その成否によって中長期経営計画の達成が左右されることを考え

ると，その実施状況の評価及びその成果を部門及び個人の評価に反映するのは自然である．この点は，従来必ずしも明確にされてこなかったが，グローバル化が進み，働き方が多様化している時代においては，日常管理・方針管理と部門及び個人の評価との関係を明確にしておくのがよい．

ただし，評価に当たっては，短期的な評価及び結果だけの評価では問題が生じるため，期間をどう設定するか，プロセス系の評価をどのように行うか，目標値の妥当性及び部門間の比較を行うための評価をどうするのかといったことを考慮するのがよい．

参考文献

1) JIS Q 9023:2018, マネジメントシステムのパフォーマンス改善 – 方針管理の指針
2) JIS Q 9026:2016, マネジメントシステムのパフォーマンス改善 – 日常管理の指針

4.4 小集団改善活動と改善の手順・手法

　小集団改善活動とは"共通の目的及び様々な知識・技能・見方・考え方・権限などをもつ少人数からなるチームを構成し，維持向上，改善及び革新を行うことで，構成員の知識・技能・意欲を高めるとともに，組織の目的達成に貢献する活動"である．様々な形態があり，改善チームによる活動，QCサークルによる活動，委員会活動などが含まれる．その実践においては，改善の手順やその各ステップで活用され様々な手法が役に立つ．ここでは，JSQC-Std 31-001（小集団改善活動の指針）やJIS Q 9024（継続的改善の手順及び技法の指針）に示されている推奨事項を基に，その概要について解説する．

4.4.1 基本的な考え方

　小集団改善活動の原点はQCサークル活動である．図4.4.1は，『QCサークル活動運営の基本』に掲載されている"QCサークル活動のメカニズム"に一

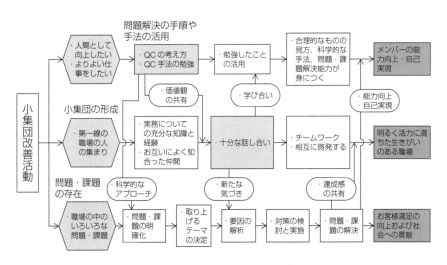

図4.4.1　小集団改善活動の基本
出典：QCサークル本部編，『QCサークル活動運営の基本』，日本科学技術連盟，1997年，図1.1に一部加筆

部加筆したものである．左端にQCサークル活動が目指す三つの基本理念が示されており，左側にそのベースとなる条件が示されている．その上で，これら三つの流れが相互によい影響を及ぼし合って相乗効果を生み出す様子が示されている．この図は，QCサークル活動だけでなく，改善チームによる活動を含め，あらゆる小集団改善活動の基本となるものである．

基本1：小集団で問題・課題に取り組む

　組織には様々な問題・課題が存在する（図4.4.2参照）．これらの問題を解決し，課題を達成するためには，対象としている問題・課題や関連するプロセスについて深く理解しておく必要がある．また，問題・課題とプロセスの間の因果関係を解析するための方法，因果関係に基づいてプロセスに対する方策・対策を立案する方法などに関する見方・考え方や知識・スキルも必要である．さらに，立案した方策・対策を実施するための権限も必要である．他方，一人ひとりがもっている見方・考え方，知識・スキル，権限などは，その人の経験や地位・所属により限られている．このため，組織が直面しているより重要な問題・課題に取り組むためには複数の人が連携・協力することが必要である．

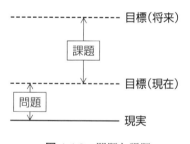

図4.4.2　問題と課題

　小集団改善活動が有効に機能するためには，まず，問題・課題が存在することが必要である．また，当該の問題を解決する，又は課題を達成するのに必要な見方・考え方，知識・スキル，権限などをもった人が集まる必要がある．人

数としては5~8人が理想であり，小集団の運営に必要な能力をもったリーダーがいること，メンバー各自の役割が明確で集団として有機的な活動ができることが必要である．さらに，問題解決・課題達成では，基本的なアプローチや手法は決まっているものの，具体的に何を行えばよいのかはあらかじめわかっていない．このため，活動の進展に応じて状況を的確に捉えた柔軟な対応が求められる．その意味で，小集団の運営が自律的に行われること，必要に応じて外からの支援がタイミングよく提供されることが重要である．

基本2：QC的考え方・手順・手法で改善する

小集団改善活動において，見方・考え方，知識・スキル，権限などの異なる複数人が集まって活動を行う場合，進め方が相互に共有されていることが重要である．進め方は，成功すればどのようなものでもよいが，QC的見方・考え方・手法は，誰にとっても理解でき，納得が得られやすい．

"プロセス重視"は，ものごとは全て因果関係に支配されるという科学的見方に基づき，結果のみを追うのでなく，結果を生み出すプロセスを維持向上，改善及び革新することで望ましい結果を得ようという考え方である．ここでいう"プロセス"とは，業務を行う方法であり，インプット（ハードウェア，ソフトウェア，サービス，エネルギー，情報など）を受け取り，これに何らかの価値を付加してアウトプット（ハードウェア，ソフトウェア，サービス，エネルギー，情報など）を生成する相互に関連したひとまとまりの資源（人，設備，図面など）及び活動を指す（図4.4.3参照）．例えば，前工程から部品を受け取って組み立て，後工程に引き渡すのもプロセスなら，市場調査結果に基づいて製品企画書を作るのも，顧客を訪問して製品を売るのもプロセスである．

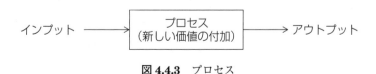

図 4.4.3　プロセス

第4章 ISO 9004 から TQM へ

プロセス重視の考え方に沿って，具体的に活動を進める手順が"PDCA サイクル"である．PDCA サイクルは，目標及びそれを達成するためのプロセスを定め（Plan），定めたプロセスに従って実施し（Do），得られた結果が目標と一致しているかどうかを確認し（Check），必要に応じてプロセスを是正する（Act）という四つのステップを継続的に回すことによって，プロセスのレベルアップを図る手順である（図 4.4.4 参照）．多くの人が働く組織では，プロセスを定めて実施するには標準（統一・単純化を図る目的で定めた取決め）が必要なため，PDCA サイクルは，標準を定めてそのレベルアップを図る手順ということもできる．

改善（目標を現状又は現状の延長線上より高い水準に設定して，問題・課題を特定し，問題解決・課題達成を繰り返す活動）を行う場合を想定し，PDCA サイクルを更に具体化したのが，"改善の手順（QC ストーリー）"である（4.4.5 項参照）．この手順は，観察する，仮説を立てる，仮説を検証する，一般化する（法則にまとめる），応用するという科学的アプローチがそのベースになっ

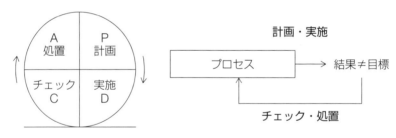

図 4.4.4　PDCA サイクル

4.4 小集団改善活動と改善の手順・手法 289

ている. また, 目的や活動の進め方を共有するためのステップは成果を共有して次の活動につなげるためのステップなど, 小集団として活動するためのステップも組み込まれている. 改善の手順に沿って問題解決・課題達成を進める場合, 具体的な手法を活用することでより効果的・効率的な取組みが可能となる. 改善の手順を活用するに当たっては, プロセス重視に加えて, 顧客重視（顧客・社会のニーズを満たすことに徹する）, 目的指向（つねに目的が何かを考える）, 重点指向（効果の大きいものから着手, 実践する）, 事実に基づく管理（現場・現物・現実を見る）などの見方・考え方も重要となる.

基本3：能力の向上と組織の活性化を図る

問題解決・課題達成は, 一部の人だけが行えばよいものでも, 一時的に行えばよいものでもない. 全階層・全部門の人が参画し, 継続して行う必要がある. また, 問題が解決できるかどうか, 課題が達成できるかどうかは, 参画する人が能力をもっているかどうか, もっている能力を発揮できるかどうか, さらには個々人が互いに刺激し合って相乗効果を生み出せるかどうかに依存する. 小集団改善活動は, 問題解決・課題達成の手段としてだけでなく, 問題解決・課題達成に必要な能力・意欲の向上やチームワークの醸成を図る上でも重要な役割を果たす.

心理学者であるマズローやハーズバーグの研究が示しているように, 人は自主的に物事を考えて行動し, 成果が確認できれば, 喜びや達成感を感じて成長していく. 自己実現とは, “自分の中にある可能性を自分で認識し, 開発し, 発揮していくこと” である. このことは, 個人だけでなく, 組織にも当てはまる. 自己実現を促進するためには, 挑戦すべき問題・課題があり, その解決・達成のために必要な能力を身に付ける機会や身に付けた能力を発揮できる場が与えられ, 問題・課題の解決・達成に向けた支援が得られ, 問題・課題の解決・達成を通して得られた成果を実感できることが大切である（図4.4.5参照）.

自己実現のためには, 参画するメンバーに改善のための能力及び小集団による活動のための能力を身に付けてもらうことが不可欠である. 小集団改善活動

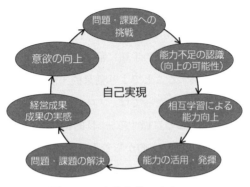

図 4.4.5　自己実現のサイクル

に必要な能力は小集団改善活動を実践することで更に伸ばされる．このような能力を計画的に育成するためには，一定の尺度を用意し，そのレベルを評価することが必要となる．また，評価結果に基づいて個人として獲得すべき能力の目標を定め，階層別・分野別に体系的に用意した研修コースの受講，具体的な問題・課題への取組みと連動した勉強会の開催などを通して着実な能力向上が

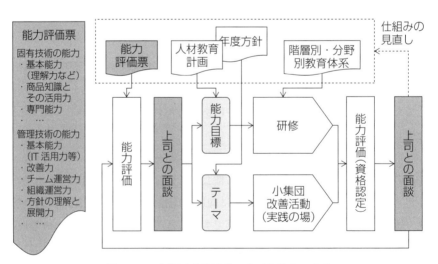

図 4.4.6　小集団改善活動に必要な能力の育成

4.4 小集団改善活動と改善の手順・手法

図られるようにするのがよい（図 4.4.6 参照）．

また，小集団改善活動を通して得られた成果（有効な方策・対策やプロセスの因果関係などの関連する固有技術）の継続的な活用も重要である．これは，成果が継続することによってはじめて，小集団が行った活動が本当の意味で組織のために役立つものになるからである．成果が継続的に活用されないと，活動がその場限りのものに感じられ，自己実現を阻害するようになる．また，組織としても，時間をかけて行った活動が無駄になる．したがって，小集団改善活動の成果が作業標準書や技術標準書等に反映され，他部門や次期の製品・サービス等において活用されるようにするなど，得られた方策・対策や固有技術が組織の中で共有・活用されるようにすることが大切である．方策・対策や固有技術の内容によって，当該の部門のみで活用すればよいもの，他の部門にそのまま水平展開されるべきもの，必要に応じて修正・応用して展開する必要があるもの，次期の製品・サービスの開発に反映させるべきものなどに区分し

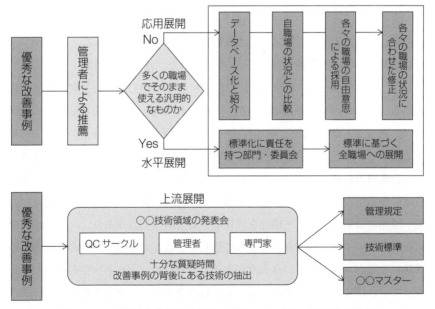

図 4.4.7 小集団改善活動を通して得られた成果の継続的な活用

た取組みを行うのがよい（図 4.4.7 参照）.

　さらに，評価・表彰や資格制度を考えるのがよい．組織として，よい活動を行った小集団を評価・表彰したり，一定の要件を満たした個人を資格認定したりすることによって，当該の活動に参画した小集団や個人に達成感を感じてもらうことができる．評価・表彰や資格制度は，昇格，職務の割り当て，小集団の編成などと連携させるのがよい.

4.4.2　小集団改善活動の四つの形態

　小集団改善活動の形態は様々であるが，二つの軸

- 職場型 – 横断型：同一職場内で同じ又は類似の仕事をしている人々によって小集団を編成するのか，職場をまたがる又は職域が異なる人々によって小集団を編成するのか
- 継続型 – 時限型：一つの問題を解決する，又は課題を達成した後も引き続き同じ編成の小集団で違った問題・課題に取り組むのか，一つの問題を解決する，又は課題を達成した後に小集団を解散するのか

に着目して整理すると，表 4.4.1 に示す四つの形態に分けられる.

　4 種類の小集団改善活動は，4.4.1 項で述べた "小集団で問題・課題に取り組む"，"QC 的考え方・手順・手法で取り組む"，"能力の向上と組織の活性化を図る" という点では共通であるが，それぞれ異なった特徴をもっている．例えば，職場型・継続型は，"職場（働いている場所）" という共通のベースを基に活動ができるという容易さがあるとともに，人の育成など中長期的な視点をもった取組みに適している．ただし，どうしても取り上げる問題・課題が狭い範囲になる傾向は避けられない．他方，その対極にある横断型・時限型は，問題・課題に最適なメンバー構成を実現できるという利点があり，一つの部門ではなし得ないような取組みを行うのに適している．ただし，一つの成功が次の成功につながりにくいという欠点がある．そのため，どれか一つの形態だけを行っていればよいというものではなく，目的を考えて，複数の形態を並行的に推進することが大切である.

4.4 小集団改善活動と改善の手順・手法

表 4.4.1 代表的な小集団改善活動の形態

	職場型	横断型
継続型	同じ職場の第一線で働く人が小集団を構成し，自分たちが働く職場が抱える問題・課題を取り上げ，その解決・達成に取り組む．解決・達成後も小集団を維持する．改善だけでなく，維持向上のための活動においても重要な役割を果たす． 例：QCサークル，TPMサークルなど．	組織の特定の経営成果又は特定の技術に関わっている人が，複数の部門にまたがって小集団を編成し，当該の経営成果又は技術に関する問題を解決する，又は課題を達成する．解決・達成後も小集団を維持する． 例：安全委員会，○○技術検討会など．
時限型	組織の中の特定の部門の重要な問題を解決する，又は課題を達成するために，当該部門の部課長・スタッフが中核となって小集団を編成する．解決・達成後に小集団を解散する． 例：部門ごとのプロジェクトチームやタスクチームなど．	特定の部門では解決が困難な難しい問題・課題に対して，高度な専門知識や技能をもつ人々によって部門をまたがった小集団を編成する．解決・達成後に小集団を解散する． 例：部門横断チーム，シックスシグマチームなど．

4.4.3 小集団改善活動の推進

　優秀な人材が豊富に揃っている組織では，4.4.1項で述べた三つの基本を満たした小集団改善活動が，4.4.2項で述べたような様々な形態をとりながら自然発生的に実践される．しかし，普通の組織においては，実践されたりされなかったりなど，部門によって大きなばらつきが生じる．場合によっては，実践の経験がなく基本を理解していない人が管理者になり，結果として基本が実践されないという悪循環が生じる場合も多い．このような状況を脱却し，組織のあらゆる部門で問題解決・課題達成が実践され，それに必要な能力・意欲をもった人が育つようにするためには，品質保証，方針管理，日常管理，品質管理教育などと同様，組織として小集団改善活動を推進する仕組みを構築し，それに従って実践し，定期的に見直してレベルアップしていくことが必要である．

　小集団改善活動の推進の仕組みを考える場合に，考慮すべき要素としては，活動の目的の明確化，推進のための組織，問題・課題の選定，小集団の編成，

294   第4章　ISO 9004からTQMへ

改善活動の実施（改善の手順・手法や小集団の運営），能力の向上，活動成果
の展開，改善活動のレベルアップ，推進の仕組みの評価・見直しなどがある．
小集団改善活動は組織として行う活動であり，前提として，その目的を明確に
しておくこと，他の活動との役割分担・連携を明確にしておくことが大切であ
る．また，推進において取り組むべきことは少なくない．誰が何を行うのかを
明確にした上で，必要に応じて責任・権限を割り当て，推進のための組織を
作っておくことが必要である．さらに，個々の小集団の活動を促進するために
は，取り組んでいる問題・課題を登録する，活動の進捗を把握し支援する，活
動を通して得られた成果を組織として活用する，能力向上や活動への貢献を評
価する，発表などを通して相互に学び合う場を設けるなどの仕組みを構築して
おくことが大切である．また，このような仕組みを定期的に見直し，組織の状
況に合わせて進化させていくことも必要である．

(1) チーム改善活動の推進

　横断型・時限型や職場型・時限型の小集団改善活動（以下，チーム改善活動
と略す）においては，対象となった問題解決・課題達成に最もふさわしいメン
バーが集められ，活動期限を切って結果を出すことが求められる．チーム改善
活動の基本的な進め方を図4.4.8に示す．組織の方針（目標や方策）が展開され，
組織のそれぞれの階層や部門において取り組むべき問題・課題が明確になる．
これらの問題・課題のうち，既存の組織で取り組むことが難しいものについて
は，必要な能力をもったメンバーを集めた改善チームを編成する．改善チーム
は自律的に問題解決・課題達成に取り組み，その成果を報告・発表する．問題
が解決できれば，又は課題が達成できればチームは解散するが，チーム改善活
動を通して得られた成果（有効な方策・対策や関連する固有技術）は，組織と
して展開・活用される．また，活動の反省・見直しの結果は，次の方針の策
定・展開や問題・課題の特定，チームの編成，教育・研修などに活かされる．
さらに，チーム改善活動に参画したメンバーは，活動への貢献によって評価・
表彰され，より高度な教育・研修を受けたり，エキスパートとして資格認定さ

4.4 小集団改善活動と改善の手順・手法

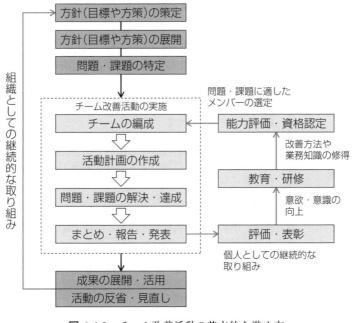

図 4.4.8 チーム改善活動の基本的な進め方

れたりしながら次のチーム改善活動のメンバーの候補となる．

このような活動は，一般には方針管理の一貫として行われるが，それぞれの部門に任せているだけでは管理者の力量に大きく依存することになる．また，組織間の壁によってうまくいかない場合もある．このため，組織がチームによる改善活動を導入・展開・定着させていくためには，組織のトップマネジメント（経営層）のリーダーシップとともに，様々な推進の仕組みが必要となる．表 4.4.2 は，チーム改善活動の推進の仕組みを考える場合のポイントをまとめたものである．

チーム改善活動においては，事前にチームが存在するわけではないので，問題・課題の設定や問題・課題に応じて必要なメンバーを集めてチームを編成する仕組みを用意する必要がある．この場合，組織の方針の展開に基づいて，組織のトップマネジメント又は管理者がリーダーシップを発揮できるようにする

第4章 ISO 9004 から TQM へ

表 4.4.2 チーム改善活動の推進のポイント

項　目	推進のポイント
活動の目的を明確にする	・最上位の目的である顧客価値創造と全体最適を目指し，改善活動を通じて組織にどのように貢献するかを具体的な目的として定める． ・組織の置かれた状況，組織の強み・弱みなどを踏まえて，組織のトップマネジメントと上位の管理者が議論して合意し，組織全体で共有化する． ・目的に合わせて活動を行う部門・階層の範囲を決める．全部門・全階層で取り組むことによって，部門横断的な問題・課題を設定し，部門横断的なチームで解決・達成していくことが可能になる．
推進のための組織を作る	・推進組織は，チーム改善活動の導入・展開・定着のための方針や施策の立案・提案・実行，改善ステップや手法の準備・提供，改善活動の実施状況把握と障害の除去の三つの役割を十分果たせるようにする． ・推進委員会（組織のトップマネジメント及び上位の管理者を中心に構成）が，チーム改善活動の推進の状況を把握し，方針を決定する．推進責任部門は，この方針を受けて，全体的な推進のための計画を立案・展開する．また，各部門の状況を把握し，委員会に報告する．各部門の推進責任部署は，全体の推進計画に基づいてそれぞれの部門内の推進を行う．また，各部門で発生している障害を把握し，推進責任部門に報告する．
問題・課題を選定する	・問題・課題は，組織が抱える経営課題に関係するもの，組織の目標達成に直接貢献するものをトップダウンで取り上げるのがよい． ・各階層の管理者は，方針管理の仕組みに沿って方針展開を行う中で明確になった問題・課題のうち，既存の組織ではなく，改善チームを編成して取り組む必要があると判断したものを取り上げる． ・それぞれの問題・課題について，取り上げる意義・必然性，目標，改善の対象範囲を明確にし，問題・課題を具体的に定義する．
チームを編成する	・各階層の管理者(統括管理者)は，改善チームを編成する．問題・課題の分析，方策の立案，効果の把握などに責任をもつリーダーを指名． ・チームのメンバーは，取り上げた問題を解決する，又は課題を達成するのに必要な部門・部署から集める．ただし，人材育成の観点も考慮し，改善チームのメンバー編成する． ・問題・課題については，組織として登録し，全体の推進責任部門又は各部門の推進責任部署がその進捗を管理する．

4.4 小集団改善活動と改善の手順・手法　　　297

表 4.4.2　チーム改善活動の推進のポイント（続き）

項　目	推進のポイント
改善活動を行う	・チームの運営方法をあらかじめ決めておく. ・活動のマイルストーンを決め，実施計画を立案する. ・あらかじめ定められた時点で，活動の進捗を自己評価し，統括責任者や関係部門に進行状況を報告し，指導・支援を受ける. ・PDCA や DMAIC などの単純化された改善の手順を活用する. ・改善チームは，最適な方策案を統括責任者に提案する. 統括責任者は方策の実施に責任をもつ.
方策を実施し,成果を組織に展開する	・方策が，統括責任者の職責の範囲を超える場合には，当該の統括責任者は，方策の影響の及ぶ範囲を考え，それを含む職責をもつ上位の経営者・管理者に方策を提案する. ・方策が統括責任者の職責の範囲内にある場合には，統括責任者は，チームに実施を指示するか，必要な関係者に実施を指示する. ・方策の実施に当たっては，成果が維持できるように，関係する規定・標準の制定・改訂・廃止を行う. ・制定・改訂・廃止した内容は，より上位の規定・標準の内容に反映され，より広い範囲で活用されるようにする.
能力を向上する	・経営目標・戦略の達成に不可欠なチーム改善活動を適切に実施するために，チーム改善活動に参画する人が保有しなければならない能力を明確にし，そのような能力をもった人を計画的に育成する. ・能力を向上するために，①チーム改善活動に参画することが期待される人を特定する仕組み，②必要な能力を身に付けてもらうための体系的な教育・研修プログラム，③能力を認定し，その継続的な向上を図る仕組みなどを構築・運営する.
改善活動のレベルを向上する	・改善活動の過程で学習したノウハウを新規に実施されるチーム改善活動へ応用し，改善活動のレベルを継続的に向上する. ・レベルを向上するための仕組みとして，①チーム改善活動を改善プロセスと有形・無形の成果から評価し，表彰・奨励する，②改善事例を整理して公開し，改善プロセスを相互に学習する場を設ける，③改善活動に関するノウハウを蓄積して共有し，新規に実施するチーム改善活動で応用するなどを考える.
推進の仕組みを評価し，見直す	・推進組織は，個々のチーム改善活動の開始から終了に至る全過程において，改善チームから得る情報を特定し，収集・蓄積し，分析・活用するための仕組みを確立する. ・活動のプロセスを改善するために，それぞれのチーム改善活動が所期目的を達成したか否かを見定め，再発防止・標準化を検討する.

のがよい．また，問題解決・課題達成後は解散するため，一人ひとりの能力を
評価し，これを活用したチーム編成を行うことが必要である．参画する人は，
問題解決・課題達成に必要な能力をもった人であり，各部門において秀でた能
力のある人，特定の領域における専門知識をもつ人などになる．このため，
チーム改善活動の評価は人事評価（昇格・昇級など）と結び付けて考えるのが
よく，発表会・報告会は成果の水平展開や情報交換の場として位置付けるのが
よい．

(2) QCサークル活動の推進

　職場型・継続型の小集団改善活動の典型であるQCサークル活動は，TQM
の発展途上の1962年に誕生した．誕生当初の目的は，現場第一線に品質管理
を定着させることにあったが，QCサークル活動が人を育て，職場の活力を高
めることが実証されたことから，TQMの一翼を担うと同時に人材育成の重要
な手段として位置付けられている．このことは，図4.4.9に示すQCサークル
活動の基本的な進め方に象徴されている．QCサークル活動は，チーム改善活
動と異なり，一つのテーマを解決・達成すればQCサークルを解散して終了す
るのではなく，新たなテーマを選定して活動を継続する点が特徴である．最初
に，それぞれの職場ごとに，その職場で働く人がQCサークルを結成し，改善
の進め方やQCサークルの運営の仕方を学ぶ．その上で，それぞれの職場にお
ける問題・課題を話し合い，取り組むテーマを選ぶ．また，業務知識やQC手
法などを活用し，問題解決・課題達成を全員参加で行う．さらに，その成果を
まとめ，報告・発表するとともに，活動を自己評価し，次のテーマに取り組む．
　組織がQCサークル活動を導入・展開・定着させていくためには，チーム改
善活動と同様，組織のトップマネジメントのリーダーシップとともに，様々な
推進の仕組みが必要となる．表4.4.3は，QCサークル活動の推進の仕組みを
考えるに当たってのポイントをまとめたものである．
　QCサークル活動においては，職場や職務をベースにサークルを編成する仕
組みを用意した上で，各々のサークルが問題・課題（テーマ）を選定し，問題

4.4 小集団改善活動と改善の手順・手法 299

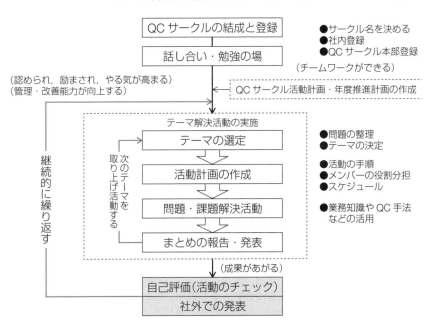

図 4.4.9 QC サークル活動の基本的な進め方
出典：QC サークル本部編，『QC サークル活動運営の基本』，
日本科学技術連盟，1997 年，図 4.1

解決・課題達成に取り組むことを支援する必要がある．テーマの選定に当たっては，当該のプロセスを担当している者でないと気がつかない問題・課題が候補に含まれるようにするのがよい．また，問題解決・課題達成後も継続するため，サークルがより高い活動を目指して成長するための仕組み（例えば，QC サークル診断などの自己診断）を用意する必要がある．職場に密着した活動であり，当該職場で働く全員の参加が原則となる．このため，QC サークル活動の評価は，担当プロセスを計画どおり行う能力に基づいて行われる人事評価とは一線を画した形で考えるのがよく，発表会・報告会での表彰などを通して行うのがよい．

300   第 4 章　ISO 9004 から TQM へ

表 **4.4.3**　QC サークル活動の推進のポイント

項　目	推進のポイント
活動の目的を明確にする	• 三つの基本理念(図 4.4.1 の右端参照)を中心にする. ただし, それぞれの組織の置かれている状況を考慮し, より具体的な内容にする. 一つだけに偏って重点をおくと, QC サークル活動の良さや効果が発揮されないので, 同時にバランスよく狙う. • TQM, TPS, TPM などの総合的な活動における QC サークル活動の果たすべき役割を明確にし, これらの活動と連携させて展開する.
推進のための組織を作る	• 推進組織は一般には既存の組織と別に組織をつくるのがよい. • 推進委員会(トップマネジメントを中心に構成)は, 活動の方針や年度推進計画, 推進上の問題・課題などを検討・決定. 推進事務局は, 活動状況を把握してトップマネジメントに報告し, 推進の方向を決めるとともに, 部門の推進事務局を集めて会議を開催し, 活動の状況や問題点などの把握・共有を図る. 部門の推進委員会(部門長を中心に構成)は, 部門の推進方針や教育・研修計画, 推進の問題点とその克服方策などを検討. 部門の推進事務局は, 部門に合った活性化策を実施する. 部門内の推進担当者を集めて会議を開催し, 活動の状況や問題点の把握・共有を図るとともに, QC サークルリーダーによる情報交換・相互啓発のためのリーダー会の開催を支援. 推進担当者は, 推進の仕組みに沿って, それぞれの職場で QC サークルの指導・支援を行う.
QC サークルを編成する	• 各職場の管理者は, それぞれの職場の特性を考え, 改善・維持向上の活動を実践するのに適した形で QC サークルを編成する. • 対象者は, 職場の第一線で働く人全員である. 同じ職場の人どうしで QC サークルを編成するというのが基本的な考え方. • 職場の変化や特性に応じて, 編成の工夫を行う. • リーダーは, 監督者, 主任, チーフ, グループリーダーなどの監督的な立場にある人が務める. 営業部門や事務部門などの人数が少ない職場の場合には, 係長や課長などが務めてもよい. • 編成した QC サークルについては, QC サークル活動の推進・支援を適切に行うために, 組織として登録・管理する.
テーマを選定する	• 管理者や推進担当者は, 積極的にテーマの選定に関与する. 選定されたテーマについては, 管理者が確認・承認し, その進捗を管理するために組織として登録する.

4.4 小集団改善活動と改善の手順・手法 301

表 4.4.3 QC サークル活動の推進のポイント（続き）

項　目	推進のポイント
（つづき）	・テーマを選定する際には，①問題・課題を洗い出す，②問題・課題を整理し，絞り込む，③テーマ名をつける，④テーマの選定理由をまとめる，の手順を踏む． ・①自分たちが仕事を行う上で困っていることは何か，②職場の方針や重点課題は何か，③顧客や前後の工程が困っている／期待していることは何か，④過去の活動で残っている問題・課題は何か，を考慮する． ・日常からノートやメモ用紙などを用意してメンバーが気づいた問題・課題を集め，一覧表（テーマバンク）にしておく．
改善活動を行う	・選定した問題・課題に対してどのように取り組むかを明らかにした活動計画を作成する．加えて，QC サークルの年間活動計画を作成する． ・定期的にメンバーが集まって会合を開催する．会合の持ち方や進め方について，適切な工夫を行う． ・科学的なアプローチをすることが大切であり，QC ストーリーや QC 手法を活用する．
能力を向上する	・メンバーの個人ごとの能力評価や QC サークルのレベル把握を行う．改善活動や QC サークル運営に関する能力だけでなく，業務に関する知識・技能も含める．現状を把握するだけでなく，目標を決める． ・QC サークル活動に対する意欲を向上させるための表彰を行う．表彰の種類としては，問題解決・課題達成に対して行うもの，年間又は一定期間の活動内容に対して行うものなどを設ける． ・教育・研修の体系を整備する．管理者には，実際の改善活動の報告書を用いたグループ討論等を行い，活動の各段階でどのように関わればよいか，どのように指導・支援したらよいかを習得してもらう．
成果を展開する	・管理者は，QC サークル活動で得られた方策・対策や固有技術のうち，技術標準や管理規定等に反映させる必要があると判断したものについては，関連する技術部門や管理部門にインプットする． ・技術標準や管理規定等への反映を目的にした発表会を行う． ・汎用的なものは，標準化について責任のある部門・委員会がその必要性を判定し，関連する標準を定めて全ての職場に展開する．他方，職場の状況に依存するものについては，それぞれの職場が必要に応じて応用・変形して活用できるような仕組みを考える．

302　　　　　　　第4章　ISO 9004からTQMへ

表4.4.3　QCサークル活動の推進のポイント（続き）

項　目	推進のポイント
相互啓発を加速する	・テーマやステップごとにリーダーを交替したり，ベテランと若手が組になって活動したりなど，相互啓発を促進する工夫を行う． ・QCサークルは，テーマを進めるのに必要となる固有技術や手法に関する勉強会を開催する．推進担当者や管理者は，活動の状況を把握し，勉強会のための資料等を適切に提供する． ・推進組織は，QCサークルどうしの相互啓発を促進するために，発表会を計画・開催する． ・管理者はQCサークルの活動に関心をもち，必要な支援・育成を行う．また，QCサークルは報告・連絡・相談を通して，管理者に仕事の状況を理解してもらうとともに，管理者の考え方・ノウハウを学ぶ． ・トップマネジメントは，積極的にQCサークル活動が行われている場（職場や発表会など）に出向き，活動に関心をもっていることを伝える．
推進の仕組みを評価し，見直す	・評価に用いる尺度は，QCサークル活動の目的・狙いに合ったものを選択する． ・期末に，推進計画に定めた目標・実施項目について，達成できたこと／できなかったことを評価・分析し，効果と課題を明確にする．その結果をトップマネジメントに報告するとともに，推進上の問題点については推進体制や仕組みに対策を講じ，次期推進計画に反映させる．

4.4.4 推進におけるトップマネジメント及び管理者の役割

(1) トップマネジメントの役割

　小集団改善活動は短期的に実践しても人材が育たないために成功しない．中長期的な視点に立った推進が必要である．このためには，組織のトップマネジメントの理解が重要になる．

　まず，組織のトップマネジメントが小集団改善活動を経営の中の重要な柱として位置付け，その組織的な推進を宣言することが必要である．また，組織の年度方針に小集団改善活動の推進に関する項目や小集団改善活動で取り組むべき項目を織り込む，推進のための事務局を置き，取り組んでいる問題・課題とその進捗を報告させる，改善活動の発表会・報告会に出席する，トップ診断のときに各部門での実践状況を確認するなどを実践するのがよい．

　組織のトップマネジメントが実践すれば，各部門の管理者も小集団改善活動に関心をもち，組織の方針を担当部門に展開し，問題・課題の選定，小集団の編成，改善活動への支援，必要な能力の育成，得られた成果の展開などを実践するようになる．これによって，組織のあらゆる部門で小集団改善活動が継続的に実践されるようになる．

(2) 管理者の役割

　チーム改善活動は，経営・組織の目標達成に直接貢献する時限型の活動であることから，管理者は以下の役割を果たすのがよい．

- チーム改善活動を積極的に活用する．方針管理で設定された項目など，組織が抱える重要な問題解決・課題達成にチーム改善活動を活用し，活動の推進にリーダーシップを発揮する．
- チームメンバーが改善活動において大きな貢献ができる環境を整備する．部下がチームメンバーに選定された際は，部下の意欲を高めるとともに，他の業務の負荷を調整する．また，周囲の協力が得られやすくするために，改善活動に対する職場での理解を促進する．
- チーム改善活動により提示された方策を確実に実行する．提示された方策

を全体最適の観点で受け入れ，実行して目標の達成に貢献する．

- チームのメンバーや関係者が改善活動において果たした貢献に関する情報を入手し，人事評価に反映させる．

QC サークル活動は，職場型継続型の活動であり，これが成功するかどうかは，職場の管理者に大きく依存する．管理者は以下の役割を果たすのがよい．

- 組織における QC サークル活動の位置付け・目的を常に認識し，QC サークルが目指すべき方向や目標を発信し続ける．
- QC サークルが進んで活動できるよう，環境整備（支援体制，活動時間や予算確保など）を行う．
- 組織の方針や職場の状況，QC サークルに役立つ組織内外の情報などを提供し，情報の共有化を図り，認識を共通にする．
- QC サークルリーダー及びメンバーの適性・能力を評価し，人事部門と連携して適切な教育・研修を計画・実施，又は派遣し，個々の能力を高める機会を絶やさない．
- QC サークル活動は自主的な運営を尊重するが，活動では多くの問題に直面する．活動場面ごとの状況把握を行い，悩みや問題の解決に必要な指導・支援を行う．このためにも，率先して改善・管理活動を実践し，自身の知識・能力を高める．
- QC サークルが活動を行う上で必要となる他部門との調整を行う．
- QC サークル活動を通して得られたノウハウ（仕事のやり方に関する）は，正式な標準として職場に定着させるとともに，他部門や上流標準への水平展開を行う．
- QC サークルの努力や活動の成果を正しく評価し，感謝の気持ちを表す．

4.4 小集団改善活動と改善の手順・手法 305

4.4.5 改善の手順と手法

(1) 改善の手順

　改善の手順とは，"改善活動をデータに基づいて論理的・科学的に進め，効果的かつ効率的に行うための基本的な手順"である．QC ストーリーともいわれる．この手順を活用することで，改善を効果的かつ効率的に行うことができる．改善の手順は，もともと QC サークル活動のために作られたものが，今では，様々な種類の改善活動で活用されている．

　改善の手順には，主に問題解決のための手順（問題解決型 QC ストーリー）と課題達成のための手順（課題達成型 QC ストーリー）がある．表 4.4.4 に，問題解決型 QC ストーリーを示す．組織の中には多種様々な問題が数多くあり，これらを一度に取り上げて解決するのは難しい．したがって，まず，候補となる問題を列挙した上で重要度，緊急性などを考えて取り組む問題を選ぶことになる．次に，絞り込んだ問題の原因を探すことにあるが，あらゆる可能性を網羅的に調べるのは効率的でない．問題についての癖や特徴，問題に関連していると思われるプロセスやシステムの状況を把握し，これらを基に要因（原因の候補）を系統的に列挙し，可能性の高いものに絞り込む．その上で，当該の要因が原因かどうかを事実・データに基づいて一つひとつ検証する．原因が特定できれば，それに対する対策を考案し，実施し，効果を確認する．効果があった対策については，標準化を行い，人が入れ替わっても継続的に行えるようにする．なお，ステップ 3 の"実施計画の策定"とステップ 8 の"反省と今後の課題"は，チームとして活動していく上で重要となるものである．なお，ステップ 1～8 は，改善の進捗状況によって繰り返す場合が少なくない．例えば，問題解決型 QC ストーリーにおいて，ステップ 6 の"効果の確認"で，目標が達成できていない場合には，ステップ 4 の"要因の解析"に戻って活動を継続することになる．

　他方，改善しなければならないのは，既に発生している問題や既に存在しているプロセスやシステムだけではない．新たな価値の創造に向けた将来の課題に取り組むことが必要な場合もある．

第4章　ISO 9004からTQMへ

表 4.4.4　改善の手順（問題解決型）

手　順	説　明	使われる主な手法
1. テーマの選定	問題（テーマ）を発見し，その中から重点指向で絞り込み，改善活動の対象とするものを選ぶ．	ブレーンストーミング，親和図，パレート図，マトリックス図
2. 現状の把握と目標の設定	選んだ問題（テーマ）について，事実・データを収集し，傾向・くせを把握する．また，関連するプロセスを観察し，実態を把握する．選んだ問題又はその中のさらに絞り込んだものについて，何を，いつまでに，どこまで改善するかを定める．活動の主体，意義なども含める．	チェックシート，ヒストグラム，層別，グラフ，管理図，プロセスマップ，SWOT分析，品質機能展開，ベンチマーキング，プロジェクトチャーター
3. 実施計画の策定	目標達成までに行う大まかな作業をタイムスケジュールや役割分担とともに定める．	ガントチャート，アローダイアグラム
4. 要因の解析	現状の把握で得られた情報を活用しながら，問題とプロセスとの間の因果関係について，仮説の設定と検証を繰り返す．	特性要因図，連関図，散布図，回帰分析，統計的検定・推定，実験計画法，タグチメソッド，FTA，FMEA
5. 対策の検討及び実施	要因の解析で探し出した，問題とプロセスとの間の因果関係に基づいて，重要な原因を改善する，又は原因が改善できない場合は，その影響が出ないようにする対策を考え，評価・選定，実施する．	ブレーンストーミング，系統図，マトリックス図，PDPC，アローダイアグラム，TRIZ，AHP
6. 効果の確認	対策を実施した後に，現状の把握と同様のデータを収集し，その効果を確認する．副作用も確認する．効果が十分でない場合には，5.又は6.に戻る．	チェックシート，ヒストグラム，層別，グラフ，管理図
7. 標準化と管理の定着	人が入れ替わっても対策が維持されるよう，標準にまとめ，教育・訓練に組み込む．また，継続的に守れるようにする工夫を行う．	作業標準書，QC工程表，管理図，エラープルーフ化
8. 反省と今後の課題	活動のステップを振り返り，今後の活動に活かすべき点をまとめる．小集団及びメンバーの能力向上についても評価する．	経過反省表，レーダーチャート

注）ここで言う原因とは，結果に影響を与えるものであり，悪い影響を与えるもの，良い影響を与えるものの両方を含む．また，要因とは原因の候補となるものである．

4.4 小集団改善活動と改善の手順・手法 307

このような場合に活用できるのが課題達成型 QC ストーリーである．課題達成型 QC ストーリーは次のとおりである．

ステップ1 テーマの選定

ステップ2 攻め所と目標の設定

ステップ3 実施計画の策定

ステップ4 方策の立案

ステップ5 成功のシナリオ（最適策）の追究と実施

ステップ6 効果の確認

ステップ7 標準化と管理の定着

ステップ8 反省と今後の課題

改善の手順は，改善活動を計画・実施する際，及び改善活動の過程・結果を報告する際の指針となる．例えば，改善活動を計画・実施する際に，改善の手順に則って行うことで，抜け漏れなく，かつ論理的に活動を進めることができ，効果的・効率的に改善を行うことができる．これは考え方の異なる複数の人が集まって活動を進める場合，特に重要になる．また，改善活動の過程・結果を報告する際に，改善の手順に則って報告することで，聞く方にとって理解しやすい，納得しやすいものになり，知見の共有を促進できる．

改善の手順は，当初は，問題解決型 QC ストーリーのみであったが，新しい課題への挑戦が増えてきたことにともなって，課題達成型 QC ストーリーが提案された．また，経験済みの問題が別の場所で発生することが増えるにつれ，施策実行型 QC ストーリーや未然防止型 QC ストーリーが生み出されてきた．さらに，チーム改善活動の典型であるシックスシグマ（Six Sigma）活動で使われている DMAIC（Define, Measure, Analyze, Improve, Control）も QC ストーリーがベースになっている．その意味では，これらの手順は，改善活動の対象・範囲に応じて適切に使い分けたり，組み合わせて使用したりするのがよい（図 4.4.10 参照）．また，改善活動の対象・範囲が変わる・広がるにつれて，新たなバリエーションがでてきてよいものである．

第4章 ISO 9004 から TQM へ

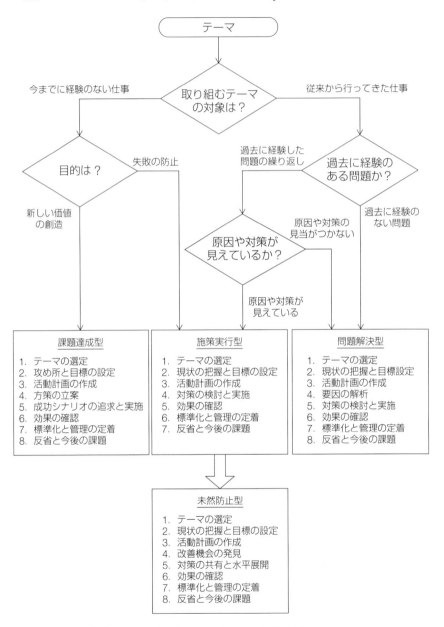

図 4.4.10 様々な QC ストーリーとその選定フロー

4.4 小集団改善活動と改善の手順・手法　　309

(2) 改善のための手法

　改善の手順に沿って改善活動を効果的・効率的に進めるためには，各ステップにおいて，適切な手法を活用するのがよい．表 4.4.4 の右端には，問題解決型 QC ストーリーの各ステップで使用される主な手法を示してある．これらの手法の詳細については，JIS Q 9024（継続的改善の手順及び技法の指針）や市販されている書籍を参照してほしい．表 4.4.5 は，これらの手法の概要をまとめたものである．

表 4.4.5　改善に用いられる主な手法

手　法	説　　明
QC 七つ道具	品質管理を進めるうえで基礎になる，データのまとめ方に関するツールの集合．通常パレート図，特性要因図，ヒストグラム，グラフ／管理図，チェックシート，散布図，層別のことをいう．
チェックシート	データが取り易いように予め記入する項目・様式を定めた記録用紙．目的を持って計画的にデータをとるために使われる．
パレート図	項目別に層別して，棒グラフを出現頻度の大きさの順に並べるとともに，累積和を示した図．どのような現象を重点的に攻めたらよいかを導くために使われる．
ヒストグラム	測定値の存在する範囲を幾つかの区間に分け，各区間を底辺とし，その区間に属する測定値の度数に比例する面積をもつ長方形を並べた図．連続量のデータの出現状況を探るために使われる．
グラフ	データを図形で表し，数量の大きさや変化を比較したり，理解しやすくした図．数量の大きさを視覚に訴える棒グラフ・円グラフ・帯グラフ，変化や相違を示す折れ線グラフ・Z グラフ・レーダーチャートなどがある．
管理図	連続した観測値もしくは群ごとの統計量の値を，通常は時間順又はサンプル番号順に打点した，上側管理限界線及び / 又は下側管理限界線をもつ図．異常を検出したり，データの時間的な変化を把握するために使われる．
層別	データを，同じ共通点をもつ幾つかのグループに分けること．共通点の例としては，設備，原材料，作業者，作業方法などがある．分けたグループのことを層と呼ぶ．
特性要因図	結果の特性と，それに影響を及ぼしていると思われる要因との関係を整理して，魚の骨のような図に体系的にまとめたもの．原因についての仮説を議論するために使われる．

310 第4章 ISO 9004 から TQM へ

表 4.4.5 改善に用いられる主な手法（続き）

手 法	説 明
散布図	二つの特性を横軸と縦軸とし，観測値を打点して作るグラフ表示．二つの特性の間の関係を調べるのに使われる．
新 QC 七つ道具	問題解決・課題達成の計画段階において，問題・課題の整理，方策の創出・立案を効果的に行うために，言語データを図形化・視覚化するツールの集合．親和図法，連関図法，系統図法，マトリックス図法，マトリックス・データ解析法，アローダイアグラム法，PDPC 法のことをいう．
親和図法	混沌とした状態の中から収集した言語データを相互の親和性によって統合して解決すべき問題を明確にする方法．
連関図法	複雑な原因の絡み合う問題について，その因果関係を明らかにすることにより，適切な解決策の糸口を見出す方法．
系統図法	目的を果たすのに最適な手段を系統的に追求する方法．
マトリックス図法	対象（問題，対策，製品，部門など）を多元的思考により捉え，それらの特徴を明確にしていく方法．
マトリックス・データ解析法	マトリックス図に配列された多くのデータの相互関係を可視化し，それぞれのデータの特徴を明解にする方法．
アローダイアグラム法	最適な日程計画を立て効率よく進捗を管理する方法．
PDPC 法／過程決定計画図法	事態の進展とともに，各種の結果が想定される問題について，望ましい結果に至るプロセスを定める方法．
プロセスフロー図／業務フロー図	各種の業務プロセスを物や情報に流れに着目して表示した図．一連のプロセスの流れを明確にする，重複している業務や情報，あるいは欠落している業務や情報を明確にする，発生すると考えられる問題を事前に予測して対策するなどのために使われる．
作業標準	プロセスに必要な一連の活動に関する基準及び／又は手順を定めたもの．基準にはインプットに関するもの，アウトプットに関するものがある．
エラープルーフ化	ヒューマンエラーを防止する，あるいはそれによって引き起こされる影響を軽減するための製品・サービス又は作業方法に関する工夫．作業方法は，部品・材料，設備・治工具，作業指示書，手順などの要素及びそれらの繋がりを含む．
QC 工程表	製品・サービスの生産・提供に関する一連のプロセスを図表に表し，このプロセスの流れにそってプロセスの各段階で，誰が，いつ，どこで，何を，どのように管理したらよいかを一覧にまとめたもの．
ベンチマーキング	顧客価値を創造するプロセスのパフォーマンスを高めるために，最高水準のプロセスを有する企業に学び，ベストプラクティスを取り入れる方法

4.4　小集団改善活動と改善の手順・手法　　311

表 4.4.5　改善に用いられる主な手法（続き）

手　法	説　　明
SWOT 分析	組織やプロジェクトなどについて，外部環境や内部環境を強み（Strengths），弱み（Weaknesses），機会（Opportunities），脅威（Threats）の 4 つのカテゴリーで分析し，経営戦略を策定する方法.
ブレーンストーミング	ある問題やテーマに対し，参加者が自由に意見を述べることで，多彩なアイデアを得るための会議法.
TRIZ	システムの理想性向上を目指すために，技術進化の原理に基づき，革新的アイデアを創出する合理的方法論．TRIZ は発明的問題解決理論という意味のロシア語を英語表記した場合の頭文字をとったもの.
ガントチャート	時間を区切った図表に計画を示し，各計画に対応する時間の実績を逐次記入したもの．ある時点における計画と実績が一目で把握できる.
AHP／階層化意思決定法	問題全体を，究極の狙い，評価基準，代替案という階層図に表現した上で，複数の評価基準のもとで，多数の代替案の中からの選択，複数の要素へのリソースの配分，あるいは複数の要素の評価や順位づけをする方法.
統計的手法	ある目的のためにデータを集める方法，及びそのデータの解析を通じ目的にとって有用な情報を引き出すために用いられる数学的手法の総称．基本統計量とグラフ，工程能力指数，検定・推定，相関分析，回帰分析，実験計画法，タグチメソッド，多変量解析などがある.
検定・推定	検定とは，母集団から採取したサンプルのデータを用いて，母集団の分布に関する仮説の真偽を統計的に判定する方法．推定とは，母集団から採取したサンプルのデータを用いて，分布の"母数"を見積もる方法．母数の値を一つの値で推定する方法を点推定と呼び，区間で推定する方法を区間推定と呼ぶ.
相関分析	一方の変数が増加するともう一方の変数が増加又は減少するという，二つ変数の相互の関係を検討する方法．散布図を視覚的に考察するステップと，相関係数という数値により判断するステップとで構成される.
回帰分析	ある変数（目的変数）を別の一つ以上の変数（説明変数）を用いて説明・予測したい場合などに，両者の関係を表すモデル式を設定し，実際のデータを用いてモデルに含まれる未知の母数の推定・検定を行う方法.
実験計画法	問題としている特性（結果）に対する要因（原因）の影響の程度を評価するための，効果的・効率的な実験の計画とデータ解析のための方法．要因配置実験，直交配列実験，枝分かれ実験などが含まれる.

312 第 4 章 ISO 9004 から TQM へ

表 4.4.5 改善に用いられる主な手法（続き）

手　法	説　明
タグチメソッド／品質工学	製品・サービスの品質／質が，機能のばらつきによる損失，使用コスト，及び機能に関係のない弊害項目の三つよりなると考えた上で，製品・サービス又はプロセスの設計を効果的かつ効率的に行う方法．
品質機能展開	製品・サービスに対する顧客・社会のニーズを実現するために，要求品質，品質特性などをそれぞれ系統的に展開し，それらを二元表により相互に関連づけることによって必要とする特性・仕様・管理基準を定めるためのツールの集合体．品質展開，技術展開，コスト展開，信頼性展開，業務機能展開などの総称である．
FTA／故障の木解析	信頼性又は安全上，その発生が好ましくない事象について，論理記号を用いて，その発生の経過をさかのぼって樹形図を展開し，発生経路及び発生原因，発生確率を解析する方法．
FMEA／故障モード影響解析	設計の不完全さや潜在的な欠陥を見出すために構成要素の故障モードとその上位アイテムへの影響を解析する方法．解析の対象が何かによって DFMEA（Design FMEA），PFMEA（Process FMEA）などと呼ばれる．
ワイブル解析	実測データがワイブル分布に当てはまるかどうかを判定し，当てはまるとしたならばそのパラメータの値を推定するための方法．

参考文献

1) JSQC-Std 31-001：2015，小集団改善活動の指針
2) JIS Q 9024：2003，マネジメントシステムのパフォーマンス改善－継続的改善の手順及び技法の指針
3) QC サークル本部（1996）：『QC サークルの基本』，日本科学技術連盟
4) QC サークル本部（1997）：『QC サークル運営の基本』，日本科学技術連盟
5) 日本品質管理学会・小集団改善活動研究会（2009）：『開発・営業・スタッフの小集団プロセス改善活動』，日科技連出版社

313

4.5　品質管理教育と人材育成

　TQM の実施には，そのための能力が組織に備わっている必要がある．この組織能力を支えるには組織で働く各人にそのための能力が求められる．能力をもった人を確保するには，外部からの人材の獲得もあれば，内部の人材を育成する方法もある．前者は短期的には有効だが，長期的には内部の人材の育成・能力開発が不可欠である．品質管理教育は経営課題を効果的かつ効率的に達成する上で必要な価値観，知識及び技能を組織構成員が身に付けるための体系的な人材育成の活動である．組織には多くの様々な問題・課題があり，これを一部の人だけで解決・達成することは難しく，複数の人が連携・協力する必要がある．このためには，価値観や問題解決・課題達成の方法，さらには組織運営の方法（方針管理，日常管理，小集団改善活動）や品質保証・顧客価値創造の方法（新製品・新サービス開発管理，プロセス保証）が共有できていなければならない．他方，働く人の視点から見ると，キャリア形成や自らの潜在能力を発見・発揮できることが重要であり，このための人材育成が求められる．これにより，働く満足，やる気，忠誠心の向上も期待できる．ここでは，JSQC-Std 41-001（品質管理教育の指針）に示されている推奨事項を基に，その概要について解説する．

4.5.1　品質管理教育の基本
（1）継続的・体系的・戦略的な実践

　組織の構成員は時間とともに入れ替わってしまうので，品質管理教育は，他の教育と同様，継続的に実施する必要がある．このため，品質管理教育の組織や計画，それを支えるリソースの確保が大切である．

　また，品質管理教育は様々な内容を相補的に実施することで相乗的な効果が得られる．例えば，方針管理に関する教育だけを行うより，日常管理と方針管理に関する教育を組み合わせて行う方が有効であり，技術者・スタッフへの教育を行うだけでなく，一般従業員や管理者に対する教育を併せて行うのがよい．

314　　　　　　第 4 章　ISO 9004 から TQM へ

このため，品質管理教育は体系的に取り組むのがよい．

　さらに，組織を取り巻く経営環境の変化はますます大きくなっており，これらの変化に対応できる組織能力の獲得が必要となっている．しかし，品質管理教育は短期的に効果が得られるものではない．このため，品質管理教育は中長期的・総合的・戦略的に取り組む必要がある．すなわち，組織の経営目標・戦略に合わせ，3〜5 年のレンジで，自組織の外まで視野を広げてその内容を計画・見直すことが大切である．

(2) 品質管理教育におけるトップマネジメントの役割

　品質管理教育の実施についての意思決定はトップマネジメントの役割である．トップマネジメントが果たすべき主な役割としては，次の事項がある．

- 自組織の状況を踏まえ，目指すべき方向や中長期経営計画，組織方針を定め，その達成に必要な組織能力を明確にする．
- 自らの言動を通して，TQM やそのための品質管理教育の重要性を全員へ理解・納得させる．
- 品質管理教育の体系・組織・プロセスの整備を指示する．
- 品質管理教育のためのリソースを確保する．
- 定期的に担当部門より品質管理教育の実施状況の報告を受け，実施上の問題・課題を把握した上で，アドバイスする．
- 従業員からの報告や従業員との懇談の場において，従業員の品質意識や問題解決力の実態を自ら把握し，効果を確認する．
- 経営環境や顧客・社会の変化に，現状の教育活動が適しているか確認し，必要な見直しを指示する．
- 関係会社やパートナに，品質管理教育の重要性を理解させ，普及・支援する．
- 社会における TQM の動向に注意を払い，情報を把握する．

　教育投資はすぐには業績に結び付かず，費用を削減しても短期的にはほとんど影響はない．しかし，長期的には従業員や組織の能力・活力が低下し，パ

4.5 品質管理教育と人材育成 315

フォーマンスの悪化を引き起こす．そのとき，教育費を慌てて増やしても間に合わない．このように品質管理教育の効果は短期的な視点では測れないものであり，その投資判断はトップマネジメントが自らの信念に基づいて行う必要がある．

　一部の人だけに能力があっても，組織としての活動を十分行えない．このため，品質管理教育は，個人だけに任せておくべきものではなく，組織の責任で実施する必要がある．他方，組織が必要とする能力の向上に努めることは個人の責務であり，その過程で，自分の能力を伸ばし，活かしていくのがよい．トップマネジメントは，このような組織と個人との互恵関係を実現できるように支援していくことが大切である．

(3) TQM において求められる人材と能力

　TQM の実践においては，組織で働く各人が，それぞれの立場や役割を理解した上で，顧客・社会のニーズを満たすよう，継続的にプロセス及びシステムの維持向上，改善及び革新に取り組む必要がある．このため，各人に TQM に関する次のよう能力が求められる．

- 基本的な用語・概念，行動原則などの理解と適用力
- 組織の運営のための方法の理解と適用力
- 顧客価値創造とプロセス保証のための方法の理解と適用力
- 手法・数理に関する理解と適用力

これらの能力について，どのくらいのレベルが必要かは組織における各人の立場と役割によって異なる．表 4.5.1 は，重要な役割を果たす人材として，

- 経営者：組織が行う事業に関する計画を立て，組織をあるべき方向・ありたい方向に導く人
- 管理者：組織において上下・左右の連携の要となり，組織能力の向上を図る人
- 監督者（職組長）：一般従業員を指揮し，指導する人
- 一般従業員：生産職場やサービス提供職場で作業に従事する人，事務系職

316　　　　　　　第4章　ISO 9004 から TQM へ

表 4.5.1　組織における立場・役割と求められる，TQM に関する能力と水準

TQM に関する能力		経営者	管理者	監督者	一般従業員	設計者・生産技術者	品質管理専門技術者	TQM推進者
基本	用語と概念	○	○	○	○	◎	◎	◎
	行動原則	◎	◎	◎	◎	◎	◎	◎
	問題解決の手順（QC ストーリー）	◎	◎	◎	○	○	◎	◎
	総合的品質経営（TQM）	◎	◎	◎	○	○	◎	◎
組織運営	方針管理	◎	◎	◎	○	○	◎	◎
	標準化・日常管理	○	◎	◎	○	○	◎	◎
	小集団改善活動	○	◎	◎	◎	○	◎	◎
	品質管理教育	○	○	○	○	○	◎	◎
顧客価値創造とプロセス保証	潜在ニーズ把握					◎	◎	○
	ボトルネック技術の特定と解決					◎	◎	○
	トラブル予測と未然防止			○		◎	◎	○
	工程能力の調査と改善				○	◎	◎	○
	検査と保証度				○	◎	◎	○
	市場品質情報の活用・解析		○			◎	◎	○
	品質保証体系	○	◎	○	○	◎	◎	◎
	環境・安全等を含めた総合マネジメント	○	◎	○		○	◎	◎
手法・数理	QC 七つ道具	○	◎	◎	◎	◎	◎	○
	新 QC 七つ道具	○	◎	◎	◎	◎	◎	○
	管理図			○	◎	◎	◎	○
	抜取検査・サンプリング				○	◎	◎	○
	検定・推定				○	◎	◎	○
	実験計画法				○	◎	◎	○
	品質工学（タグチメソッド）					◎	◎	○
	多変量解析法					◎	◎	○
	品質機能展開					◎	◎	○
	信頼性手法					◎	◎	○
	OR 手法					◎	◎	○
	IE 手法，VE 手法					○	○	○

注1）表中の記号は求められる能力の水準を示す．
　　◎：利活用できる必要がある（指導を含む）．
　　○：知識として持っておく必要がある．
　　空欄：ある方が望ましいが必須ではない．
注2）求められる能力の水準は，多くの専門家の意見を集約したものであり，幅を持っているものとして捉えるのがよい．一つの指針であり，それぞれの組織においては，これを参考に，自組織に合ったものを考えるのがよい．

4.5 品質管理教育と人材育成　　317

場や営業系職場で業務に従事する人等

- 設計者・生産技術者：製品設計やプロセス設計，そのための技術開発に携わる技術者（生産管理や安全管理などの管理・間接職場の技術者を含む）
- 品質管理専門技術者：品質問題・課題の解決・達成やその指導・支援など，TQM・品質保証に関する業務を専門に担当する人
- TQM 推進者：組織における TQM・品質保証の推進（計画・展開・見直し）を担当する人

を取り上げ，それぞれに求められる能力と水準を示したものである．

（4）階層別分野別教育体系

　TQM の実践に当たっては，経営者を含む全ての人が，それぞれの立場に応じた能力を身に付けておく必要がある．ただし，TQM に関する能力は，組織人としての基本的な能力，固有技術・技能，品質管理以外の管理技術・技能などと併せて身に付けることではじめて有効に活用できる．このため，これらの能力の育成を密接に関連付ける必要がある．研修プログラムは多岐にわたるため，それらを総合的に体系化した方が教育全体の姿を俯瞰でき，教育に関する抜けや重複，改善すべき点が明確となる．教育を体系化する場合は，階層を縦に，分野を横に配置したマトリックスを作成し，各セル上に対応する研修プログラムを配置して一覧化した階層別分野別教育体系を作成するのがよい．階層別分野別教育体系の例を図 4.5.1 に示す．階層別分野別教育体系において，TQM に関する研修プログラムはいろいろなところに位置付けられているが，一般的には，マネジメント力及び管理技術・技能の中に含められている場合が多い．また，マネジメント力については，経営者，管理者，監督者などへの昇格時に行われる研修プログラムで扱われる場合も多い．

　マネジメント力や問題解決力などの能力は，教える教育（集合教育や e-learning）だけでは身に付かず，現実に起こっている問題や課題を取り上げ，その解決や達成のプロセスを実地に学んでいく実践教育が重要となる．また，職務を行う中での上司やベテラン，アドバイザーによる指導も必要となる．教

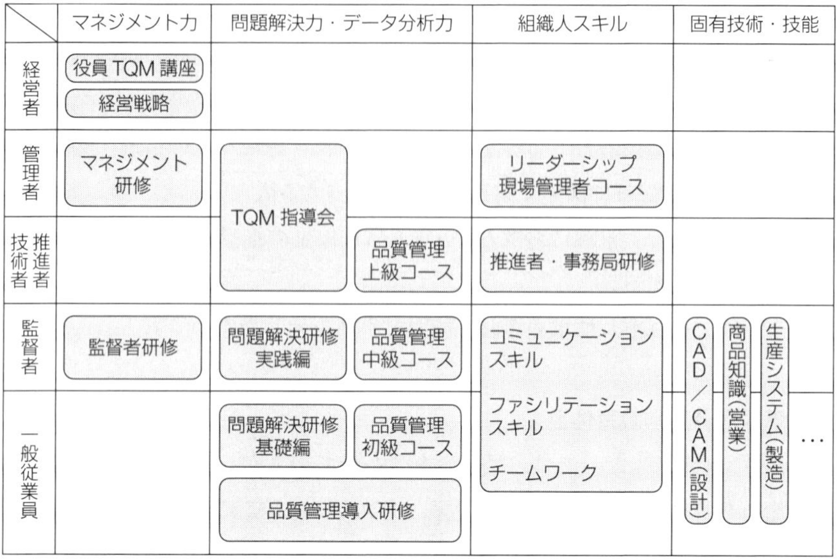

	マネジメント力	問題解決力・データ分析力	組織人スキル	固有技術・技能
経営者	役員TQM講座 / 経営戦略			
管理者	マネジメント研修	TQM指導会	リーダーシップ 現場管理者コース	
技術者 推進者		品質管理 上級コース	推進者・事務局研修	
監督者	監督者研修	問題解決研修 実践編 ／ 品質管理 中級コース	コミュニケーション スキル	CAD／CAM（設計） 商品知識（営業） 生産システム（製造） …
一般従業員		問題解決研修 基礎編 ／ 品質管理 初級コース ／ 品質管理導入研修	ファシリテーション スキル ／ チームワーク	

注）固有技術・技能は多岐にわたるため，部門ごとに研修プログラムの必要性を明確にし，体系化するのがよい．

図 4.5.1 階層別分野別教育体系の例

育方法にはそれぞれメリット・デメリットがあるので，各々の教育方法がもつ特徴を活かすよう，うまく組み合わせて品質管理教育の体系化を図ることが有効である．

　QC サークル活動やチーム改善活動などの小集団改善活動では，先輩や上司からの指導やアドバイス，メンバー相互による勉強会などの場を通して，問題解決に必要となる考え方・知識・手法を身に付けることができる（4.4 節参照）．このため，小集団改善活動を，品質管理に関する実践教育の場として品質管理教育体系の中に位置付けるのがよい．

　経験年数に応じて担当すべき業務内容やそれに必要な能力を定めたキャリアプランを定めることで，各人にとって目指したい将来像が明確となり，働く意欲を引き出すことができる．また，部門が獲得すべき能力の目標値を検討する

4.5　品質管理教育と人材育成　　　319

際のベースラインも明確となる．階層別分野別教育体系とキャリアプランの両
方を相補的に用いることで，組織と個人の互恵関係を築くこともできる．キャ
リアプランは，業務との関連が強いため，製品・サービスやその提供に固有の
知識・技能だけを定めている組織も少なくないが，経営環境の変化に応じて改
善・革新していくことが重要であり，TQM の面から果たすべき役割，そのた
めに必要となる TQM の能力についても合わせて定めておくのがよい．表
4.5.2 にキャリアプランの例を示す．

表 4.5.2　キャリアプランの例

	新入社員 1 年次	担当者 2〜5 年次	中堅社員 6〜20 年次	責任者 15 年次〜
組織 運営	・組織の概要を知る	・上司との連絡・相談ができる ・必要に応じて関係者の協力を得ることができる	・部門の計画を立て，実践できる ・関係部門との連携が図れる	・経営目標・戦略を考え，展開できる ・関係組織，パートナーとの連携が図れる
業務	・支援を受けながら基本的な業務ができる	・担当業務が一人で行える ・必要に応じて新たな知識・技能の習得ができる	・必要な技術・技能を考え，その開発・獲得に取り組める ・部下の指導・育成ができる	・中長期的な視点で業務の革新について考え，組織を導くことができる
…	…	…	…	…
TQM	・価値観・原則を理解する	・QC 手法を活用し，業務の改善が行える	・方針管理，日常管理，品質保証などを実践できる	・経営や組織運営に TQM を役立てることができる

注) 一般的には，技術系・技能系，専門分野などで分け，より詳細なものをつくるのがよい．

4.5.2 品質管理教育の運営のプロセス及び組織体制

品質管理教育の運営プロセスは，PDCA サイクルに沿って大きく，

- 計画（Plan）：教育のニーズを把握し，計画を立てる
- 実施（Do）：計画に従って教育を実施する
- チェック（Check）：教育の結果を評価する
- 処置（Act）：評価結果に基づいて，教育に関する計画を見直し，改善する

の四つの段階に分けて捉えるのがよい．また，それぞれの段階では，

- 組織・部門：組織全体又は部門としてどのような教育を行うか
- 個人：組織で働く一人ひとりに対してどのような教育を行うか
- 階層別分野別教育体系：どのような研修プログラムを設けるか
- 研修プログラム：各研修プログラムでどのような教育を行うか

の四つを，相互に密接に連携させるのがよい．表 4.5.3 はこのような品質管理教育の運営プロセスの全体像を示したものである．

品質管理教育の運営プロセスは，基礎的能力の教育，固有技術・技能の教育，品質管理以外の管理技術・技能の教育などの運営プロセスと相互に強い関連をもたせながら機能させる必要がある．このため，これら全てのプロセスを一つの部門が統括管理するのが理想であるが，組織の規模が大きくなるにつれて，別々の部門が担当するようになることも少なくない．このような場合には，全体の運営プロセスに対して責任をもち，相互の調整ができる責任者又は委員会などを明確にしておくのがよい．

4.5 品質管理教育と人材育成　　321

表 4.5.3　品質管理教育の運営プロセス

	組織・部門	個　人	階層別分野別教育体系	研修プログラム
計　画 (Plan)	• TQM を実践するための組織能力の現状を把握 • 現状と中長期経営計画を踏まえて，組織全体及び部門ごとの人材育成計画を決める 　　　【4.5.3(1)】	• 個人ごとの能力を評価する • 獲得すべき能力の目標値を定める • 部門・職種に応じたキャリアプランを定める • 能力獲得のための教育計画を立案する 　　　【4.5.3(2)】	• 階層別分野別教育体系を整備する • 体系の中の研修プログラムについて，年度の教育日程を作成する 　　　【4.5.3(3)】	• 研修プログラムごとに，育成すべき能力の目標やその育成方法を計画する 　　　【4.5.4】
実　施 (Do)	• 計画に従って教育を行う • 実績表をまとめる			
チェック (Check)	• 部門及び組織全体として，品質管理の遂行に必要な能力と必要な人数が備わっているかを評価 • 品質管理教育に対する問題・課題を摘出する 　　　【4.5.5(1)】	• 個人ごとに，能力目標の達成状況，教育計画の実施状況の評価を行う • 個人ごとに，能力から見た問題・課題を摘出する 　　　【4.5.5(2)】	• 階層別分野別教育体系を評価する • 階層別分野別教育体系の問題・課題を摘出する 　　　【4.5.5(3)】	• 研修プログラムごとに，目標の達成状況，実施状況を評価 • 研修プログラムごとに，問題・課題を摘出する 　　　【4.5.4】
処　置 (Act)	• 組織の品質管理教育の仕組みの強み・弱みを明らかにし，改善する（組織全体及び部門ごとの人材育成計画，キャリアプラン，個人ごとの能力目標・教育計画，階層別分野別教育体系，各研修プログラムの見直しを含む） 　　　　　　　　　　　　　　　　　　　　　　　　　　　　【4.5.5(4)】			

4.5.3 品質管理教育の計画

(1) 組織・部門として必要な人材に関する計画

人材育成計画は，社会環境の変化や先端技術の進歩，並びにそれらを考慮して策定した中長期経営計画等を踏まえた上で，育成に関するニーズを多角的かつ先取りする必要がある．品質管理教育のニーズを把握するには，まず，TQMを実践するための，組織としての能力の現状を把握する必要がある．このための方法としては，次の二つがある．

- 一人ひとりの能力を把握し，この結果を基に評価する方法
- 部門及び組織としての活動の状況を評価する方法

部門や組織全体の能力は一人ひとりの能力を積み上げたものと必ずしも一致しないが，一人ひとりの能力を把握し，これを基に評価する（例えば，総和を求める，能力の高い人の比率を求めるなど）ことで，各部門，さらには組織全体の能力を把握することができる．他方，各部門・組織全体で実践している，方針管理，日常管理，小集団改善活動，新製品開発管理，プロセス保証などの活動の状況を直接評価することで，各部門・組織全体のTQMに関する能力を把握することもできる．例えば，方針管理であれば目標の達成率や方策の実施率によって，日常管理であれば標準の遵守率や異常に起因するトラブル・事故の発生件数によって，小集団改善活動であれば会合回数やテーマ完結件数によって評価できる．これら二つの方法の結果が大きく異なる場合には，相互の連携や人材の活用が適切に行えていない可能性が高いため，そのような視点から組織のマネジメントを見直すのがよい．

実態が把握できたら，その結果と中長期経営計画及びこれに基づいて期ごとに設定したQCDESM等の組織方針を基に，TQMに関し，特定の時期までに組織全体が獲得すべき組織能力の目標値を定める．目標値は，できるかぎり数値化しておくのがよい．さらに，中長期経営計画及び組織方針を達成するために必要となる維持向上・改善・革新の内容とこれらを行うために必要となる組織能力との関係を連関図やマトリックス図等を用いて整理し，活用するのがよい．組織能力の目標値は，方針管理の仕組に従い，中長期経営計画及び組織

4.5 品質管理教育と人材育成　　　　323

方針と一緒に組織の階層に沿って展開し，各部門が獲得すべき能力の目標値に展開するのがよい．

(2) 個人ごとの能力向上の目標設定と達成計画立案

　各部門の組織能力は，当該部門で働く各人の能力によって決まる．各部門で働く各人が必要な知識・技能を習得し，それを実務に適用する能力を向上させることが必要である．各人が獲得すべき能力の目標値を定める際は，部門に求められる能力の目標値に基づいて，対象となる個人を特定する必要がある．また，それぞれの職種に属する組織の構成員が経験年数に応じて担当することが望まれる業務の内容やそのために必要となる能力，関連する資格や教育を定めたキャリアプランを参考にするのがよい．これにより，一人ひとりにとって目指したい将来像と目標値との関連が明確となり，働く意欲を引き出すことができる．さらに，本人の能力の現状や本人の希望・適性を考えた将来の職場配置についても考慮する必要がある．このため，上司が本人の自己評価結果等を基に面談を行い，客観的な立場での評価や希望の聞取りを行う必要がある．なお，目標を設定する場合，期ごとの目標に加え，3〜5年先の目標値や習得を目指す資格も明確にしておくとよい．また，本人が取り組まなければならない業務上の問題・課題と関連付けることで，能力向上と業務とを密接に関連付けるとよい．

　一人ひとりが獲得すべき能力の目標値が定まったら，これに基づいて当該の能力を獲得するための具体的な教育計画を立案する．上司等による指導以外の教育については，階層別分野別教育体系やその中の研修プログラムを活用するのがよい．これらの計画及びその実施状況については，個人ごとの能力評価・能力目標設定表と併せて個人別の教育計画・実績表を作成し，まとめておくのがよい．これにより，計画どおり進んでいるかどうかの確認がタイムリーに行える．個人別の教育計画・実績表の例を図4.5.2に示す．

第4章　ISO 9004 から TQM へ

教育計画・実績表							承認	作成
所属	○○○○ 部　　○○○○ 課　　○○○○ グループ					捺印	印	印
従業員コード	ABC-0000		氏　名	○○○○				
入社年月	20YY 年 4 月		現業務経験年数	10 年		日付	MM/DD	MM/DD

前年までの評価			将来の目標		
			1 年後	2 年後	3 年後
能力	1. 価値観・原則	3	3	4	4
	2. 品質保証	4	5	5	5
	3. 方針管理	3	3	4	4
	4. 標準化・日常管理	4	4	5	5
	5. 小集団改善活動	3	4	4	5
	6. 問題解決	4	5	5	5
	7. 手法・数理	4	5	5	5

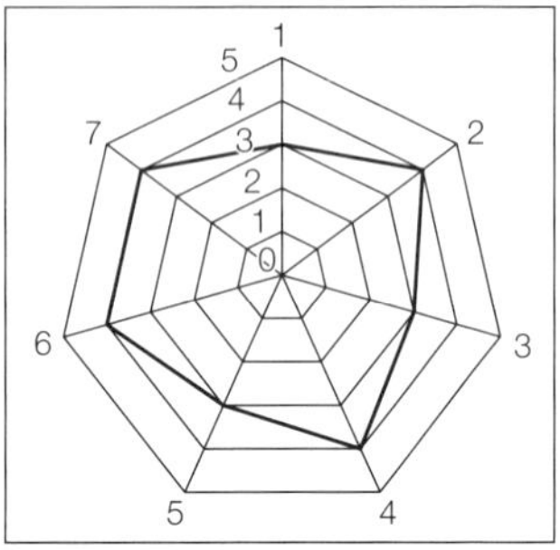

（レーダーチャート：1〜7 の能力項目を 0〜5 段階で表示）

取得資格	QC 検定 2 級 …	QC 検定 1 級（2 年後） …
問題・課題への取り組み	○○部門との改善活動に取り組んだが、協力をうまく引き出せなかった。…	○○部門と△△部門と連携し、市場クレーム解決期間短縮に取り組む。…

1. 経験なし　2. 助けを借りてできる
3. 単独で遂行できる
4. 指導・標準化できる
5. 自ら課題を創出し改革できる

自己申告	品質機能展開コースに参加し、工程のすべての品質を確保しながら系統的に展開できるようになる。	上司のアドバイス	着実に知識・技術は向上してきた。重要課題の解決を通して能力の向上に取り組んでもらう。

20XX年　教育計画

No.	能力	研修		4	5	6	7	8	9	10	11	12	1	2	3
1	価値観・原則	上司等による指導	計画												
			実績												
2	品質保証	○○グループ品質保証研究会	計画		○			○		○				○	
			実績		●			●							
3	方針管理	上司等による指導	計画												
			実績												
4	標準化・日常管理	上司等による指導	計画												
			実績												
5	小集団改善活動	部門内改善活動の支援・指導	計画			○	○	○	○	○	○				
			実績			●	●	●	●	●					
6	問題解決	部門内改善活動の支援・指導	計画				○	○	○	○	○				
			実績			●	●	●	●	●					
7	手法・数理	品質機能展開入門コース	計画		○										
			実績		●										

今後の教育計画（2〜3 年）
・品質保証に関する専門能力、知識技術の育成を継続するとともに、TQM 全体がわかる人材として育成する

注）10 月末の時点を示したものである。

図 4.5.2　個人ごとの教育計画・実績表の例

(3) 階層別分野別教育体系の整備

　人材育成の仕組みは中長期的視点から，組織として必要な人材を明確にし，その育成のために何を用意すべきかを体系的に考えることが大切である．組織ごとに定めた獲得すべき能力とその達成のための教育計画，個人別に定めた獲得すべき能力とその具体的な達成計画を基に，共通性の高いものについては，研修プログラムを整備するのがよい．これらについては，短期的に，個別に考えるのでなく，能力育成に関わる，中長期的な目標を考慮し，階層別分野別に体系を考えるのがよい．さらに，TQM を他と切り離して考えるのでなく，組織人としての基礎的な能力，製品・サービスやその提供に固有の知識・技能などの階層別分野別の体系と一体化したものにするのがよい．

　階層別分野別教育体系の作成に当たっては，次の点に配慮するのがよい．
- 新人から経営者まで階層ごとの狙いを記載する．
- 管理技術，固有技術・技能，基礎的な能力などの分野に分けて掲載する．
- 実務に適用する能力の向上を目指した実践教育をバランスよく配置する．
- 初級⇒中級⇒上級など段階を踏んで計画する．
- 外部機関の研修プログラムを活用する．
- パートナの構成員に対する内容も含める．

　TQM に関する知識・技能については，TQM の原則，活動要素及びツールの体系，並びに各階層に求められる知識・技能を考慮するのがよい．一般的には，階層に応じて，次のような能力の習得を狙いとするのがよい．
- 経営者：TQM の原則，中長期経営計画の達成に取り組む方法，管理者を指導・支援する方法
- 管理者（部課長）：維持・改善・革新の基本的考え方・手順，TQM を組織的に実施するための方法論と管理職の役割．部下を評価・指導できる程度の SQC 手法や信頼性技法についての知識・技能
- 監督者（職組長）：自分達の職場の問題・課題を発見・設定し，解決・達成する方法．小集団を運営する方法
- 一般従業員：TQM の基本的な考え方と手法

326　　　　　　第 4 章　ISO 9004 から TQM へ

- 品質管理専門技術者：SQC 手法，信頼性技法，標準化手法，それらを用いて新しい技術の開発やプロセス・仕組みの構築・改善を行う方法
- TQM 推進者：TQM について他の人を指導できる能力，TQM の状況を評価し，必要な推進計画を立て，展開できる能力

　階層別分野別教育体系については，TQM 推進段階別，部門別，雇用形態別や地域別などによって適切に修正するのがよい．

4.5.4　研修プログラムの運営

　品質管理教育を実施するに当たっては，あらかじめ決められた内容を教える集合教育だけでなく，実際の問題・課題を題材とした実践教育をバランスよく配慮するのがよい．研修プログラムについては，年度の教育日程をあらかじめ作成しておくのがよい．これによって，各部門が教育計画を立てやすくなる．

（1）集合教育の運営

　集合教育は，対象者・教育内容・実施時期・場所などを計画的に設定できる，主催者側にとって効率的な運営が可能となるなどメリットがある反面，受講者の能力にばらつきがあると理解度や満足度にばらつきが出る，画一的になりやすく常に見直しを心掛けていないと有効性に乏しくなるなどのデメリットがある．表 4.5.4 に集合教育の運営に当たっての考慮事項を示す．

（2）　実践教育の運営

　実践教育は，業務に密着した内容となるので理解度・満足度が高まる，応用力や展開力が身に付くなどのメリットがある反面，問題・課題に依存するので体系化が難しく，時間・手間がかかる，指導者に高い専門知識・応用力が求められる，基礎的な知識・技能を身に付けている人を対象にしないと効率が悪いなどのデメリットがある．表 4.5.5 に実践教育の運営に当たっての考慮事項を示す．

4.5　品質管理教育と人材育成　　　327

表 4.5.4　集合教育の運営に当たっての考慮事項

段階	項　目	考慮事項
計画段階	目的及び内容の明確化	・階層別分野別教育体系における位置付けを確認し，受講対象者，人数，受講要件（受講履歴，担当業務・職位など），獲得能力など，研修目的を明確にする． ・研修リソース（予算，講師，会場・機材，教材など）に関する制約も確認しておく． ・その上で，研修目的を達成するために，どのような内容にすべきかを検討する．
	社内研修と社外研修	・社外研修に参加することで異業種の人々と交流でき，視野が広がる．異業種の改善テーマを一緒に議論することにより，広い知識と普段出会わないような考え方を得ることが可能になる． ・社内研修は一度にある程度の人数の教育を行うことができ，研修内容もカスタマイズできるので効率的である．
	研修プログラムのユニット化	・上級コースは，研修内容をいくつかのユニットに分け，受講生やその上司が仕事上必要だと考えた内容を受講できるよう配置する．
	研修期間・スケジュール	・研修を通して獲得してほしい内容に応じて，研修期間（日数）を決める．全体の日数をどのように分割するかは日常業務と関連させて設定する．
	研修プログラムの受講人数	・集合教育は大教室で多くの人数を対象にすることが可能だが，手法教育は時間内演習を逐次実施する必要があるため大人数教育は適さない．
	関係会社との合同研修	・関係会社との合同研修は，お互いによい刺激となる． ・供給者や販売者などに対しても参加を呼びかける．ただし，関係会社の教育状況や教育計画をよく理解した上で計画する．
実施段階	受講生と上司への動機付け	・研修に参加する受講生に研修の意義を十分に伝え，納得させる． ・受講生の上司にも，研修の意義を納得させ，研修後の受講生の成長や仕事ぶりをイメージさせる．
	テキスト・補助資料等	・研修内容に応じて，テキスト・補助資料・予復習用教材・演習教材などを用意する． ・企業独自の事例集や資料集を補助資料とすると，研修の意義が受講生に伝わりやすい．

328　　第4章　ISO 9004からTQMへ

表4.5.4　集合教育の運営に当たっての考慮事項（続き）

評価段階	研修終了時の達成度評価	• 研修終了時は，目標とした能力向上が図れたかどうかを評価する最終テストと修了基準を用意し，受講者一人ひとりの能力評価を行うことが望ましい.
	社内の品質管理の資格制度	• 評価結果に基づいて，社内資格を付与することにより，受講者の意欲を高めるとともに，適切な人事配置を実現できる.
	品質管理検定の活用	• 研修後に品質管理検定の受検を促すことにより，研修プログラムの達成度評価を行うこともできる. • 品質管理検定の合否を社内の品質管理の資格制度にリンクさせるのもよい.
研修終了後	能力習得後の人材活用	• 受講生が研修で身に付けた能力を実務に活かせられるよう，上司は受講生に研修で身に付けた能力に見合った課題を与え，解決させ，報告させるとよい. • 集合教育だけでは能力を十分に養えない部分については，引き続き実践教育に参加させるとよい.
	社内講師の育成	• 品質管理教育の一環として考える. 社内講師を育成することにより，研修内容がその組織に定着し，業務とより密接につながる. • 緻密な計画と，マイスタ制度などの資格制度のもとで実施し，定期的に社外講師（専門家）との情報交換の場をもったり，フォローアップ研修に参加するなど，能力の維持・向上を図るとよい.
	研修プログラムの評価と改善	• 各研修プログラムについては，その有効性を評価するための方法を予め決めておくとよい. • 受講中のアンケート，受講直後の能力評価，上司による評価，講師へのアンケートなどを基に，研修プログラムの見直しを継続的に行い，改善を図るとよい.

4.5 品質管理教育と人材育成　　329

表 4.5.5　実践教育の運営に当たっての考慮事項

段階	項　目	考慮事項
計画段階	目的及び内容の明確化	・階層別分野別教育体系における位置付け，特に集合研修との関係を確認し，対象者，対象人数，事前要件，問題・課題の解決・達成プロセスを学ぶ中で身に付けるべき品質管理の考え方や方法，応用力・展開力などを明確にする．
	アドバイザー制度，上司の関わり，及び外部講師の活用	・実践教育の場合，経験豊かなコーチなり指導講師が参加者の職場の状況や能力レベルなどを考慮しながら具体的なアドバイスを与える必要がある．社内講師，アドバイザー，エキスパート，リーダーなど社内資格制度を設け，その登録者に依頼できるようにすると実践教育がスムーズに進捗する． ・上司が，その進捗を見守り，指導・支援することも必要である．
	研修期間・スケジュール・参加人数	・実践教育の研修期間は3〜6カ月と長期となるため，業務との関連を考慮して計画を立てる． ・実践教育は必要となる知識・技能の集合研修を受けた後，あまり時間をおかずに参加できるようにすることが大切である．
	関係会社との合同研修	・関係会社を含めた合同研修では，業種や職種が異なる場合もあるため，各々の業務や職場環境を十分考慮した上で計画を立てる．
実施段階	実践教育のテーマ	・実践力を高めるためには，適切なテーマ（組織や職場の問題・課題）を選定して解決に取り組む必要がある． ・テーマを選ぶ際には，組織や職場にとって重要なテーマで，参加者の能力や実践教育の内容から考えて解決できる可能性のあるものを選び，最後までやりきることが大切である．
	中間発表会と最終発表	・取組み期間中に中間発表会を行って互いの進捗を確認できるようにすると効果的である．どういうデータを集め，どういう手法を使っているのかを参加者が共有することは相互啓発になり，高い教育効果が得られる．また，他部門のテーマを聞き，質疑や意見交換を行うことは部門間の風通しをよくする． ・最終発表会では，上司・部門長だけでなく，役員やトップに参加してもらうと，参加者の意欲を高め，組織として品質管理教育を盛り上げていくことができる．
	成果が出なかった場合の対処	・テーマ解決に至らなかった場合や期待した成果が出なかった場合でも，報告書にまとめる． ・テーマを継続した方がよい場合は，テーマの解決に向けて今後取り組むべき課題を明確にしておく．

第4章　JIS Q 9004

330　　　　　　　第4章　ISO 9004からTQMへ

表4.5.5　実践教育の運営に当たっての考慮事項（続き）

評価段階	研修終了時の達成度評価	・評価は，指導講師，アドバイザ，上司などで行う. ・参加者による自己評価は，反省の仕方のレベルアップや能力向上への意欲拡大につながる.
	表彰制度	・成績優秀者を表彰する制度を設けると，参加者の動機付けになる. ・表彰の結果を社内講師候補の選考に用いることもできる.
研修終了後	能力習得後の人材活用	・職場の問題・課題への取組みをより活性化するため，実践教育において優秀な成績を修め，その後の職場における様々な問題・課題への取組みを通じて高い問題解決能力及び技能を身に付けた人に対し，マイスタなどの称号を与え，部門横断改善チームのリーダや実践教育の指導講師として活用するとよい.
	研修プログラムの評価と改善	・開催日程や指導講師による指導内容，アドバイザの支援などに対する参加者の意見や派遣元の上司の評価に加え，参加者が研修終了後，研修内容を業務にどう活用しているかを把握し，ねらい通りの効果を得ているかを評価する. ・この評価結果に基づいて研修プログラムの内容を継続的に見直す.

4.5.5　品質管理教育の評価・改善

(1)　組織・部門としての評価

　組織及び各部門は，一定期間ごと（例えば，半期ごとなど）に，立案した品質管理教育の計画の達成状況を総合的に評価する．評価に当たっては，次の事項を考慮するとよい.

- 計画した教育を実施できたか（受講・参加状況，上司等による指導の実施状況など）．特に，経営目標・戦略の達成にかかわる計画の進捗度
- 教育を受けた人の能力が向上したか（理解度，応用力など）
- 教育を受けた人が教育内容を実務に活かせているか（学んだ内容の活用状況，問題・課題への取組みにおける貢献の状況など）
- 受講・参加させた研修プログラムが有効だったか，教育投資が効果的だったか，教育環境・施設など不足している点はなかったか

また，同時に，組織・部門として品質管理の遂行に必要な能力と人数が備

わっているかを評価する．評価に当たっては，次の事項を考慮するとよい．

- 方針管理，日常管理，小集団改善活動，新製品開発管理，プロセス保証などの品質管理の活動レベルが計画どおり向上し，また組織の期待に対して十分か
- 結果として，組織・部門の目標が達成できているか，計画した活動が実施できているか，それらに対して品質管理教育が貢献できているか

なお，能力の評価に当たっては，有形の効果だけでなく，無形の効果についても評価するとよい．無形の効果の例としては，経営環境の変化への対応力の向上，職場における円滑なコミュニケーション，組織の構成員の意識・意欲の向上，組織文化の伝承・改革などが挙げられる．

(2) 個人ごとの評価

品質管理教育の対象となる全ての人に対し，あらかじめ定めた時期（例えば，定期評価は半期・期末など，不定期評価は教育の前後など）に，個人ごとに獲得すべき能力の目標値とその達成計画の達成状況・実施状況を評価する．評価に当たっては，次の事項を考慮するとよい．

- 計画した研修プログラムをスケジュールどおり受けたか
- 能力向上の目標値を達成できたか
- 問題・課題へ取組み，解決・達成できたか
- 目標とする資格は取得できたか，キャリアプランに沿っているか
- 組織の中長期目標・戦略の実現に必要な能力が計画どおり育成できているか

このような個人の能力評価は，本人による自己評価，上司による評価，アドバイザや他者による評価を総合し，面談を行って確定するのがよい．

個人ごとの教育計画は，評価結果に基づいて見直し，改訂する．各人に対する評価結果を人事考課に反映させる場合は，その基本的な考え方を明示し，これを実施するための仕組みを構築しておくことが大切である．人事考課への反映に当たっては，次の事項を考慮するとよい．

- どのような形で反映させるか（能力に応じた昇進・昇格，能力とキャリア

プランに適した適材適所の配置・ローテーションなど)

- 教育とどのように連動させるか(管理者などへ昇進・昇格後に必要な能力を身に付けるための教育を実施するか,又は昇進・昇格の必要要件の一つとしての教育を実施するかなど)

(3) 階層別分野別教育体系の評価

　教育体系に責任をもつ部門は,一定期間ごと(例えば,期ごとなど)に,研修プログラムごとの評価(研修プログラムが計画どおり実施できているか,実施に当たって困難な点はなかったか,リソースの不足が生じていないか,狙いの人材を対象にできているか,狙いどおり能力を育成できているかなど)を踏まえて,教育体系を総合的な視点で評価する.評価を行う場合には,次の事項を考慮するとよい.

- 全体に共通する偏った傾向がないか
- 研修プログラム間でばらつきがないか
- 階層別や分野別に層別したときに層間で差がないか

　また,狙いどおりの能力を育成できているかの評価については,入門的な内容の場合は比較的短期で評価しやすいが,高度な技能については直後の評価だけでは難しい.このため,短期,中期,長期に分けて評価するのがよい.

- 短期:理解できているか,実務に活かそうとしたか,活用できたか
- 中期:継続して活用できているか,効果を上げているか
- 長期:部下の育成に活用できているか,定着しているか

(4) 品質管理教育の仕組みにおける強み・弱みの特定と改善

　品質管理教育の仕組みに責任をもつ部門は,(1)～(3)の評価を踏まえて,品質管理教育の仕組みの強み・弱みを明らかにし,計画的に改善する.改善の対象となる品質管理教育の仕組みには,組織全体及び部門ごとの人材育成計画,キャリアプラン,個人ごとの能力目標・教育計画,階層別分野別教育体系,各研修プログラムなどが含まれる.

4.5 品質管理教育と人材育成　　333

　強み・弱みの特定に当たっては，経営目標・戦略，組織・部門としての能力，個人ごとの能力，階層別分野別教育体系，研修プログラムなど，品質管理教育に関わる要素の関係を体系的に理解した上で，目的と手段の関係にある要素の達成・未達成の状況に基づいて強み・弱みを明らかにするのがよい．目的と手段の関係にある要素としては，例えば，次のようなものがある．

- 経営目標・戦略（目的）と組織・部門としての能力（手段）
- 組織・部門としての能力（目的）と個人ごとの能力（手段）
- 組織・部門としての能力（目的）と階層別分野別教育体系（手段）
- 個人ごとの能力（目的）とその達成計画（手段）
- 個人ごとの能力（目的）と研修プログラム（手段）

　この際，方針管理における期末のレビューと同様に，着目している目的と手段の達成・未達成の状況を四つのタイプ（タイプA～D，表4.3.2参照）に分類し，該当するタイプに応じて要因の追究を行うのがよい．

　品質管理教育の仕組みの改善については，既存の改善だけでなく，新設や廃止も含めて広い視野から考えるのがよい．品質管理教育の仕組みの改善は，次の進め方を参考にするとよい．

- 摘出された強み・弱みから改善する対象を絞り込み，具体的な改善目標と改善期日を明確にする．
- 改善計画の立案に当たっては，トップの方針や組織の経営目標・戦略，関連する部門・階層の意見，他組織のベストプラクティスや専門の教育研修機関の資料などを考慮する．
- 人材の育成には時間がかかることを踏まえ，費用対効果や副作用の評価について，短期的だけでなく長期的な影響も考慮する．
- 改善計画が合意されたら，移行計画の立案，マイルストーンの設定，協力体制の確立などを行う．
- 定期的に進捗度，実現度，定着度などを確認し，必要に応じて処置をとる．
- 半期又は期末などあらかじめ定めた時期に，トップへ報告し，診断・レビューを受ける．

334   第4章   ISO 9004からTQMへ

4.5.6   TQM推進段階別・部門別・地域別の品質管理教育

（1）TQM導入期・発展期・運用期の品質管理教育

準備段階も含めて導入期においては，"TQMをどう立ち上げるか"ということが最大のポイントとなる．TQMの目的やありたい姿を明確にし，経営層を含めた組織全体の意思統一を図り，導入の大日程を定めることが求められる．このため，これらがスムーズに進むよう，必要な人たちに必要な品質管理教育を行うのがよい．準備段階における主な教育対象者としては，組織のトップマネジメントを含む経営者，組織全体のTQMを推進していく責任者，組織の推進の核となるスタッフ，各部門でTQMを推進する責任者，組織においてTQMの先導的役割を担う部門の責任者などが挙げられる．また，続く導入段階においては，各部門の責任者，TQMの先導的役割を担う部門の管理者・スタッフ・中堅社員，各部門のTQM推進の核となるスタッフ，問題解決・課題達成を行う品質管理専門技術者，小集団改善活動を推進する責任者，小集団改善活動のリーダーとなる人などが対象となる．この段階では，組織内に品質管理教育を実施していくだけの資源（人やノウハウ）がまだ十分整っていない場合が多いので，組織外の資源を上手に活用していくとよい．

発展期の活動は，問題解決・課題達成の推進，当たり前品質の確保，標準化と日常管理の徹底から始まって，方針管理，品質保証や原価・量・納期といった部門横断的な仕組みの構築，新製品開発・魅力品質創造といった高度な活動まで及ぶ．このため，これらの活動がTQM推進計画に沿ってスムーズに進むよう，全員に必要な教育を適切に行っていく．また，海外を含むグループ組織や協力組織のTQMを推進する責任者や推進の核となるスタッフにも，必要に応じて適宜必要な教育を行う．この段階になると，組織内に教育資源がある程度蓄積されてくるので，組織内資源と組織外資源を上手に組み合わせ，それぞれのよい点を活かすような教育体系を構築し，それに基づく実施計画を立てて推進していくのがよい．特に，社内資源活用の場合は，集合教育，実践教育，上司等による指導などをうまく組み合わせるのがよい．

運用期には，経営活動とTQMを融合するとともに，TQMをその組織の業

4.5 品質管理教育と人材育成

種・業態・経営環境に合ったものにしていくこと，TQMを組織の文化として根づかせることが求められる．このため，これらの狙いがスムーズに進むよう，グループ組織の役員・社員，協力組織の役員・社員，各拠点における地域住民などを含め，必要な人たちに必要な教育を適切に施していくのがよい．特にこの時期において留意すべき点は，TQM導入あるいは発展段階を通じて教育に関して指導的役割を果たしてきた人々や教育した各部門・各階層の人々が人事異動や退職によって抜けていく一方，新人や中途採用等によって必要な教育を受けていない人々が増えてくる結果，教育を行う人や教育の対象となる人の構成が時間の経過とともに変化・退化し，教育体系からずれていく点にある．このため，この点を強く意識した上で，当初の教育体系どおりの姿が常に維持できるよう，変化の動向を常に見定めながら教育計画を適宜見直し，それに基づく確実な実施と，そのために必要な投資を継続的に行うことが求められる．

(2) 部門別の品質管理教育

全ての部門を対象とした典型的な研修プログラム以外に，設計開発，製造，営業，管理間接など，部門によって業務の内容が異なるため，それぞれに適した教育内容・教育方法を考えるのがよい．

設計開発部門では，実験計画法，品質工学，品質機能展開，多変量解析法，信頼性工学などの手法教育以外に，三現主義に基づく観察の態度や異なった専門分野の技術者と連携して業務を行う能力などを育成するとよい．

製造部門については，標準に従って繰り返し業務を広範囲に行う特徴があるため，品質管理導入研修，問題解決研修基礎編，品質管理初級コースなどを受講した上で，学んだ知識・技能を活かして小集団改善活動に参画できるようにするのがよい．また，その中で，問題解決・課題達成に必要となるIEやVE，信頼性手法なども勉強会を通して学べるようにするのがよい．短期間のみ就業する従業員については，最低限，安全，5S，標準作業などについて教えるとともに，品質管理導入研修などを受講できるようにし，小集団改善活動に積極的に参画してもらうとよい．生産技術を担当する技術者については，上流下

流・関連部門との連携の進め方，協力組織に対する指導の仕方などについて学べるようにするのがよい．対象者が多い場合は部門内で独自の教育体系を構築し，講師や指導者の育成も進めて必要な教育を行うのがよい．

営業・サービス部門では，多様な顧客ニーズに対して個別に対応することが求められるので，問題を科学的に解決することやその有用性を理解させるために，営業やサービス提供の業務に関する具体的な課題を準備して基本的な問題解決の実践研修を実施し，QC的な考え方，日常管理の基本，問題解決の進め方などを学べる研修プログラムを用意するのがよい．具体的には，顧客ニーズを引き出したり発見したりする方法，言語データを分析するための方法，業務プロセスをフロー図で表す方法，FMEAなどを用いてプロセスで起こり得る失敗を洗い出す方法などに重点を置くのがよい．

管理間接部門では，他部門と連携して横断的な仕組みの改善に取り組むことが重要となるため，業務の仕組みをフロー図として書き表したり，パフォーマンスと仕組みの関係を総合的に分析したり，プロセスに内在する重複・矛盾・リスク等を見つけて改善したりするための知識や技能を身に付けられる研修プログラムを用意するとよい．なお，分野ごとに必要となる知識・技能が異なるため，それぞれの専門分野におけるマネジメントの基本やベストプラクティスを学べる専門コースと併せて体系化しておくのがよい．

(3) 海外拠点における人材育成

日本とは状況の異なることも多いため，日本の品質管理教育の仕組みに準拠しながらも海外拠点向けの仕組みを構築するのがよい．また，各海外拠点ではそれぞれ特徴（国民性，規模など）が大きく異なるため，それらに応じて独自の品質管理教育の仕組みを構築するのがよい．

品質管理教育を含めた様々な教育を進める上では，組織の価値観が共有化できているかどうかが大切である．このため，組織の基本的な考え方（組織の使命，理念，行動指針，日本的ものづくりの考え方など）を明文化し，全構成員を対象に教え続けるのがよい．具体的には，海外拠点の経営層・管理者を日本

4.5 品質管理教育と人材育成 337

に呼んで，組織のトップマネジメントが組織の歴史や基本的な考え方などを説明するのがよい．また，基本的な考え方をまとめた冊子を現地語に翻訳して全員に配布し，海外拠点の管理職が説明したり，定期的（毎週など）に勉強会を開催したりするのがよい．

中途採用者に対しては，採用基準を明確にし，経歴や資格等に基づいて候補者の評価を行い，必要な能力をもっていることを確認するのがよい．また，必要な能力をもった人の採用が難しい場合は，基準を満たさない人への教育の仕組みを明確化し，必要な教育を行った後に職場に配置するのがよい．特に，組織の基本的な考え方は，採用前に十分説明するとともに，採用後も教育を実施し続けるのがよい．

海外では教える能力が重要となるので，海外拠点の経営者・管理者・監督者・スタッフ・作業者だけでなく，日本からの支援者の能力向上も考えるのがよい．現地講師や現地通訳を計画的に確保するとともに，教える能力の評価に基づき，現地講師や現地通訳，日本からの支援者に対するトレーナーズ・トレーニング（教え方訓練）を計画・実施するのがよい．また，教える場合には，現地の歴史・地理・言語・宗教・民族性・習慣・国民感情・法規制などを理解していることが前提となるため，日本からの支援者に対しては，あらかじめこれらについて学ぶ機会を設けるのがよい．

研修プログラムや階層別分野別教育体系，品質管理教育の仕組みを考える上では，現地の文化・風土を考慮するのがよい．例えば，就業規則遵守や時間厳守の習慣，標準遵守の重要性や工程異常の報告義務の理解が十分でない地域では，品質管理教育を含めた様々な教育を進める上での前提として，これらを徹底することの重要性を理解させるのがよい．また，産業化が進んでおらず，優秀な人材を確保することが難しい地域では，働きながら学べる環境を用意するなどの配慮も行うとよい．

参考文献

1) JSQC-Std 41-001：2017，品質管理教育の指針

索　　引

A - Z

CI　85
ISO 9001　12
ISO 9004　13
JIS　12
JIS Q 9023　136, 258
JIS Q 9024　206, 285
JIS Q 9026　136, 258
JIS Q 9027　135
JSQC-Std 21-001　232
JSQC-Std 22-001　232
JSQC-Std 31-001　209, 285
JSQC-Std 41-001　313
KPI　173
M&A　140
OJT　149
PDCA サイクル　208, 260, 288
QC 工程表　125, 128, 133, 267
QC サークル　207, 285, 298
　── 活動　144, 147
QC ストーリー　66, 204, 288, 305, 308
QC 七つ道具　205
QMS 拡大モデル　25
SDCA サイクル　260
TQM　28, 70, 106, 224, 298, 315, 334
　── の活動要素　228
　── の原則　227
　── の手法　230
T 型マトリックス　250
WBS　241

あ

アイデンティティ　84
アウトソース　153
アウトプット　123
暗黙知　152

い

維持向上　225
逸脱　135
インフォーマルデザインレビュー　245
インプット　123
インフラストラクチャ　156, 157

え

越権行為　150

お

オーナ　73

か

改善　200, 225, 288
改善・革新　134
階層別分野別教育体系　317
概念的定義　92
開発プロセスの見える化　239
外部提供者　161, 162
外部の課題　79
学習　200
　── する組織　214

革新　145, 200, 216, 226
課題　286
価値観　89
価値創造　155
価値を創造　143
活性化　145
合致の品質　232
活動　119, 123
株主　73
環境変化への対応　272
環境マネジメントシステム　160
管理項目　173, 266
　──一覧表　267
管理図　261
管理水準　266

き

機会　80, 139
機械化　142
技術支援　163
期待　54, 114, 202
技能認定制度　144
キャリアプラン　144, 318
教育計画・実績表　323
供給者　74
競争的要因　103, 106
業務機能展開表　125
業務フロー図　125

け

経済的コスト　154
形式知　152
継続的改善　21
検査・確認　255

こ

公式レビュー　245

工程異常　135, 256
工程能力　133, 252
　──の調査　252
コーチング　147
コーポレート・アイデンティティ
　85
顧客　73
　──価値創造　235
　──重視　289
　──満足　21
　──満足向上　162
　──満足度調査　250
互恵関係　163
雇用形態　142
コンシステントペア　22

さ

サービス業　18
作業環境　158, 159, 160
サプライチェーン　75

し

資源　124
自己実現　289
　──のサイクル　290
自己評価　193
　──ツール　61
市場占有率　85
システム　133
持続的成功　23, 50, 55, 137, 151, 163
使命　88
社会　74
　──的責任　141, 165
重点課題　271
重点指向　289
集約　272
主要パフォーマンス指標（KPI）　169
小集団改善活動　285

341

—— の形態　293
初期流動管理　248
職場ローテーション　149
自律的　146

す

推奨事項　13, 65
スキルマップ　140
すり合わせ　109

せ

成熟度レベル　194
戦略的方針管理　69, 106

そ

総合的品質マネジメント　28
操作的定義　92, 100
測定・管理　124
組織　84
　—— のアイデンティティ　84
　—— の知識　214, 220
　—— の能力　55, 143
　—— の人々　74
　—— の品質　28, 50, 52
　—— 文化　208

た

タグチメソッド　246

ち

チーム改善活動　294
チームワーク　159

て

デザインレビュー　244

デミング賞　28, 56, 70
展開　272
天然資源の枯渇　165

と

動機付け　141
トラブル予測　253

な

内部監査　188
内部の課題　80

に

ニーズ　54, 114, 202
日常管理　136, 258
　—— の進め方　263

ね

狙いの品質　232

は

場　158
パートナ　74, 161, 162
パフォーマンス　207
　—— 指標　169
　—— 評価　178
　—— 分析　175

ひ

ピアレビュー　245
ビジョン　89
標準化　134, 251
品質管理教育　313
品質保証　16
　—— 体系　234

―― 体系図　125, 128, 133, 234
品質マネジメント　16, 50
　　―― モデル　59

ふ

フォーマルデザインレビュー　245
部品化　243
ブラッシュアップ　147
プロジェクト　128
　　―― マネジメント　241
プロセス　67, 117, 119, 121, 124, 287
　　―― アプローチ　117, 120, 121, 123
　　―― オーナ　126, 127
　　―― 重視　287
　　―― のネットワーク　119
　　―― フロー　264
　　―― 保証　135, 233
文化　89
分掌業務規程　128

へ

便益　154
変化点管理　278
ベンチマーキング　153, 183
　　―― プロセス　186

ほ

方策　271
方針　105, 270
　　―― 管理　136, 209, 258, 270
　　―― 管理のプロセス　273
ボトルネック技術　242

ま

マーケティング　153
マネジメント　119

―― 技術　150
―― システム　133
―― 能力　148

み

未然防止　254

め

メンター制度　147

も

目的指向　289
目標　108, 271
モジュール化　243
問題　286

よ

要求事項　12

り

利害関係者　54, 72, 114, 137, 202
力量　127, 128
リスク　80, 139, 219
　　―― アセスメント　173
　　―― 特定　173
　　―― 評価　173
　　―― 分析　173

れ

レビュー　197

ろ

労働安全衛生マネジメントシステム
　160

著者略歴

中條　武志（なかじょう　たけし）

1986 年　　東京大学工学系研究科博士課程修了（工学博士）
1987 年　　東京大学工学部助手
1991 年　　中央大学理工学部経営システム工学科専任講師
1996 年　　中央大学理工学部経営システム工学科教授，現在に至る
現在　　　品質マネジメントシステム規格国際対応委員会委員長（2012 年〜）
　　　　　ISO/TC 176/SC 2/WG 25（ISO 9004 改訂）メンバー
　　　　　デミング賞審査委員会委員（1993 年〜）
主な著書　『JSQC 選書 11　人に起因するトラブル・事故の未然防止と RCA』（日本規格協会）
　　　　　『TQM の基本』（編著，日科技連出版社）
　　　　　『ISO 9001:2015（JIS Q 9001:2015）要求事項の解説』（共著，日本規格協会）

安藤　之裕（あんどう　ゆきひろ）

1981 年　　電気通信大学大学院修士課程修了
1981 年　　財団法人日本科学技術連盟嘱託
1991 年-1992 年　JOINER ASSOCIATES INC（米国），Senior Consultant
現在　　　TQM コンサルタント，技術士，合資会社安藤技術事務所 代表
　　　　　デミング賞審査委員会委員
　　　　　QC サークル埼玉地区　名誉世話人
　　　　　ISO/TC 176 国内対応委員会委員
主な著書　『レジャーサービス業の TQC への挑戦』（編著，日科技連出版社）
　　　　　『第四世代の品質経営』（訳，ブライアン・L・ジョイナー著，日科技連出版社）
　　　　　『問題解決学としての統計学』（共著，日科技連出版社）

斉藤　忠（さいとう ただし）

1986 年　　玉川大学工学部経営工学科卒
1986 年　　岡谷電機産業株式会社入社
1996 年　　同経営企画室主査
2008 年　　同経営企画室長
2017 年　　同経営企画部長兼経営品質グループ長，現在に至る
現在　　　日本品質管理学会理事（事業・広報委員会委員長）
　　　　　ISO/TC 262 国内委員会委員
主な著書　『中小企業のための ISO 9001 内部監査指摘ノウハウ集』（共著，日本規格協会）
　　　　　『持続可能な成長のための品質機能展開』（共著，日本規格協会）

福丸　典芳（ふくまる　のりよし）

1974 年	鹿児島大学工学部電気工学科卒
1974 年	日本電信電話公社入社
2000 年	株式会社 NTT-ME コンサルティング取締役
2002 年	有限会社福丸マネジメントテクノ代表取締役，現在に至る
現在	ものづくり日本語検定協会企画実行委員会委員
	日本規格協会品質マネジメントシステム規格国内委員会委員
	日本品質管理学会管理技術部会副部会長
	QC サークル誌編集委員
主な著書	『中小企業のための ISO 9001 内部監査指摘ノウハウ集』（共著，日本規格協会）
	『ISO 統合マネジメントシステムの構築と内部監査の実践』（日科技連出版社）

光藤　義郎（みつふじ　よしろう）

1978 年	早稲田大学大学院理工学研究科修了
1978 年	東京重機工業株式会社（現 JUKI）入社
2005 年	同中央技術研究所技術統括部長
2007 年	同品質統括部長
2013 年	文化学園大学特任教授，現在に至る
現在	デミング賞審査委員会主査委員
	日本品質管理学会監事
主な著書	『新編　品質保証ガイドブック』（編集副委員長，分担執筆，日科技連出版社）
	『新版　医療安全管理テキスト』（分担執筆，日本規格協会）
	『TQM の考え方とその推進』（日科技連出版社）

棟近　雅彦（むねちか　まさひこ）

1987 年	東京大学大学院工学系研究科反応化学専門課程修了（工学博士）
1987 年	東京大学工学部反応化学科助手
1992 年	早稲田大学理工学部工業経営学科（現経営システム工学科）専任講師
1993 年	同助教授
1999 年	同教授
現在	早稲田大学創造理工学部（学部再編で名称変更）経営システム工学科教授
	早稲田大学大学院創造理工学研究科経営デザイン専攻教授
	ISO/TC176（品質マネジメントと品質保証）日本代表エキスパート
	日本品質管理学会会長，デミング賞審査委員会委員
主な著書	『ISO 9001:2015（JIS Q 9001:2015）要求事項の解説』（共著，日本規格協会）

山田 秀（やまだ　しゅう）

1993 年	東京理科大学工学研究科博士課程修了［博士（工学）］
1993 年	東京理科大学工学部助手，専任講師，助教授
2004 年	筑波大学ビジネス科学研究科助教授，教授，研究科長
2016 年	慶應義塾大学理工学部教授，現在に至る
現在	品質マネジメントシステム規格国際対応委員会副委員長（2012 年〜）
	ISO/TC 176/SC 2/WG 24（ISO 9001 改訂）日本代表エキスパート
	デミング賞審査委員会委員（2004 年〜）
主な著書	『実験計画法－方法編』（日科技連出版社）
	『TQM 品質管理入門』（日本経済新聞社）
	『ISO 9001:2015（JIS Q 9001:2015）要求事項の解説』（共著，日本規格協会）

（順不同，略歴は発刊時のもの）

ISO 9004：2018（JIS Q 9004：2018）解説と活用ガイド
―ISO 9001 から ISO 9004 へ，そして TQM へ―

定価：本体 5,000 円（税別）

2019 年 6 月 13 日　第 1 版第 1 刷発行

編集委員長　中條　武志

発 行 者　揖斐　敏夫

発 行 所　一般財団法人 日本規格協会
　　　　　〒108-0073　東京都港区三田 3 丁目 13-12 三田 MT ビル
　　　　　https://www.jsa.or.jp/
　　　　　振替　00160-2-195146

製　　　作　日本規格協会ソリューションズ株式会社

印 刷 所　日本ハイコム株式会社

製 作 協 力　株式会社 大知

© Takeshi Nakajo, et al., 2019　　　　　　　　　Printed in Japan
ISBN978-4-542-30680-6

● 当会発行図書，海外規格のお求めは，下記をご利用ください．
JSA Webdesk（オンライン注文）：https://webdesk.jsa.or.jp/
通信販売：電話(03)4231-8550　FAX(03)4231-8665
書店販売：電話(03)4231-8553　FAX(03)4231-8667